KB079623

곽재식의

아파트 생물학

곽재식의

아파트 생물학

소나무부터 코로나바이러스까지 비인간 생물들과의 기묘한 동거

북트리거

차례

2장 | 같이 살고 싶지 않지만 사실은 동거 중

빨간집모기

애집개미

집먼지진드기

지의류

3장 | 보이지 않는 것들이 만든 세계

곰팡이

아메바

미구균

코로나바이러스

들어가며

나는 17년 정도 화학 업계에서 일했다. 그러다 보니 화학 실험을 접할 기회가 꽤 많았다. 그중에는 공장에서 내뿜는 폐수가 깨끗한지 그렇지 않은지 따져 보는 실험도 있었다. 눈으로 직접 보거나 어떤 물질의 농도를 확인해서 수질을 따지는 방법도 있지만, 경우에 따라서는 폐수 속에 들어 있는 물질을 뽑아내어 그 물질이 생물에 어떤 영향을 끼치는지 관찰해 보기도 한다.

예를 들면 물벼룩이 살고 있는 수조 속에 어떤 폐수의 성분을 집어넣는다. 물벼룩 대신, 물속을 떠다니며 사는 식물성 미생물을 이용할 수도 있다. 폐수의 성분 물질을 물에 계속 넣으면서 물벼룩을 관찰하는데, 농도가 제법 높아졌는데도 여전히 물벼룩이 잘 살고 있다면 그 물질은 물벼룩 같은 생물의 삶에 별 영향을 미치지 않으니 큰 문제가 없다는 식으로 성분을 판정한다. 10L 물속에 물질 1g을 풀어놓았는데, 물벼룩이 아무 이상 없이 잘 산다면 일단 이 실험 기준에서는 별로 해롭지 않다고 보는 것이다.

이런 부류의 실험은 물벼룩을 이용하는 방법 말고도 여러 가지가 있다. 사람의 활동이 다른 생물에게 얼마나 영향을 끼치는지 알아보기 위해서 갖가지 생물의 변화를 다양한 방식으로 살펴보는 방법들이 이미 개발되어 널리 활용되고 있다는 이야기다.

이런 실험의 결과는 다른 사람이 발표한 실험 결과와 객관적으로 비교할 수 있어야 한다. 만약 어떤 사람이 자기가 만든 자동차에서 나오는 매연을 코끼리에게 매일 조금씩 들이마시게 했는데 아무 이상 없었으므로 안전하다고 하면서, 다른 사람이 만든 자동차 매연을 이끼에게 뿜었더니 이끼가 전멸했으므로 너무 지독한 것 같다고 주장한다면 그것은 정당한 비교가 아니다. 같은 생물을 같은 방식으로 키워서 같은 기준으로 실험해 봐야 정확하게 따질 수 있다.

이런 이유로 사람들은 기준으로 삼을 만한 몇 가지 생물들을 '실험용 생물'로 정해 두었다. 앞서 말한 물벼룩 실험이라면, 물벼룩이라고 부르는 생물 중에서도 다프니아 마그나*Daphnia magna*라는 종을 골라서 실험하는 방식이 기준이 되는 경우가 많다. 한편 물 위를 떠다니는 식물성 미생물로 실험한다면, 그중에서도 라피도첼리스 서브카피타타*Raphidocelis subcapitata*라는 생물로 하는 경우가 많다. 이런 생물들을 어떻게 키워야 하는지, 어떤 영향을 어떤 방식으로 관찰해야 하는지 국제 기준으로 정해진 것도 있고, 국내에서 법령상 따라야 할 기준이 정해진 것들도 있다. 중국의 실험 기준 중에는 '반드시 중국에서 기른 중국산 생물로 실험해야 한다'는 조항도 있다.

이런 실험들을 따져 보면서 나는 친숙하지 않은 생물들 말고 우리 주변에서 쉽게 볼 수 있는 생물들이 어떤 영향을 받고 있는지에 대해서도 점차 궁금해지기 시작했다. 마침 대학원 시절 연구한 내용이 생활 속 세균의 유전체에 관한 것이었다. 일상에서 쉽게 관찰할 수 있는 생물에 대한 연구도 따져 볼수록 재미있는 점들이 많다. 그래서 나는 도시에서 흔히 볼 수 있는, 사람과 함께 사는 생물들이 사람의 삶으로부터 어떤 영향을 받는지 틈날 때마다 조금씩이라도 조사하고 살펴보고자 노력했다.

2020년에는 KBS1 라디오에서 매주 한 번씩 생활 속에서 접할 수 있는 과학 상식을 전해 주는 짤막한 프로그램을 맡아 진행했다. 이 프로그램의 내용을 채워 나가면서, 그동안 우리 주변 생물에 대해 이것저것 조사해 두었던 정보를 활용해 볼 기회가 여러 번 있었다. 한편으로는 청취자들이 궁금해하고 유용하게 느낄 이야깃거리를 준비하는 과정에서 재미있고 풍성한 또 다른 이야기들도 찾아낼 수 있었다.

이 책은 바로 그런 과정에서 모은 이야기를 읽기 좋게 정리한 것이다. 나는 우리 주변에서 가장 쉽게 접할 수 있고, 도시의 독특한 특징을 잘 드러내는 환경이 아파트라고 생각한다. 그래서 '아파트를 중심으로 여러 생물이 어떻게 어울려 사는지를 둘러본다'는 주제에 따라 책을 썼다. 그러면서 생물학, 화학, 물리학과 관련한 몇 가지 지식들을 함께 전달하려고 했다. 학자들이 오랜 세월 연구해 온 과학 연구의 핵심을, 언제나 쉽게 만날 수 있는 우리 근처 생물들의 삶 속에서 발견하는 것은 재미난 일이다. 이런 점에 주목해 자료를 정리하는 일은 과학과 삶이 얼마나 가까이 있는지를 새삼 돌이켜 볼 수 있는 기회이기도 했다.

이 책에서 나는 가장 크고 가장 쉽게 눈에 띄는 생물부터, 눈에 잘 보이지 않는 작은 생물에 이르기까지 여러 생물들이 도시와 아파트에 적응해 사는 삶을 담아 보고자 했다. 한 생물의 삶이 다른 생물의 삶에 영향을 미치고, 영향을 받은 생물이 또 다른 생물에게 영향을 줘서, 역으로 처음 언급한 생물에게 간접적인 영향을 끼치기도 하는 얽히고설킨 관계를 보여 주고자 노력했다. 이런 관계를 보고 있으면, 아파트에 사는 '사람'조차도 생태계의 연관 관계 속에서 여러 생물에게 깊이 영향을 받고 있다는 사실이 자연히 드러난다.

아파트에 대해서도, 생물 하나하나에 대해서도 내가 감히 정통한 학자라고는 할 수 없다. 그렇기 때문에 각각의 주제와 관련하여 쉽게 이야기할 수 있는 기초를 설명하려고 애썼으며, 주제넘게 어려운 지식을 전달하거나 생경한 주장을 내세우려고 하지는 않았다. 그래도 내가 화학을 좋아하기에 생물 속에서 일어나는 재미있는 화학반응을 조금씩 소개해 개성을 더해 보고자 했다.

과학 연구라고 해서 머나먼 정글이나 깊은 해저를 탐사해야만 놀라운 발견을 할 수 있는 것은 아니다. 실험실에서 첨단 장비를 이용해 유전자를 조작하는 곳에만 과학이 있는 것도 아니다. 평범하게 지나치던 바로 내 곁, 내 집에서도 신기한 현상은 일어나고 있으며, 더 알고 싶은 것들을 계속해서 찾아볼 수 있다는 느낌을 이 책을 읽으며 독자가 받을 수 있다면 책을 쓴 사람으로서 무척 기쁘겠다.

내가 좋아하는 주제를 찾아 꾸준히 책을 쓸 기회를 만들어 주고 계신 이 책의 독자님께 감사드린다. 또한 평화로운 아파트 단지를 유지하는 데 저마다 도움을 주고 있는 입주민과 경비원 선생님께도 감사의 말씀을 드린다.

2021년, 등촌역에서

곽재식

1장

주변 환경에 맞추어 진화한 생물

소나무

Pinus densiflora

한국에서 아파트 이야기를 하면서 시세 이야기를 짚고 넘어가지 않는 것도 너무 현실감이 없는 일이다. 그러니 시작은 아파트 단지의 시세에 얽힌 이야기부터 해 보려고 한다.

커다란 건물 한 채에 여러 층이 있고, 그 층층마다 서로 다른 여러 세대가 사는 양식을 보통 아파트라고 한다. 그렇게 보면, 한국에서 아파트 비슷한 건물에 사람이 살기 시작한 시기는 종교 시설이나 학교 기숙사 같은 곳이 운영되던 19세기 말 무렵으로 거슬러 올라가야 하지 않을까 싶다. 그러다가 20세기 초 무렵, 서울에 지금의 아파트와 비교적 비슷한 것이 나타나기 시작했다. 충정로에 있는 충정아파트에는 지금도 주민들이 살고 있는데, 이 아파트가 1930년대에 건설되었다. 그러니 20세기에 들어서면서부터 한국 사람들이 서서히 아파트에서 사는 삶을 접하게 되었다고 볼 만하다.

그러나 한국인이 사는 주거 형태로 아파트가 본격적으로 주목받기 시작한 것은 1970년대 초부터로 봐야 하지 않을까 싶다. 서울 지역에 너무 많은 인구가 몰려들어 사람 살 곳이 부족해지고 동네가 지나치게 복잡해졌다고 생각한 정부는 서울 외곽에 가지런하게 정리한 주택지를 새로 만들고 싶어 했다. 같은 넓이의 땅에 빠른 속도로 많은 집을 지으려면 역시 아파트가 가장 간단한 해결책이었다. 똑같은 구조의 건물을 반복해 여러 채 지으면 그만큼 과정이 단순해지고 예산도 줄일 수 있기 때문이다. 급하게 인구문제를 해결하는 데 아파트는 괜찮은 대책이었다.

이렇게 해서 아파트 단지와 그 단지에 사는 사람들이 대거 새롭게 도시에 출현했다. 이 무렵을 시대 배경으로 하는 박완서 작가의 소설을 보면, 빠르게 변화하는 현대사회의 상징으로 아파트를 장만한다든가 아파트로 옮겨 가서 사는 모습을 살린 것이 눈에 많이 띈다. 1973년 촬영된 윤정희 주연의 영화 〈야행〉의 연출을 맡은 김수용은 새로 생긴 거대한 아파트 단지의 풍경을 화면에 고스란히 담아 놓았다. 영화 속 아파트 단지의 모습은 일탈을 꿈꾸면서도 은행 직원으로 지내며 도시 생활에 순응해 사는 주인공의 삶을 상징한다. 최신식 도시 생활을 나타내는 인공의 거대한 콘크리트 덩어리이자, 동시에 네모반듯한 건물이 규칙적으로 가득한 풍경은 당시 사람들에게 확실히 인상적이었을 것이다.

〈야행〉의 무대는 처음 생긴 강남 아파트 단지 중 하나인 반포 주공아파트 근방으로 보인다. 통칭 '주공'이라고 불리던 대한주택공사가 정책에 따라 건설한 최초의 대규모 아파트 단지가 바로 반포 주공아파트 단지다. 그러므로 이 아파트 단지는 당시 아파트가 얻은 인기를 상징하는 곳이라고 할 만하다.

한국에서는 흔히 빠르게 발전한 도시를 보면 "20년 전만 해도 이 근처는 전부 그냥 논밭이었는데."라고 말한다. 그런데 반포 주공아파트 단지 땅 중 적지 않은 곳은 원래 논밭조차 아니었다. 심지어 땅도 아니었다. 이 지역은 한강을 재정비하면서 강변에 흙을 쌓아 메우고 다져 만들어 낸 곳이다. 그러니까 조선 시대까지는 강변 모래밭이었거나 강물이 흘렀던 곳이 지금의 반포 아파트 단지가 된 것이다. 1950년대만 해도 물고기, 새우, 게가 살던 곳이 20세기에 들어 땅으로 바뀌고 단지가 들어서면서 서울 서초구의 번화한 주택가로 탈바꿈했다.

처음 반포 주공아파트가 들어설 무렵만 해도 아파트를 각박한 세상에 등장한 이상한 삶의 방식쯤으로 여긴 사람들이 많았던 것 같다. 그렇지만 아파트에 사는 사람들의 숫자는 시간이 갈수록 늘어나기만 했다. 2019년 발표된 통계에 따르면, 한국 가구의 절반 이상이 아파트에 살고 있다. 싱가포르처럼 나라 전체가 거대한 하나의 도시인 곳을 제외하면 이 정도로 아파트를 좋아하는 나라는 드물다. 한국인들이 사는 집을 '한옥'이라고 부른다면, 이제 커다란 단지를 만들어 사는 한국식 아파트가 한국인의 집을 상징하는 21세기의 한옥이라고 볼 수도 있을 정도다.

반포 주공아파트 단지가 생긴 지 30년가량이 흐른 2000년대 초 무렵, 아파트 단지를 철거하고 빈 땅으로 만든 다음 같은 위치에 층수가 더 많은 아파트 단지를 재건설한다는 계획이 현실화되기 시작했다. 30년이 흐르는 동안 사는 방식도 변했고 무엇보다 근처에 갖가지 시설이 모여들면서 인근이 전부 사람이 붐비는 지역으로 바뀌었다. 반포 주공아파트가 처음 생기던 1973년 600만 명 정도였던 서울 인구는 1988년에 1,000만을 돌파했다. 논밭이 대부분이었던 서울 서초구·강남구 지역은 가장 대표적인 변화가 도심지로 변해 버렸다. 이렇게 사람이 많이 모이는 땅이라면 그만큼 높은 건물을 지어서 같은 땅을 더 많은 사람이 쓸 수 있도록 하는 것이 좋겠다는 생각은 자연스러웠다.

게다가 이 무렵은 아파트 재건축이 단기간에 큰돈을 버는 수단으로 떠오른 시기였다. 5층 건물을 허물고 30층짜리 건물을 지으면, 집 한 채가 여섯 채로 변하는 셈이다. 집 한 채를 갖고 있는 입장에서는 다섯 채가 저절로 굴러 들어오는 것과 비슷한 효과다.

돈 벌기를 기대하는 집주인들의 꿈에, 투자를 해서 돈을 벌어 보려는 사람들, 교묘하게 치고 빠져서 한몫 잡아 보려는 무리까지 겹쳐 재건축 사업은 점점 복잡하게 돌아가기 시작했다. 이들과 집값이 너무 갑자기 오르면 안 된다고 생각하는 정부의 입장이 부딪혀 재건축에 대한 규제가 더해지면 상황은 더욱 복잡해진다. 구청, 시청, 국토교통부의 입장이 달라지는 경우도 자주 있어서 재건축을 둘러싼 논쟁이 해괴하게 변해 가는 일은 드물지 않다.

이런 문제를 상징하는 것이 한국의 오래된 아파트에서 가끔 찾아볼 수 있는 "축 안전진단 통과"라는 현수막이다. 얼핏 보면 이것은 아파트가 너무 오래되고 낡아서 위험할까 봐 걱정했는데, 진단해 보니 안전하다는 평가를 받아서 사람들이 마음 놓고 기뻐한다는 이야기인 것 같다. 그렇지만 실상은 전혀 다르다. 다른 정도가 아니라 아예 정반대다. 한국 아파트에서 "축 안전진단 통과"라고 써 놓은 곳은 진단 결과 '안전하다'가 아니라 '안전하지 않다', 그러니까 위험할지도 모른다는 결과를 얻은 곳이다. 위험할지도 모른다는 결과를 "통과"라고 부르는 까닭은 위험하다는 결과가 나와야만 관공서로부터 재건축 인허가를 받기 쉬워지며 그렇게 재건축에 성공해야 집으로 돈을 벌 수 있어서이다. 즉 "축 안전진단 통과"라는 말은 재건축으로 가는 관문 하나를 통과했다는 뜻이다. 그렇기 때문에 자기가 사는 집이 안전하지 않다는 것을 한국인들은 현수막까지 걸어 가며 축하한다.

이런 현수막의 의미를 한국 사정에 익숙하지 않은 외국인들에게 설명하기란 굉장히 어렵다. 비유해 보자면, 재수하는 학생들이 많을수록 재수 학원은 장사가 잘되기 마련이니, 수능을 망친 학생들이 많이 나오면 재수 학원에서 "축 금년 시험 대박"이라고 현수막을 거는 느낌이다. 심지어 정부에서도 오래전부터 재건축을 안전이나 도시 개발의 효율 문제로 보기보다는 부동산 가격 통제 문제로 보고 있는 것 같다.

이 모든 난관을 뚫고 2000년대 후반에 반포 주공아파트 단지 구역 한 곳이 결국 재건축에 성공했다. 당시 배우 이영애를 모델로 내세운 것으로 유명한 건설사의 아파트 단지였다. 이 단지는 바로 주목을 받았다. 강남 지역의 금싸라기 땅에 가장 멋있게 보일 만한 아파트 단지를 최신 기술로 세운다니, 많은 사람이 비싼 값을 치르고라도 살고 싶어 할 것이라 생각할 만했다.

그런데 막상 그 열기에 비해 생각보다 집이 잘 팔려 나가지 않았다. 분양 중에 책정된 가격에 따르면, 약 115m² 넓이의 아파트를 11~12억 정도에 팔았다. 그런데 이 값이 너무 비싸지 않느냐는 이야기가 당시 언론을 통해 종종 흘러나왔다. 그런 만큼 이 아파트를 팔아야 하는 입장에서는 어떻게든 더 멋지게 광고할 필요가 있었다. 그래서 그 무렵 나오던 이야기가 아파트 단지에 멋진 나무를 많이 심어 두었다는 내용이었다. 아파트 단지가 도시 한가운데 콘크리트 건물 사이에 있지만 숲속과 같은 아늑한 느낌을 준다는 식으로 말을 퍼뜨렸다.

사실 조직적으로 꽃밭을 만들고 나무를 심어서 관리하는 아파트 단지는 적어도 도시의 다른 지역에 비하면 식물이 풍부한 지역에 속한다. 아스팔트 길, 벽돌 건물, 보도블록만 끊임없이 다닥다닥 붙어 이어지는 것을 보통의 현대 도시 풍경이라고 한다면, 아파트라는 공간은 오히려 특이하다. 아파트에서는 커다란 나무들을 일부러 키우고 관리하며 풍성하게 자라나도록 하려고 애쓴다. 깊은 산속에서 자라는 수풀과 달리 사람이 일부러 잔뜩 길러 놓은 것이기는 하지만, 아파트의 숲은 어찌 보면 도시에서 숨통을 틔워 주는 역할을 한다. 특히 반포의 이 아파트 단지는 1,200그루의 소나무를 심었다는 점을 자랑거리로 내세웠다.

왜 한국인은 하필 소나무를 좋아할까

소나무는 한국 작가들에게 유독 인기가 많은 나무였던 것 같다. 시대를 거슬러 올라가 보면 신라의 대문호인 최치원의 시에도 소나무가 등장하고, 대한민국의 애국가에도 "남산 위의 저 소나무"라는 구절이 나온다. 그사이에 활동한 시인과 음악가도 저마다 갖가지 말로 소나무의 아름다움을 노래했다. 조선 시대의 옛 기록 중에는 소나무를 심는 보람을 이야기한 글도 종종 있고, 소나무를 화분이나 마당에 옮겨 심고 잘 자라기를 기대하며 즐거워하는 감상도 드물지 않게 보인다.

소나무를 소재로 한 옛글 중에서 내가 가장 좋아하는 것은 조선 후기의 작가 이덕무가 쓴 「성 씨의 소나무掌苑署成氏松」라는 시다. 여기서 성 씨는 조선 초기의 정치인 성삼문을 말한다. 단종이 자신의 삼촌 세조에게 배반당하여 자리를 잃고 죽게 되었을 때, 수많은 사람이 세조 측에 붙었다. 그런데 성삼문은 배반하지 않고 끝까지 단종을 지키려고 하다가 비참하게 처형당했다. 이 시기에 같은 이유로 목숨을 잃은 여섯 사람을 꼽아 흔히 '사육신'이라고 하는데, 성삼문은 그 대표 격에 해당하는 인물이다.

성 씨의 소나무는 조선 후기에 성삼문의 집 마당에 있었다고 알려진 나무다. 성삼문은 세조에게 처형당해 사라졌지만, 그 집의 소나무는 300년이 지난 후에도 그 자리에 남아 있었던 것 같다. 그리고 이덕무가 이를 보고 그 감회를 읊은 시가 지금도 전해 내려오고 있다.

시의 중반까지는 그냥 평범한 편이다. 충신은 존경할 만하다, 나무를 보고 충신을 떠올리니 감동적이다, 소나무에 난 솔잎이 꼭 충신의 굳건한 수염 같다는 이야기가 나온다. 소나무를 노래한 다른 시에서도 자주 볼 수 있는 내용이다. 그런데 이 시의 마지막 네 구만은 대단히 아름답다.

飽霜偃不死 **서리를 맞아 누울지언정 죽지는 않으니**

精靈夜應吟 **그 정신은 밤마다 소리치는데**

千里魯陵鵑 **천 리 바깥 노릉의 두견새는**

翮短不能尋 **날개가 짧아 찾아오지 못하는가**

여기서 노릉이란 단종의 무덤을 말한다. 단종은 강원도에 유배되어 있을 적에 자규루라고 하는 누각에 올라서 자규새 소리를 들으며 그 소리를 무척 슬프게 생각하는 내용의 시를 지었다. 이 시는 "세상의 근심 많은 사람들에게 이르노니, 부디 춘삼월에 자규루에는 오르지 마오."라는 구절로 끝난다.

이런 이야기가 조선 시대에도 꽤 널리 알려져 있었다. 단종이 자신의 신세를 괴로워하여 새소리만 들어도 슬퍼하며 우는 소리 같다고 느끼는 심정이 전해지거니와, 그 말미에는 그러면서도 또 다른 사람을 생각한다는 듯이 '이건 너무 슬프니까 여러분은 이렇게 하지 마시라.' 하고 덧붙여 더욱 처량함을 드러낸다. 한편으로는 괴로운 일을 당한 세상의 많은 사람에게 공감을 불러일으키는 구절이기도 하다. 단종 자신의 심정에 공감해 달라고 간접적으로 호소하는 효과도 있다.

자규새, 두견새, 소쩍새는 흔히 혼동하여 쓰이는 이름이다. 그러니 이덕무의 시 마지막 구절에 등장하는 두견새는 특정 새를 말한다기보다는 단종을 상징한다. 또한 단종 주위에서 슬피 울었던 새를 나타내기도 한다. 이덕무는 성삼문을 상징하는 소나무에 단종을 상징하는 두견새가 찾아오기라도 했으면 좋겠다고 상상했는데, 그것은 그저 상상일 뿐이니 "날개가 짧아 찾아오지 못하는가."라고 썼다. 날개가 짧다는 말이 단종의 연약하고 불행한 짧은 인생을 가련하게 드러낸다는 느낌도 든다. 소나무가 서리에 당하고 있다는 앞부분과 이어지면, 꿋꿋이 살아가려는 사람들이 몰아닥치는 시련 속에 놓여 있었다는 의미도 생긴다.

소나무가 꿋꿋한 진짜 이유

한국의 많은 시들이 이런 식으로 소나무의 굳건함을 칭송한다. 겨울을 앞두고도 낙엽이 지지 않고 잎을 유지하는 늘푸른나무라는 점을 두고, 시련과 역경을 이겨 내는 꿋꿋함과 지조를 지녔다고 빗대어 말하는 글은 지금도 흔히 볼 수 있다. 또 척박한 땅에 뿌리를 딛고 힘겹게 자라나는 모습을 강한 의지로 생각하는 글도 이에 못지않게 흔한 편이다.

그런데 실제로 소나무가 꿋꿋하게 산다고 해서, 사람이 생각하는 방식대로 꿋꿋한 것은 아니다. 소나무의 꿋꿋함에는 좀 다른 사연이 있다. 우선 소나무가 추운 겨울에도 잎을 버리지 않고 버티는 점을 따져 보자. 찬찬히 생각해 보면, 가을이 되었다고 가만히 있던 잎을 일제히 떨어뜨리는 낙엽이라는 현상이 오히려 더 이상하다. 낙엽을 떨어뜨리는 나무들의 잎을 보면, 추워서 견디지 못해 하나둘 말라비틀어지다가 죽어 가는 것 같지는 않다. 오히려 겨울을 앞두고 무엇인가를 준비하듯이 일부러 한꺼번에 떨어진다는 느낌에 가깝다. 나무도 잎을 그냥 가만히 놔둬도 될 텐데 수고스럽게 낙엽을 떨어뜨려서 앙상하게 가지만 남은 상태로 변한다.

이런 짓을 하면 도대체 무엇이 유리한 것일까? 녹색 잎은 그 잎 속에서 햇빛을 받아 물, 이산화탄소와 함께 화학반응을 일으켜 광합성을 할 수 있다. 광합성을 하면 몸속에 영양분이 생겨난다. 무성하고 푸르게 돋아난 잎 그 자체가 광합성으로 만들어진 영양분을 변형해 만든 것이라고 볼 수 있다. 가을철 가로수에서 떨어져 거리를 덮고 있는 수많은 나뭇잎들은, 어찌 보면 물과 이산화탄소를 햇빛으로 쪄서 만든 떡이라고 할 수 있다. 그렇게 나무가 만들어 둔 떡이 가을마다 더 이상의 활동을 포기하고 우수수 떨어진다.

그런데 만약 그 잎이 생각보다 더 활발하게 움직이는 아주 뛰어난 성능을 가졌다고 해 보자. 좀 이상한 이야기 같지만 잎의 성능이 너무 좋다면 낙엽 현상에 쓸모가 생길지도 모른다. 예를 들어 어떤 나뭇잎은 광합성 성능이 좋은 대신, 광합성을 위해 다른 모든 것을 희생하는 형태일 수 있다. 광합성을 잘하는 쪽으로 지나치게 발달하다 보니 평소 물을 아주 양껏 쓰면서 살게 된 나뭇잎이 있다고 가정해 보자. 광합성을 하기 위해서는 물이 필요한데, 비가 많이 내릴 때에는 물을 펑펑 쓰며 광합성도 많이 할 수 있어서 좋겠지만, 비가 안 오는 날이면 물이 부족해서 살 수 없게 된다. 온몸에서 물을 쭉쭉 빨아 쓰다 보면 나무 전체에 물이 부족해져서 통째로 말라 죽을지도 모른다.

물이 많은 시기에는 물을 잔뜩 쓰며 광합성도 활발히 하다가, 물이 적은 때가 오면 물을 최소한으로 쓰면서도 잘 살 수 있는 형태로 변신할 수 있다면 가장 좋을 것이다. 그런데 그렇게 그때그때 변하는 나뭇잎을 만들어 내기란 어렵다. 그렇다 보니 어쩔 수 없이 물이 많을 때에는 잎을 최대한 화려하게 틔워서 가능한 한 광합성을 많이 하고, 물이 없을 것 같을 때에는 아예 모든 것을 포기하고 나뭇잎을 버린다는 대책을 세웠다.

애초에 욕심을 부리지 않고 적당히 광합성을 한다면 이럴 필요가 없었을 것이다. 그러나 식물은 그런 계획을 하지 못했다. 비가 많이 올 때 물을 펑펑 쓰는 잎을 갖고 있는 편이 자라나기에 유리하다 보니까 그런 나무들이 먼저 번성해 버렸다고 생각해 보자. 그러다 갑자기 비가 안 오는 날이 오면 물을 많이 쓰는 잎을 가진 나무들은 물이 부족해 모조리 말라 죽는다. 그나마 개중에서 어떻게든 버티는 나무들이 살아남을 텐데, 그렇다면 평소에 광합성 잘하는 잎을 화려하게 틔우며 살다가도 비가 적은 날씨가 오기 전에 여차하면 나뭇잎들을 모두 버려 버리는, 어찌 보면 괴상한 습성을 가진 것들이 살아남기에 유리할 것이다.

너무 단순화한 설명이긴 하지만, 바로 이와 비슷한 원리 때문에 낙엽이라는 현상이 유용해진다. 나무들은 날씨가 좋은 여름을 이용해 최대한 바짝 빨리 쑥쑥 자라난다. 그런데 여름에 잘 자라는 데 너무 집중하다 보니 겨울에는 아주 불리한 잎을 갖고 있게 된다. 그렇기 때문에 겨울에는 모든 것을 포기하고 그냥 잎을 버린다. 덤으로 겨울에 잎을 떨어뜨리면, 세찬 바람이 불어도 영향을 덜 받게 된다는 장점도 생긴다. 눈이 많이 쌓여서 가지가 부러지는 문제를 막기에도 잎이 없어서 눈이 덜 쌓이는 편이 유리하다.

어떤 면에서 낙엽이라는 현상은 이 생물이 먼 미래의 여러 변화를 처음부터 내다보고 계산해 태어난 것이 아니라는 증거다. 그때그때 가장 유리한 것이 살아남는 방식인 진화의 결과다. 일단 무슨 수로든 가장 적합한 것이 살아남아 진화하고, 거기서 문제가 생기면 그 문제를 대충 땜질식으로 막을 수 있는 것들이 또 살아남는 셈이다.

실제로 한국은 여름에 비가 많이 오고, 겨울에는 적게 오기 때문에 낙엽이 떨어지는 이유를 물과 관련한 현상으로 설명하는 경우가 가끔 있다. 이렇게 보면, 소나무가 겨울에도 항상 푸를 수 있는 것은 여름철에 큰 욕심을 부리지 않았기 때문이라고 볼 수도 있겠다. 한편으로는 다른 나무들이 가을을 만나면 한 번에 우수수 낙엽을 떨어뜨리는 놀라운 재주를 부리는 동안, 그 재주를 따라 하지 않은 나무로 그냥 남은 것이라고 말할 수도 있다.

다른 나무들이 자라나지 못하는 바위틈이나 절벽 같은 곳에서 홀로 자라난 소나무의 굳건한 의지에 대해서도 다른 이야기를 해 볼 수 있다. 우선 토양의 산성도를 따져 봐야 한다.

물에 젖어 드는 토양이라면 거기에 물을 부었을 때 나타나는 성질이 산성이냐 염기성이냐를 따지기 마련이다. 산성이라고 하면 쇳덩이도 부글거리며 녹여 버리는 무시무시한 용액을 떠올리게 되는데, 산성의 반대인 염기성이 강한 물질 역시 양잿물 같은 예처럼 사람에게 위험하다. 그렇기 때문에 산성과 염기성 사이에서 적당한 균형을 잡는 것이 가장 좋다고들 생각한다. 보통 pH라는 단위를 써서 산성과 염기성을 측정해 표시하며, 7.0을 기준으로 숫자가 작을수록 점차 산성, 숫자가 클수록 염기성을 띤다고 한다. 식초의 pH는 3.0 정도로 산성이고 세탁용 비눗물은 pH가 10.0까지 가는 염기성이다.

식물은 비를 맞고 물을 흡수하는 가운데 자라난다. 보통 식물에게 유용한 영양분 중에는 산성도를 낮추는 것들이 많은데 갑자기 거센 비가 내려 하필 그런 것들만 쓸려 나간다거나, 생명체가 오래 살지 못한 채로 세월이 흘러 영양분을 잃었다면 땅이 점차 산성으로 변한다. 표준 방식으로 흙의 산성도를 측정한 결과, pH가 5.5 이하라면 대개 땅의 산성도가 높다고 본다.

그런데 소나무는 상대적으로 산성 토양에서 잘 버티는 습성이 있다. 그러므로 다른 식물이나 나무가 잘 자라나지 못하는 곳이라도 소나무만 홀로 버티며 자라날 수 있다. 이런 풍경이 오묘하게 펼쳐진다면, '대단한 의지로 혼자 자라난 소나무'와 같은 모습이 연출된다. 단정적으로 할 수 있는 이야기는 아니지만, 만약 다른 나무는 없고 소나무만 많은 숲이 있다면 그런 곳은 척박한 땅일 수 있다. 다른 나무는 견디지 못하고 하나둘 죽어 가는 사이에 소나무만 살아남아 서서히 퍼져 나간 결과로 소나무 숲이 생겼을지도 모른다는 이야기다. 한반도의 땅은 전체적으로 산성을 띠는 편이라 마침 소나무가 다른 나무에 비해 좀 더 자라기 유리한 느낌이기도 하다. 고려 시대나 조선 시대 사람들이 한국 토양의 산성도를 측정하고 다니지는 않았겠지만, 이런 특징 또한 한국인에게 소나무가 더욱 친근하게 다가오는 이유일 것이다.

참고로 한국생태환경사연구소 이현숙 소장은 「한국사 속의 생태환경사」라는 기고문에서, 삼국 시대 초 무렵까지만 해도 한반도에서 소나무가 아닌 다른 나무들이 우세했을 것이라고 지적했다. 그리고 신라 시대 후반 정도에 인구가 많아지면서 점차 한반도의 땅 성질이 바뀌었으며, 신라 사람들이 소나무를 일부러 심기 시작한 것과 맞물려 사람 사는 동네와 가까운 지역에서부터 소나무가 늘었을 것이라 추정한다. 그 이후로 한반도의 환경이 바뀌었고 덕분에 지금처럼 소나무가 친숙한 나무가 되었다는 이야기다.

소나무가 벼랑 끝 같은 척박한 곳에 뿌리를 잘 내리곤 한다는 이유로 버섯이나 곰팡이 같은 균류와의 공생 관계를 주목하는 학자들도 있다. 균류 중에는 땅속에 퍼져 잘 살아남는 것들이 많고, 보통 동식물은 해낼 수 없는 이상한 화학반응을 일으켜 물질들을 녹이고 흡수하는 경우도 자주 있다. 예를 들어 소나무가 있는 곳에서 자주 발견된다는 송이버섯도 이런 균류에 속한다. 송이버섯은 이름부터 소나무를 뜻하는 '송松' 자를 담고 있는데, 송이버섯과 소나무도 공생 관계에 있다고 여겨진다.

그러니까 도저히 식물이 살 수 없을 것 같은 바위틈에도 곰팡이, 버섯 같은 균류들은 퍼져서 산다. 그리고 그 곰팡이와 버섯이 식물이 사는 데 필요한 영양분을 뿌리 주변에 내뿜어 준다. 그러면 식물은 그 위에서 자라나며 광합성을 통해 햇빛과 이산화탄소로부터 풍부한 영양분을 얻는다. 이것은 같이 살고 있는 균류의 삶에도 도움이 된다. 이처럼 균류와 소나무가 협력한 결과로 높이 솟은 바위 위에 소나무 홀로 수백 년 동안 풍파를 버티고 서 있는 고고한 모습이 나온다. 그렇다면 소나무가 바위틈에서 선비처럼 멋지게 고고히 존재할 수 있는 까닭은 보이지 않는 땅속에서 소나무를 돕는, 좀 하잘것없어 보이는 곰팡이 같은 생명체들이 있기 때문이라는 뜻도 된다.

소나무에서 피어나는 균류인 송이버섯은 인공 재배가 어렵기로 악명 높다. 그만큼 자연산 송이버섯은 비싸기도 하다. 송이버섯 인공 재배가 어려운 이유 중 하나는 송이버섯을 잘 키우려면 송이버섯과 함께 사는 소나무도 같이 잘 키워야 하기 때문이다. 국립산림과학원에서는 2001년부터 송이버섯 재배 실험을 꾸준히 계속해 왔는데, 2020년 10월 보도에 따르면 오랜 시간 소나무를 기르며 애쓴 끝에 16년이 지난 2017년부터 4년 연속으로 버섯 발생 단계까지 성공했다고 한다. 만약 정말로 송이버섯을 인공적으로 재배할 수 있게 된다면, 소나무를 좋아하는 한국인들에게 소나무가 인공 재배한 송이버섯이라는 선물을 안겨 줄 수 있을지도 모르겠다.

무지갯빛 솔잎이 자라난다면

소나무가 한국에서 인기가 많은 나무라고는 했지만, 정작 도시의 가로수로는 그동안 크게 사랑받지 못한 편이다. 20세기 중반 무렵 한국에서는 가로수 중에서 커다란 잎을 자랑하는 플라타너스가 인기가 많은 편이었고, 그 인기가 줄어든 후에는 은행나무에 사람들의 관심이 쏠렸다. 가끔 서울 강북구처럼 구내에 커다란 소나무 공원이 마련되어 일부러 소나무를 상징처럼 쓰는 곳도 있기는 하다. 하지만 20세기 동안 소나무는 도시에 심는 나무로 인기 있는 편은 아니었다. 한국기후변화대응연구센터의 「기후변화 대비 강원도 가로수 선정 방안」 자료를 보면, 강원도 지역 내에 심은 가로수 중에서 은행나무는 5만 9,140그루인데, 소나무는 751그루다. 사람들은 은행나무를 소나무보다 거의 80배나 더 많이 심었다.

소나무가 가로수로 인기가 없는 이유로 몇 가지를 생각해 볼 수 있다. 우선 소나무가 공해에 약하다는 점과 옮겨심기 어렵다는 점을 꼽을 수 있다. 산림청에서 발간한 「가로수 조성·관리 매뉴얼」이라는 자료를 보면, 여러 나무들을 가로수로 택할 때 참고할 만한 특성들이 표시되어 있다. 이 자료에서도 소나무는 공해와 옮겨심기, 두 분야에서 취약한 나무로 분류되었다. 자동차 매연이 항상 휘몰아치는 도시를 소나무는 견디기 어려워한다는 이야기다. 게다가 몇십 년 전만 하더라도 난방용으로 연탄을 사용하는 곳이 굉장히 많았기 때문에 집에서 나오는 연기도 소나무를 괴롭혔을 것이다.

도시에서 멋진 나무를 빨리 가꾸려면, 교외의 나무 키우는 곳에 적당한 크기의 묘목을 대량으로 심은 뒤 묘목이 어느 정도 자라나면 개발 중인 도시로 가져가 한 번에 심어야 한다. 소나무는 옮겨심기가 어려우니 이렇게 도시를 건설하는 방식에도 적합하지 않다. 플라타너스 등에 비해 자라는 속도가 느리다는 점도 인기가 떨어진 이유다. 많은 사람들이 살 수 있는 멋진 도시가 금세 툭 튀어나오기를 바라는 한국인의 빨리빨리 습성을 소나무는 맞춰 주기 어려웠다. 플라타너스는 잎이 큰 편이라 몇 그루 되지 않더라도 여름철 거리의 행인들에게 넓은 그늘을 드리우기 좋은데, 소나무는 잎이 뾰족뾰족해 이런 조건에서도 불리하다.

또 한 가지, 소나무를 도시에 많이 심었을 때 생기는 문제로 빼놓을 수 없는 것이 바로 소나무의 꽃가루, 즉 송홧가루다. 소나무는 꽃가루를 바람에 날린다. 그리고 그 꽃가루가 바람을 타고 날아가 다른 소나무에 닿으면, 씨가 자란다. 다시 말해 바람에 송홧가루를 날려 보내고, 어딘가에 있는 짝에게 닿기를 바라는 것이 소나무의 번식법이다. 송홧가루는 보통 노란색이라, 소나무가 많은 지역에서 한창 날리기 시작하면 한나절 사이에 벽면이나 자동차 위 같은 곳에 노랗게 내리쌓인다. 문을 열어 놓으면 방바닥에 송홧가루가 날아들기도 하고, 가끔 비라도 내리면 송홧가루가 씻겨 내려가 물에 노랗게 떠다니는 광경도 흔히 볼 수 있다.

어차피 숲이나 산이 주변 가까이에 있고 여러 농작물을 재배하며 자연히 갖가지 꽃가루가 날리는 농촌·산촌 지역에서는 도시에 비해 이런 점이 크게 문제가 되지 않는다. 그렇지만 나무가 없는 곳에 일부러 나무를 심는다고 하면 굳이 이렇게 송홧가루가 많이 날리는 나무를 심어야겠냐고 불만을 가지는 사람이 나올 수 있다. 몇몇 보도 자료에 따르면, 송홧가루가 한국인에게 크게 알레르기 반응을 일으킨 사례는 없다고 하니 그나마 다행이기는 하다. 그러나 호흡기가 예민한 사람일수록 송홧가루가 날리는 계절에 숨 쉬고 다니기가 편치 않을 것이다.

소나무가 이런 습성을 갖게 된 이유는 소나무 부류의 나무들이 대체로 지금으로부터 약 1억~2억 년 전인 쥐라기 무렵에 지상에 등장한 것으로 보인다는 점과 관련이 있다. 이 무렵은 식물이 꽃을 피우면 벌과 나비가 날아드는 일이 없던 시대다. 너무 옛날이라 지금의 벌과 나비 같은 곤충이 진화하여 세상에 출현하기 전이기 때문이다. 그래서 소나무는 벌과 나비가 꽃가루를 섞어 주는 방식으로 번식할 수가 없었다. 바람에 그냥 꽃가루를 날려 보내고 운 좋으면 다른 소나무에 닿기를 기대하는 수밖에 없었다.

그러므로 만약 〈쥐라기 공원〉 영화 장면처럼 쥐라기 시대의 공룡이 현대 도시에 나타난다면, 플라타너스 같은 새로운 형태와 습성을 지닌 가로수들은 공룡에게 무척 낯설어 보일 것이다. 공룡에게 플라타너스는 미래 시대에 새롭게 등장한 생명체라는 이야기다. 공룡들은 이 징그럽게 생긴 나무들은 뭔가 싫어 하며 가로수들을 피해, 쥐라기 시대에도 비슷한 모습으로 존재했던 소나무들을 먹음직스럽게 여기며 어슬렁어슬렁 그쪽으로 걸어갈지도 모른다.

소나무의 번식은 그저 바람 따라 운에 맡겨져 있는 셈이고, 그렇다 보니 철을 맞아 흩날리는 송홧가루의 양은 꽤 많은 편이다. 그리고 그 많은 송홧가루가 바람을 타고 날면 제법 멀리까지 도달해 여러 지역의 흙바닥 위에 떨어질 수 있다.

그래서 적지 않은 학자들이 소나무가 뿌리는 송홧가루가 이런 가루를 좋아하는 생물들의 양식이 될 수 있다고 본다. 세균과 같은 미생물은 당연히 송홧가루를 분해해서 영양분으로 삼을 것이고, 그러면 그 미생물을 먹는 다른 생물도 살아갈 수 있다. 그러니 소나무에서 계절마다 흩날리는 송홧가루는 어찌 보면 먹을 것이 부족한 생태계에 소나무가 선심을 쓰며 뿌려 주는 영양제다. 소나무는 광합성을 통해 허공에서 영양분을 만들 수 있으니 그 정도 선심은 쓸 수 있다.

조선 시대만 하더라도 송홧가루를 사람이 먹는 식재료로 쓰는 사례가 꽤 널리 퍼져 있었다. 다식이라고 하는 전통 과자를 만들 때는 흔히 송홧가루를 넣어 먹었다. 그래서 요즘에도 다식 같은 예스러운 과자에 송홧가루가 들어 있는 것을 종종 볼 수 있다. 향기 때문에 송홧가루를 술 만드는 재료로 쓰는 사례도 있었던 것 같다. 조선 후기 안동 장씨 부인이 쓴 『음식디미방』에는 송홧가루로 술 만드는 법이 '송화주'라는 이름으로 실려 있고, 이 외에 15세기에 나온 『산가요록山家要錄』이라는 책에도 '송화천로주'가 등장한다. 송화천로는 소나무 꽃이 하늘에서 받아 온 이슬이라는 뜻인데, 향긋하고 깨끗한 술을 맛보고 싶을 때 구미가 당길 만한 이름인 듯싶다. 그래서인지 몇 년 전에 한 회사에서 현대 기술로 이 술을 다시 만들어 팔았던 적도 있었다.

송홧가루의 영향력은 상상 이상으로 넓은 범위에 미칠 때도 있다. 뉴질랜드의 국립수질대기연구원NIWA에서는 뉴질랜드에서 발생한 소나무 꽃가루가 기류를 타고 한번 하늘로 올라가면 1,500km 가까이 퍼져서 바다 곳곳에 흩날릴 수 있고, 그렇게 해서 바다 생물들의 영양에 도움을 주는 것으로 보인다는 연구 결과를 발표했다. 높은 곳에서 자란 소나무에서 나온 송홧가루가 망망한 대해 한가운데에 떨어지고, 그것이 다시 수천 미터 아래 깊은 바다 밑바닥으로 가라앉으면 심해 생물들에게까지 닿는다는 이야기다. 아무것도 없는 캄캄한 바다 밑바닥, 먹이가 부족한 곳에서 살아가는 그 심해 생물들은 갑자기 하늘에서 떨어진 묘한 맛이 나는 노란 가루를 어디에서 누가 보내 준 음식이라고 생각할까?

한편 이 정도로 송홧가루가 널리 퍼질 수 있다면, 한반도에 사는 소나무들끼리는 모두 번식이 가능하다는 뜻으로 봐야 할 것이다. 이론상으로는 바람만 한번 잘 타면 부산의 소나무에서 나온 송홧가루가 백두산의 소나무에 닿는 일도 있을 수 있다. 소백산의 깊은 산 중턱에 외로이 서 있는 소나무 한 그루가 희귀하게도 무지갯빛 솔잎을 갖고 있다고 가정해 보자. 이 소나무에서 나온 송홧가루가 흘러 흘러 서울 시내 어느 아파트 뒷마당에 있는 소나무에 닿는다면, 이 아파트 소나무의 자손은 난데없이 소백산 소나무에게서 물려받은 무지갯빛 잎을 갖고 자라날 수도 있다.

이 정도면 소나무는 장거리 연애에 이력이 난 생물이라고 할 만하다. 만약 연인들이 잠시 멀리 떨어져야 한다면 이런 소나무의 습성을 기리면서 솔방울이나 솔잎, 소나무로 만든 무엇인가를 서로 증표로 나누어 가지며 맹세를 한다고 해도 어울릴 정도다.

"소나무 같은 정치인" 대신 "잣나무 같은 정치인"

그렇게 생각해 보면 잠시 멀리 떨어지게 된 두 사람이 헤어지기 전에 잣을 나눠 먹는 풍습을 가져 봐도 괜찮을 것 같다. 따지고 보면 잣나무도 소나무의 일종이기 때문이다.

소나무*Pinus densiflora*라고 부르는 것을 정확히 따지면 소나무종species에 속하는 나무를 말한다. 그런데 소나무종은 비슷한 몇몇 다른 종과 함께 소나무속genus이라는 더 큰 분류에 속해 있다. 그러니까 소나무속이지만 같은 종이 아닌 식물은 소나무종의 먼 친척뻘인 셈이다. 고양이를 예로 들면, 고양이*Felis catus*는 고양이종에 속하는 동시에 고양이속에 속하지만, 고양이와 무척 비슷하게 생긴 검은발고양이*Felis nigripes*는 고양이속에 속하지만 고양이종에 속하지는 않는다. 즉 고양이와 검은발고양이는 서로 종이 다르지만 같은 속에 속하는 관계다.

한국에서 보통 소나무라는 명칭은 소나무라는 종뿐만 아니라, 소나무속에 속하는 여러 나무들을 두루 일컫는 경우가 많다. 예를 들어 해안 지역에는 '곰솔'이라고도 하고 '해송'이라고도 부르는 소나무가 자라는데 이 소나무는 곰솔*Pinus thunbergii*로, 소나무와 같은 소나무속에 속하기는 하지만 서로 종이 다른 나무다. 북아메리카 지역에서 들여와 인위적으로 산에 심곤 했던 리기다소나무*Pinus rigida*도 소나무속에 속하지만 소나무종은 아니다. 그렇지만 대체로 이런 나무들도 한국에서는 뭉뚱그려서 그냥 소나무라고 부른다.

잣나무 역시 소나무와 종은 다르지만 같은 소나무속으로 분류된다. 소나무 종류를 구분할 때 솔잎 아랫부분이 몇 개 단위로 서로 붙어 있는지를 살피는 방법이 있다. 보통 소나무나 곰솔 솔잎은 아랫부분이 둘씩 붙은 채로 자라나서 이엽송이라고 부르고, 그에 비해 리기다소나무 솔잎은 셋씩 붙은 채로 자라나서 삼엽송이라고 부른다. 이렇게 구분해 보면, 잣나무는 다섯 개 정도의 솔잎이 붙은 채로 자라나기에 오엽송이라고 할 수 있다.

잣나무는 잣이라는 고소한 열매를 맺기 때문에 소나무 중에서 특별히 인기가 높다. 요즘도 가을이 되어 잣 수확 철을 맞으면, 사람들이 잣나무 꼭대기로 올라가서 솔방울 비슷하게 생긴 잣나무 열매를 잔뜩 떨어뜨린다. 잣나무 열매는 보통 꼭대기 쪽에 열리기 때문에 20~30m 높이까지 자란 나무를 타고 올라야 하는데, 2000년대 무렵까지만 하더라도 대부분 사람이 직접 팔다리 힘으로 올라타서 잣나무 열매를 따곤 했다. 그만큼 위험하기도 했고 그래서 유독 잣값이 비쌌다. 요즘은 그래도 크레인 같은 장비를 이용해서 작업하는 경우가 많다.

신라 시대부터 한국의 잣은 주변 다른 나라에도 잘 알려진 대표적인 특산물이었다. 중국 책에 '신라송자'라는 이름으로 언급되는 경우도 있는데, 풀이하자면 '신라 소나무의 열매'라는 뜻이다. 나는 신라 때까지만 해도 우리가 지금 소나무에 대해 갖고 있는 꿋꿋하고 고결하다는 인상을 잣나무를 향해 더욱 강하게 품고 있었던 것이 아닌가 하는 생각을 해 본 적이 있다. 〈찬기파랑가讚耆婆郎歌〉라는 향가에서는 기파랑이라는 신라의 화랑을 찬양하면서 맨 마지막에 "아아, 잣가지 높아 서리를 모를 화랑이여"라고 노래하는 가사가 나온다. 역시 신라 때의 향가인 〈원가怨歌〉에도 잣나무를 두고 두 사람이 서로 맹세하는 장면이 나온다. 큰 차이가 없는 비슷한 나무에 대한 느낌도 시대에 따라 변하는 것인지, 천년이 흐른 요즘은 신라 시대 식으로 사람을 잣나무에 비유하는 경우는 많지 않은 것 같다. "잣나무 같은 정치인", "잣나무 같은 학자"라는 식의 말을 칭찬하는 데 쓰는 경우는 거의 보지 못했다. '소나무'라는 아이돌 그룹이 있다고 그 자매 그룹으로 '잣나무'를 만든다고 생각해 보면 아무래도 좀 이상한 느낌이다.

사람이 아닌 동물의 입장에서 보면, 잣나무든 소나무든 둘 다 좋은 양식거리다. 복잡한 공정을 거치지 않은 솔방울을 사람이 먹기는 쉽지 않지만, 어떤 동물은 사람이 잣나무 열매에서 잣만 뽑아서 먹듯 솔방울에서 소나무 씨앗만 뽑아 먹는다. 소나무 씨앗을 솔씨라고도 부르는데, 몇몇 야생동물들은 솔씨를 즐겨 먹는다.

청설모*Sciurus vulgaris* 같은 작은 동물을 그 대표로 꼽을 만하다. 청설모는 발달된 이빨로 솔방울을 갉아서 솔씨를 잘 파먹는다. 또 다람쥐와 마찬가지로 먹이를 잔뜩 준비해서 이곳저곳에 묻어 저장해 놓는 습성이 있다. 그래야 겨울철 먹이가 없는 추운 시기를 견딜 수 있기 때문이다. 그런데 청설모는 어디어디에 먹이를 묻어 놓았는지 스마트폰에 써 두거나 수첩에 메모할 수 있는 형편이 못 된다. 그래서 종종 묻어 놓은 곳을 잊어버린다.

청설모가 나중에 먹기 위해 솔씨를 열심히 곳곳에 묻어 두고 "어디에 묻어 뒀더라?" 하고 깜빡하는 습성을 가진 덕택에, 솔씨는 멀리 떨어진 땅에 묻힌 채 잘 자라나서 소나무 싹을 틔울 수 있다. 즉 청설모가 솔씨를 들고 이동하는 과정에서 솔씨는 그만큼 멀리 퍼지게 된다. 그러면 새로 움트는 어린 소나무는 부모 소나무 곁에서 비좁게 부대끼며 사는 대신 더 멀리 퍼져 나가 넓은 땅을 차지하고 편하게 살 기회를 찾을 수 있다. 청설모의 성실한 저축 습관과 안타까운 건망증 덕분에 소나무는 세상으로 더 빨리 퍼져 나갈 수 있다.

이 외에 박새*Parus minor* 종류의 새들도 겨울에는 솔방울을 쪼아서 솔씨를 꺼내 먹는 일이 많다. 박새는 참새 비슷한 크기의 새인데, 참새만큼은 아니지만 그래도 숫자가 많은 편이다. 등 색깔이 대체로 회색을 띠며 검은색, 노란색 등도 섞여 있다. 산에 사는 새라고 할 수 있지만, 산 가까이에 있는 아파트나 공원에도 자주 나타나므로 작심하고 찾아다니면 보기 어렵지는 않다. 박새는 사람이 만들어 준 인공 새장을 기꺼이 잘 이용하는 습성도 갖고 있다. 플라스틱으로 만든 작은 새집이 나뭇가지에 걸려 있으면 처음에는 "이상한 모양인데 누가 이런 걸 만들어 두었지?" 하다가도 한번 들어와서 둘러보고는 "아늑한데?" 하고 즐겁게 삶을 시작하는 모습을 상상하면 되겠다. 그래서 한국에서 박새는 도시와 가깝게 사는 편이다.

박새의 주식은 애벌레 종류다. 그런데 겨울이 되어 이런 곤충들이 사라져서 먹을 것이 부족해지면 솔방울 같은 나무 열매를 먹기도 한다. 박새 역시 청설모처럼 겨울을 대비하기 위해 이곳저곳에 먹이를 숨기며, 마찬가지로 열심히 숨겨 놓고 어디 있는지 까먹어 버리는 습성도 있어서 씨앗이 퍼져 나가는 것을 돕는다. 혹독한 겨울, 솔방울을 먹으며 추위를 견뎌 내면 박새는 다음 해에 살아남아 자손을 퍼뜨리고 다시 벌레를 먹으러 다닐 수 있게 된다. 박새는 1년에 수만 마리의 벌레를 잡아먹는다. 만약 박새 같은 새가 없다면 도시와 숲은 온갖 벌레로 득실득실한 곳이 될지도 모른다. 즉 박새는 도시의 해충을 휩쓸어 가는 사냥꾼이다. 그리고 그 박새가 겨울 동안 버틸 수 있는 비상식량을 마련해 주는 역할을 바로 소나무가 한다.

피톤치드는 정말 우리 몸에 이로울까

소나무, 솔잎이라고 하면 그 향긋한 냄새를 떠올리는 사람이 많을 것 같다. 가을 명절인 한가위마다 즐겨 먹는 음식으로 송편이 있는데, 송편을 찌면서 솔잎을 넣는 이유 중 하나도 그 향기에 있다. 아예 솔잎 냄새를 숲의 냄새나 산의 냄새, 나아가 도시와 대비되는 자연의 냄새 정도로 여기는 사람도 흔치 않게 볼 수 있다.

소나무는 그런 냄새를 풍기는 독특한 화학물질을 서서히 내뿜는다. 소나무에서 나오는 화학물질은 한두 가지가 아닌데, 그중에서도 피넨pinene이라는 물질에 대해서 여러 학자들이 관심을 보였다. 피넨이라는 이름부터가 소나무pine tree에서 온 말이다. 실제로 피넨에서도 제법 괜찮은 냄새가 난다.

물방울을 커다랗게 확대하면 물 분자라고 하는 아주 작은 알갱이들이 모여 있는 걸 볼 수 있는데, 이 물 분자 하나에는 산소 원자 1개와 더 작은 수소 원자 2개가 연결되어 있다. 그래서 흔히 H_2O라는 기호로 표시한다. 마찬가지로 이산화탄소라는 기체를 커다랗게 확대하면 아주 작은 분자 알갱이들이 이리저리 날아다니는 형태를 볼 수 있다. 이 이산화탄소 분자 하나는 탄소 원자 1개와 산소 원자 2개가 연결되어 있다. 그래서 흔히 CO_2라고 표시한다.

소나무가 내뿜는 피넨도 마찬가지로 작은 알갱이 하나를 보면 탄소 원자와 수소 원자가 연결된 형태다. 다만 피넨은 모양이 좀 더 복잡해서 탄소 원자 10개, 수소 원자 16개가 이리저리 연결되어 있다. 그 모양도 단순한 일렬이 아니라 고리를 이루고 있는데, 그런 고리 2개에 덤으로 원자 몇 개가 덧붙어 있는 형태다. 그 묘한 모양 덕택에 사람 코에 닿았을 때 피넨은 좋은 냄새라는 느낌을 준다.

피넨이 갖고 있는 성질 중에는 타감작용allelopathy이라는 것도 있다. 타감작용이란 한 생물이 다른 생물에게 영향을 주는 물질을 내뿜는 것을 뜻한다. 보통 한 식물이 내뿜는 기체 화학물질이나 액체 화학물질이 다른 생물이 자라나는 형태나 정도를 바꾸게 되는 상황을 예로

드는 경우가 많다.

어릴 적 아버지와 함께 아버지의 고향에 성묘를 다녀오면, 아버지께서는 증조할머니나 증조할아버지의 묘 근처에 풀이 별로 자라나지 않아서 황량한 모양을 안타까워하셨다. 그러면서 "원래 소나무는 주변에 다른 풀이 잘 자라지 못하게 하는 성질이 있는데, 이 근처에 유독 소나무가 많다."라고 말씀하시곤 했다. 성묘를 갈 때마다 쓸쓸하게 그 말씀을 하셔서 지금까지 그 이야기는 똑똑히 기억하고 있다. 자라나면서 이런저런 책을 읽어 보니 소나무 근처에 다른 잡초가 잘 자라지 못한다는 말은 사람들 사이에 제법 퍼져 있는 이야기였다.

학자들 중에는 소나무가 뿜어내는 화학물질에 다른 식물이 자라나는 것을 방해하는 성질이 있다고 보는 사람도 있다. 그러니까 소나무가 내뿜는 물질 중 타감작용을 하는 것이 있어서 그 물질이 다른 식물에 들어가면 해당 식물의 삶을 방해하는 역할을 한다는 이야기다.

소나무가 내뿜는 대표적인 물질인 피넨 역시 타감작용을 일으킨다고 본 사람들이 있다. 환경 연구가 하르민더 싱Harminder P. Singh이 2006년 발표한 연구에 따르면, 피넨이 다른 식물 속에 들어가면 화학반응을 유독 잘 일으키는 산소를 계속해서 만들어 내는 것으로 추정된다.

그러면 이 산소는 식물의 몸속에서 별 필요도 없는 화학반응을 일으켜 애초에 무리 없이 일어나야 할 화학반응을 방해하고 엉뚱한 물질이 생기게 만든다. 과장해서 말하자면 산소 때문에 쇠가 녹스는 것과 비슷한 현상이 식물 몸속에서 일어나게 된다는 이야기다. 이런 식으로 보면, 소나무가 뿜는 피넨이 주변 다른 식물의 싹에 들어가서 그 싹의 속을 녹슬게 만드는 화학반응을 이끌어 낸다고 말할 수도 있겠다. 아버지께서 이야기해 주신 속설과 연구 결과가 제법 맞아떨어진다.

식물뿐만 아니라 다른 생물에도 피넨이 영향을 끼친다는 연구가 적지 않게 나와 있다. 예를 들면, 숲속을 상쾌한 기분으로 걸어 다니면 나무에서 나오는 피톤치드phytoncide를 들이마시게 되어 건강에 좋다는 보도 기사가 종종 보인다. 그런데 원래 피톤치드는 식물이 내뿜는 물질 중에서 벌레를 퇴치하는 작용을 하는 물질을 일컫는다.

피토phyto는 식물이라는 의미이고 치드cide는 무엇인가를 죽이는 물질이라는 뜻이다. 그러니 피톤치드는 사실 직역하면 '식물 살충제'라는 뜻이다. 같은 말이라도 식물 살충제라고 하면 무서운 화학물질처럼 느껴져 기겁하며 피할 것 같지만, 피톤치드라고 하면 심호흡을 여러 번 하면서 마음껏 들이마시고 싶어지는 어감이 된 것은 재미있는 일이다.

적지 않은 사람들이 피넨 역시 피톤치드라고 본다. 피넨에 벌레를 몰아내는 효과가 있다고 보는 연구도 나와 있다. 그렇지만 최근에는 피톤치드가 몸에 좋을 거라는 쪽으로 관심을 갖는 사람들이 늘다 보니, 피넨이 사람에게 무언가 좋은 영향을 미칠 가능성을 찾는 연구가 더 눈에 띈다. 예를 들어 2016년의 한국과학기술연구원 이창준 박사 팀의 연구 결과를 보면, 피넨 성분이 동물 몸속에 들어오면 신경을 진정시켜 주며 잠을 더 편안하게 잘 수 있도록 돕는 효과도 나타나는 것 같다고 한다.

그 밖에도 피넨에는 유용한 쓰임이 있다. 소나무에 상처를 내서 뽑은 진액을 송진이라고 하는데, 이 송진에서 뽑은 기름을 보통 한국에서는 '테레빈유'라고 한다. 화가의 삶을 다룬 옛날 소설이나 영화 같은 것을 보면 테레빈유에 기름에 녹는 물감을 풀어 그림을 그린다든가 하는 장면이 종종 나오는데, 바로 그 테레빈유가 송진 기름, 즉 소나무 기름이다.

테레빈유의 주성분 또한 바로 피넨이다. 이 기름은 물감을 녹이는 것뿐 아니라 불을 피우는 데도 성능이 좋은 것으로 알려져 있다. 테레빈유가 나오기 전부터도 송진으로 횃불을 만들면 밤을 환하게 밝힌다는 사실을 사람들은 널리 활용했고, 이후에는 간혹 등유 대신 잘 정제한 테레빈유를 기계장치를 돌리는 용도로 쓰기도 했다. 그래서 제2차 세계대전 말기에는 일본군이 석유가 부족해지자 무기를 작동할 테레빈유를 만들어야 한다는 이유로 한반도의 학생들에게 소나무를 구하러 다니게 한 일도 있었다.

참고로 테레빈유의 한국 표기법은 대단히 혼란스럽다. 테레빈유, 테르빈유, 테레핀유, 테르핀유, 테르펜유, 터르펜틴유, 터펜타인유, 터페틴유 등의 단어가 비슷비슷한 의미로 혼용되고 있다. 성분을 따져보면 영어 단어 turpentine에 해당하는 기름이 보통 한국에서 테레빈유라고 부르는 것들과 거의 동일하다. 그러므로 터펜틴유라고 부르는 편이 가장 혼동을 적게 일으킬 것 같기는 하다. 이 단어들이 어디에서 온 말인지, 어떤 것이 같은 의미이고 어떤 것은 다른 의미인지 다 따져 보면 더욱 혼란스럽다. 이 많은 말 중에는 실제로 다른 의미로 쓰이는 말도 있고, 아마도 번역한 말을 대충 옮기다가 표기가 달라진 것도 있는 것 같고, 그냥 누군가 오타를 내서 실수한 것이 여기저기 퍼지면서 자리 잡은 말도 있는 것 같아서 나는 정리를 포기할 수밖에 없었다.

소나무의 미래를 바꾼 작은 실벌레

2000년대 후반 11억 원의 가격이 너무 비싼 것 같다는 이야기가 나왔던 반포의 그 아파트는 10여 년이 지난 2020년, 30억 원을 가뿐히 넘어서 40억 원 가까운 가격에 거래되고 있다. 아파트 장사로는 성공했다고 볼 수 있겠다. 1,200그루의 소나무를 심었다고 자랑했던 것도 분명히 도움이 되기는 했을 것이다.

요즘에는 아파트 단지에 꽤 멋진 소나무를 심는 일이 유행이 되어가고 있는 것 같다. 강원도 산속에서 커다랗게 자라난 20~30m 크기의 소나무를 조심스럽게 뽑아다가 트럭에 싣고 도시의 아파트 단지까지 가져와서는 크레인을 이용해 다시 심는다. 이런 나무들을 아파트 단지의 입구나 중앙 즈음에 몇 그루 배치해 두면, '큰 소나무 다섯 그루 있는 아파트'라는 식으로 선명한 첫인상을 남기기 좋다. 어째 옛날 시골 마을 입구에 커다란 당산나무가 자리 잡고 있던 풍경이 떠오른다고 생각하는 사람도 있을 것이고, 그게 아니더라도 소나무를 좋아하는 한국 소비자들의 마음에 들기에 나쁘지는 않다.

소나무 옮겨심기가 어렵다는 문제도 기술의 발전으로 어느 정도는 해결할 수 있을 것 같고, 소나무가 공해에 약하다는 점도 주로 외곽 지역에 건설되게 마련인 아파트 단지에서는 그래도 문제가 좀 덜 되는 듯하다. 그러니 도시의 전역으로 소나무가 퍼져 나가지는 못한다고 해도 아파트 단지에 소나무를 심는 유행은 당분간 꾸준히 이어질 듯하다.

소나무가 아파트에 퍼져 나가는 것을 막을 만한 유일한 적수가 있다면, 소나무재선충 정도다. 소나무재선충은 길이가 1mm도 되지 않는 아주 작은 실 같은 벌레인데 이 벌레가 소나무 속으로 한번 들어가서 퍼지면, 커다란 나무라고 하더라도 불과 몇십 일 만에 말라 죽는다. 지금까지 소나무재선충이 퍼진 소나무를 치료하는 기술은 개발되지 못했으므로, 소나무재선충이 번지기 시작하면 소나무는 죽고 또 죽어 숲은 빠르게 파괴된다.

한국에서 소나무재선충이 처음 발견된 것은 1980년대 후반이다. 2015년 4월 《과학동아》에 실린 기사에 따르면, 해외에서 부산으로 원숭이를 들여올 때 그 원숭이 우리의 재료였던 목재에 소나무재선충이 살고 있었던 것으로 추정된다. 수염하늘소 부류의 곤충들은 소나무를 갉아 먹기 위해 이 나무 저 나무를 옮겨 다니는데, 소나무재선충은 그 수염하늘소의 몸을 타고 다른 소나무로 옮겨갈 수 있다. 원숭이 우리도 나무니까 나무를 좋아하는 수염하늘소가 기웃거렸을 것이고, 그때 소나무재선충 몇 마리가 옮아가면서 한국의 소나무에 처음으로 소나무재선충의 재앙이 시작되었다.

이후 한국에서 소나무재선충 때문에 말라 죽은 소나무의 숫자는 1,200만 그루 이상에 달한다. 이는 2015년 YTN 보도에서 언급된 수치로, 지금은 그보다도 훨씬 더 많은 소나무가 죽었을 것이다. 1990년대만 해도 부산·경남 지역을 중심으로 소나무재선충이 조금씩 번질 뿐이어서 잘만 하면 이 벌레를 물리칠 수 있다고 생각했던 것 같은데, 2000년대 이후가 되자 갑자기 전국으로 소나무재선충 피해가 확산되어 버렸다. 1,200만 그루면, 강원도 전체에 가로수로 심어 둔 소나무의 1만 5,000배가 넘는 숫자가 수염하늘소와 작은 벌레 때문에 말라 죽었다는 뜻이다. 100년, 200년 묵은 나무들이 몇 달 사이에 갑자기 누렇게 말라 버리고 산 하나, 숲 하나 정도 규모의 소나무들이 통째로 전멸해 버리는 일이 한반도 곳곳에서 끝도 없이 일어났다.

소나무재선충으로 피해가 발생하면, 그 지역에서 나무를 다른 곳으로 옮기지 못하게 금지하고, 말라 죽은 나무와 그 속의 소나무재선충을 소독약으로 바싹 굽듯이 처리하여 어떻게든 피해가 번지지 않도록 막는다. 그 덕택에 2010년대 후반에는 소나무재선충이 퍼지는 속도가 점차 줄어들었다. 그러나 여전히 소나무재선충과의 싸움에서 사람이 승기를 잡았다고 하기는 어렵다. 소나무재선충은 한국 소나무들에게 한국전쟁 이후에 닥친 사상 최악의 시련이 되었다. 2018년, 2019

년에도 매년 수십만 그루의 소나무들이 말라 죽었다.

그런 만큼 관계 당국에서도 나무와 관련된 일 중에서 이 문제를 가장 관심 있게 지켜본다. 유행하는 새로운 기술이 나올 때마다 그 기술을 이용해 소나무재선충 박멸에 도전해 보겠다는 학자들도 계속 등장하고 있다. 드론을 띄워서 공중에서 약을 살포하겠다는 계획이 나온 적이 있는가 하면, 인공지능을 이용해서 소나무재선충이 퍼진 모양을 감지하겠다는 내용의 연구도 있다.

휘몰아치는 눈보라도 수백 년 동안 꿋꿋이 버티며 항상 초록색을 유지하던 소나무들이 고작 원숭이 우리 속에 들어 있던 작은 벌레가 퍼지는 바람에 속절없이 우수수 썩어 자빠지고 있다니 허무하기만 하다. 아파트나 공원 주변에서 쉽게 찾아볼 수 있는 소나무들도 빠뜨리지 않고 잘 관찰하면서 어느 지역까지 소나무재선충이 퍼지고 있는지 항상 꼼꼼히 감시하여 피해를 예방하는 방법이 지금은 최선인 듯싶다.

철쭉

Rhododendron schlippenbachii

철쭉은 한반도 어디에서나 흔히 볼 수 있는 봄꽃이다. 이 꽃의 생물학 연구 내용을 거슬러 올라가 보면 19세기 러시아 역사에 대해 이야기할 수밖에 없다. 나는 기왕 오르는 김에 더 멀리 올라가 그리스 남부의 펠로폰네소스 지역에서 벌어진 나바리노 해전 이야기부터 해보려고 한다.

1827년 10월, 지금의 터키는 당시 오스만제국의 중심이었다. 그리스는 오스만제국으로부터 독립하기 위해 한창 애를 쓰고 있었다. 크고 작은 전투가 연이어 벌어졌고 유럽 각국도 이 상황에 관심이 많았다. 현대 소프트웨어 프로그래밍의 선조로 불리는 에이다 러브레이스

Ada Lovelace의 아버지이자 최고의 인기를 누리던 영국의 낭만파 시인 조지 바이런George Gordon Byron 같은 인물은 유럽 나라들이 그리스의 독립을 도와야 한다고 적극 나서기도 했다.

상황이 그렇게 돌아가다 보니 오스만 입장에서는 그리스의 독립 운동을 서둘러 제압하고 싶었을 것이다. 한편 유럽 각국은 오스만을 견제하기 위해 그리스의 독립을 부추겼다. 그러다 발생한 해전이 바로 나바리노 전투였다. 오스만·이집트 연합 함대가 그리스를 지원하는 유럽 여러 나라의 함대와 싸웠는데, 그리스 쪽에는 영국·프랑스·러시아군이 참전했다.

마침 해전이 일어난 나바리노 지역은 먼 옛날 기원전 425년에 필로스 해전이 벌어졌던 무대이기도 하다. 필로스 해전은 고대 그리스 시대의 전쟁으로 유명한 펠로폰네소스 전쟁의 중요 전투로 손꼽힌다. 펠로폰네소스 전쟁 당시의 여러 일화들은 유럽인이 수천 년간 역사와 전쟁을 논하고 고대 영웅들의 행적을 인용할 때 항상 거론하던 예시였다. 바로 그곳에서 약 2,200년 만에 다시 그리스의 운명을 건 전투를 벌인다고 하니, 각국의 정치인들은 이 전투가 갖는 의미를 더욱 크게 생각했을 것이다.

이 전투에서 러시아 함대의 장교로 활약했던 인물 중에 예프피미 푸탸틴Yevfimy Putyatin이라는 사람이 있다. 전투가 끝난 뒤 포상을 받았다는 기록이 있는 것으로 미루어 보아, 20대 중반의 젊은 나이였던 푸탸틴은 열심히 싸우며 크게 활약했던 것 같다. 그래서인지 전투의 분위기가 유럽 동맹군 쪽으로 기울었다. 오스만군은 더 많은 군함을 거느리고 있었는데도 유럽 동맹군에게 크게 패하고 말았다. 결국 이 해전은 그리스 독립을 굳히는 결정적인 계기가 되었다.

전투에서 공을 세운 푸탸틴은 러시아 해군에서 승진을 거듭한다. 세월이 흘러 50대가 된 1850년대에는 사령관이 되어 작은 함대를 이끌고 임무를 수행하는 지위에 오르기도 했다. 푸탸틴은 이 무렵 동아시아에 많은 관심이 있었던 것으로 보인다. 1840년 청나라와 영국이 벌인 아편전쟁에서 청나라가 패배한 이후로, 유럽 국가들 사이에서는 동아시아에서 세력을 넓힐 수 있겠다는 생각이 빠르게 번져 나갔다. 그런 상황에서 푸탸틴은 하필 영국을 오가며 이런저런 일을 했기에 동아시아에도 덩달아 많은 관심을 갖게 된 것 같다. 그는 영국 해군 제독의 딸과 결혼하기도 했다.

이렇게 해서 푸탸틴은 1850년대에 외교와 통상 임무를 지닌 함대를 이끌고 동아시아로 향한다. 푸탸틴이 이끈 함대의 기함은 팔라다Pallada라는 이름이었다. 팔라다는 길이 약 50m에 수백 명이 탈 수 있는 배로, 당시 그 정도면 제법 큰 배였다. 다만 남아 있는 기록을 보면 긴 항해는 조금 힘에 부치는 느낌도 있었던 것 같다.

팔라다는 러시아를 출발해서 우선 아프리카로 향한 뒤, 남서쪽으로 나아가 적도를 지나 아프리카 끝까지 항해했다. 수에즈운하가 개통되기 이전이었기 때문에 유럽에서 동아시아까지 뱃길로 가려면 그 방법밖에 없었다.

그러고는 아프리카의 남쪽 끝을 돌아 다시 적도를 넘어 중동 지역까지 왔고, 그곳에서 인도양을 지나 동남아시아로 향하는 긴 항해를 했다. 마침내 러시아를 출발한 지 거의 1년이 다 되어서야 목적지였던 동아시아에 무사히 도착했다. 푸탸틴 일행은 우선 일본에 가서 외교 조약과 통상 교섭을 맺으려 했다. 유럽 곳곳을 오가며 어느 정도 외교 감각도 익혔고, 전쟁에 참여한 경험도 적지 않은 편이었던 푸탸틴은 러시아에 유리하도록 일본을 개방하는 임무를 성공할 수 있다고 믿었을 것이다.

그러나 그해 1853년, 푸탸틴이 일본에 도착한 시기와 비슷하게 미국의 매슈 페리Matthew Calbraith Perry 제독도 일본에 도착했다. 대략 한 달 정도의 차이로 페리 제독은 러시아보다 먼저 일본과 조약을 맺는 데 성공한다. 바로 그 사건이 일본 근대사의 극적인 순간이라고 하는 '흑선내항黒船来航'이다. 이렇게 해서 푸탸틴의 러시아가 아닌 페리의 미국에 의해 처음으로 문호를 개방한 일본은 미국의 기술과 문화를 받아들이기 시작했다. 이해는 조선 철종 시기였으니, 나중에 조선이 개항을 하게 되는 1876년보다 23년이 앞선다.

푸탸틴도 결국 늦게나마 일본과 러일화친조약을 체결한다. 아무 소득이 없지는 않았지만 일본의 문을 처음 두드린 나라를 러시아로 만드는 데는 실패했다고 할 수 있다. 만약 이때 푸탸틴이 미국보다 한 발 앞서서 일본과 처음 조약을 맺었다면, 이후 일본의 역사는 크게 달라졌을 것이고 동아시아 역사 전체의 흐름도 달라졌을지 모른다.

그저 내 상상일 뿐이지만, 페리 제독에게 선수를 빼앗겼다고 생각한 푸탸틴은 아무래도 좀 아쉬움을 느꼈는지 일본을 개방하는 임무외 다른 일에 좀 더 관심을 기울였던 듯하다. 푸탸틴은 러시아의 동쪽 끝에 위치한 연해주 영토 사이의 길을 탐사하는 임무에 나섰다. 이 일을 수행하기 위해서는 일본에서 러시아 동쪽으로 향하는 길에 동해를 지나야 한다. 자연히 푸탸틴 함대와 팔라다는 한반도 지역을 거칠 수밖에 없었다.

푸탸틴 함대는 크게 두 번에 걸쳐 조선을 방문했다. 처음에는 지금의 전남 여수 삼산면에 속하는 거문도에 들렀고, 두 번째로는 일본에서 러시아 동쪽 끝으로 가는 길에 동해안을 거슬러 오르며 탐사 활동을 했다. 마침 팔라다에는 작가 이반 알렉산드로비치 곤차로프Ivan Aleksandrovich Goncharov가 타고 있었는데, 그가 이 여행에 대한 기행문을 남겼다. 곤차로프의 여행기는 당시 러시아에서 출간되어 어느 정도 팔린 편이며, 덕분에 지금까지도 잘 남아 있다. 이 책은 2014년에 문준일 교수가 번역한 『전함 팔라다』라는 한국어판으로도 출간되었다.

곤차로프의 여행기에는 섬마을과 해안가 지역에서 만난 조선인 목격담도 짤막하니 실려 있다. 그 시대의 유럽인들이 타 지역 사람들을 보고 쓴 보통의 이야기처럼, 낯선 지역 사람들은 가난하고 지식이 부족하다는 설명이 주를 이룬다. 그러면서 다들 흰 옷을 입고 있다는 것, 또 아주 특이한 검은 모자를 쓰고 있는데 머리 부분은 조금 솟아 있고 챙은 매우 넓은 형태라는 것을 묘사했다. 즉 백의에 갓을 쓰고 있다는, 한국인에게는 너무나 친숙한 옛 조선 사람의 모습을 특징으로 언급한 것이다. 조선인들은 중국인이나 일본인에 비해 덩치가 크고 밥을 많이 먹는다고 쓰여 있기도 하다. 또한 한반도에서 본격적으로 역사가 시작된 것은 고주몽이 세운 고구려부터이며, 그 나라가 이어져 왔기에 조선을 고려와 발음이 비슷한 '코레아'라고 부른다는 내용을 소개했다.

한편 푸탸틴을 비롯한 러시아인들이 거문도에 도착했을 때 이민족이 침공한 것이라고 생각한 조선인들은 여성과 어린이는 모두 산으로 대피시키고 남자들은 동네 입구에 남아 러시아인을 몸으로 막아서며 길을 비키지 않으려 했다는, 어찌 보면 아련한 이야기도 실려 있다. 『전함 팔라다』가 출간된 당시에 나온 보도에 따르면, 이때 유럽인들이 처음 독도를 확인했으며 이 시기에도 독도를 조선의 영토로 여기고 있었다고 한다.

푸탸틴 함대의 대원들은 러시아인이 처음 접한 한반도의 자연에 대해서도 어느 정도 조사하려고 노력했다. 그렇게 이들은 한반도의 해안 지역을 살피다가 봄을 맞아 아름답게 핀 붉은 꽃나무를 발견한다. 작은 덤불 크기에 만발해 있는 꽃은 대단히 향기롭고 아름다웠을 것이다. 그것이 바로 철쭉이었다. 곤차로프의 여행기를 보면, 동해안 지역을 지나던 어느 봄날, 삭막한 풍경만을 마주하다가 아름다운 덤불나무를 발견했는데 홀로 생명력을 드러내고 있는 그 모습이 너무 멋졌다고 묘사하는 구절이 있다. 아마 그와 비슷한 상황에서 철쭉을 본 것일지도 모르겠다.

한반도 철쭉에 러시아 학자의 이름이 붙은 사연

한반도에서 멋진 꽃나무를 처음으로 발견했다고 생각한 푸타틴 함대 사람들은 철쭉의 종류대로 표본을 만들어 러시아로 보냈다. 《조선일보》 김민철 기자의 기사에 따르면, 이때 푸타틴 함대에서 철쭉을 채집해 러시아로 보낸 인물이 바로 슐리펜바흐Baron Schlippenbach이다. 그리고 슐리펜바흐가 보낸 철쭉을 받아 보고 연구해서 유럽 과학계에 정식으로 보고한 인물은 러시아의 유명한 식물학자 카를 막시모비치Carl Johann Maximovich였다. 막시보비치는 자신이 과학계에 처음으로 철쭉을 소개하는 것이라고 보고, 과학계에서 쓰는 공식 생물 명칭인 학명scientific name을 직접 붙였다.

이렇게 탄생한 이름이 로도덴드론 슐리펜바키 막심*Rhododendron schlippenbachii Maxim*이다. 한반도에서는 누구나 철쭉이라고 부르는 꽃에 속하는 이 식물은 이러한 사연 때문에 학술적으로는 로도덴드론 슐리펜바키라고 불린다. 러시아 학자가 170년 전에 붙인 이 이름은 지금까지도 한반도 철쭉 종류의 명칭으로 과학 논문에 쓰이고 있다.

철쭉은 한반도의 산과 들에서 널리 피어나는 만큼, 먼 옛날부터 한국인들에게 친숙한 꽃이다. 철쭉과 관련한 옛이야기 중에 가장 유명한 설화로는 『삼국유사』에 실린 수로부인 이야기만 한 것이 없다. 수로부인은 신라 전성기 시절 가장 빼어난 미모를 지닌 인물로 유명했다. 전설에 따르면 수로부인이 너무 아름다워서 바닷가에 가면 용과 같은 바다 괴물들이 나타나 납치해 가려고 했을 정도였다고 한다. 어느 날 수로부인은 남편 순정공이 강릉에서 태수 벼슬을 지내게 되어 부임하러 가는 길을 따라나섰다가 낭떠러지에 핀 아름다운 철쭉을 보고 감탄하는데, 소를 끌고 가던 노인이 목숨을 걸고 벼랑에 올라가 그 꽃을 꺾어다 주었다고 한다. 이때 노인이 불렀다는 노래 〈헌화가獻花歌〉의 가사가 남아 있어 국문학에서도 중요한 연구거리가 되었다.

그러고 보면 마침 강릉도 동해안에 있는 도시이니, 수로부인이 철쭉을 발견한 바로 그곳에서 푸탸틴 함대의 러시아인들이 그 철쭉이 남긴 천년 후의 자손을 보고 감탄했을 가능성도 아주 없지는 않다고 나는 생각해 본다.

이 이야기 속에서 철쭉은 '척촉躑躅'이라는 한자어로 기록되어 있다. 학자들은 척촉이라는 한자어 이름이 쓰이다가 좀 더 발음이 편한 '철쭉'으로 변한 것으로 추측한다. 실제로 한문에서는 척촉이라는 말이 널리 쓰였고, 현대 중국어 사전에도 같은 말을 표기한 踯躅이 실려 있다.

이렇듯 여러 나라에서 같은 종을 일컫는 말이 서로 다르면 표기가 혼란스러울 수 있다. 특히 이름이 다르다 보면 한 나라에서는 같은 종류로 분류하는 생물을 다른 나라에서는 여러 종류로 분류하는 문제가 생겨 차이를 바로잡는 것이 더 어려워진다. 과학계에는 점차 국제적으로 통용되는 생물 이름을 정해 표준으로 삼아야 한다고 생각하는 사람들이 많아졌다. 그러다가 탄생한 것이 바로 국제적인 과학 연구 목적의 생물 이름 체계인 '학명'이다. 지금까지 사용되는 학명 체계의 뿌리를 만든 사람은 18세기의 스웨덴 생물학자 칼 폰 린네Carl von Linné이다.

학명은 우선 그 생물을 분류했을 때 어느 속에 속하는지에 따라 속 이름을 쓰고, 그다음으로 생물 종류의 이름을 붙이는 방식을 기본으로 한다. 그러니까 막시모비치가 이름을 붙인 한반도의 철쭉 로도덴드론 슐리펜바키에서 앞의 말 '로도덴드론'은 이 식물이 로도덴드론속에 속한다는 뜻이다. 로도덴드론속은 우리말로 진달래속을 뜻한다. 즉 철쭉은 진달래와 종은 다르지만 같은 속에 속한다. 소나무와 리기다소나무, 해송과 곰솔의 관계만큼 진달래와 철쭉의 사이가 가깝다는 뜻이다.

로도덴드론 슐리펜바키에서 뒤의 말 '슐리펜바키'는 한반도에서 이 식물을 채집해 보낸 슐리펜바흐를 기리는 의미로 막시모비치가 붙인 이름이다. 정식 학명에서는 이렇게 두 단어로 이루어진 이름 뒤에 명명한 사람의 이름과 연도를 써넣곤 한다. 따라서 한반도 철쭉의 이름 로도덴드론 슐리펜바키 막심에서 마지막 '막심'은 철쭉의 이름을 붙인 막시모비치의 이름을 의미한다.

참고로 처음으로 학명 체계를 고안한 린네는 우리가 흔히 접하는 생물 대부분의 학명을 직접 지었다. 그러면서 자신의 이름을 나타내는 린나이우스Linnaeus를 자랑스럽게 맨 뒤에 달았다. 예를 들어 사람을 뜻하는 학명 호모사피엔스도 린네가 붙인 이름으로, 정식 명칭은 '호모사피엔스 린나이우스*Homo sapiens* Linnaeus, 1758'이다. 고양이 같은 생물도 린네가 처음으로 학명을 붙였기에 정식 명칭은 '펠리스 카투스 린나이우스*Felis catus* Linnaeus, 1758'가 되었다.

사람을 호모사피엔스라고 하는 것처럼 보통 학명은 첫 두 단어로 부른다. 그래서 과학 논문에서 철쭉은 보통 로도덴드론 슐리펜바키, 고양이는 펠리스 카투스라고 일컫는다. 기억하기 쉽고 재미있는 학명으로는 물고기 개복치를 뜻하는 몰라몰라*Mola mola*나, 까치를 말하는 피카피카*Pica pica*가 꽤 유명하다. 학명은 어떤 나라에서나 통용되는 국제 표준이기 때문에 까치를 보고 "저것은 피카피카"라고 이야기해도 좋다. 오히려 학명이 더 익숙한 예도 있다. 가로수로 많이 심는 플라타너스의 이름은 원래 양버즘나무이다. 그런데 아무래도 양버즘나무라고 하면 어감이 좋지 않아서인지 오늘날 한국에서는 양버즘나무의 학명에 따라 플라타너스*Platanus occidentalis*라는 말을 널리 사용하고 있다.

그러니 우리 집 고양이는 잠을 많이 잔다고 말하고 싶을 때, 학명을 써서 우리 집 펠리스 카투스는 잠을 많이 잔다고 해도 잘못된 말은 아니다. 오히려 무엇을 말하는지 혼동을 줄일 수 있는 더 정확한 표현이라고 볼 수도 있겠다.

한국인이 가장 사랑하는 꽃나무

지금은 한국 역시 과학기술이 충분히 발달했으므로 한국 학자가 새로운 한국의 생물을 발견해서 학명을 붙이는 사례를 자주 볼 수 있다. 예를 들어 2012년에는 요각류copepod라는 새우 비슷하게 생긴 새로운 생물을 발견한 적이 있는데, 아포돕실러스속으로 분류되는 생물이었으므로 아포돕실러스 곽지엔시스*Apodopsyllus gwakjiensis*라는 학명을 붙였다. 여기에서 곽지엔시스라는 이름은 이 생물이 발견된 제주도 곽지해수욕장에서 비롯되었다. 경기도 화성에서 발견된 공룡 뼈 화석에 코레아케라톱스 화성엔시스*Koreaceratops hwaseongensis*라는 학명을 붙인 일화도 유명하다. 화성시에서는 이 공룡을 참고로 '코리요'라는 이름을 가진 마스코트를 만들기도 했다.

그러나 19세기만 하더라도 철쭉의 사례처럼 한반도의 생물은 외국 학자들에 의해 학명이 붙어서 과학계에 소개되었다. 김민철 기자의 기사에 따르면, 개중에서도 한반도의 철쭉 종류가 러시아인에게 발견된 것이 국제 과학계에 한반도 식물이 보고된 최초의 사례로 보인다.

그렇다면 과학계에서 한국 꽃의 원조는 철쭉이라고 할 수도 있다. 조금 더 넘겨짚으면 철쭉이 발견된 동해안이 한국 꽃을 세계에 알린 발상지라고 말할 수도 있다. 신라의 수로부인과 〈헌화가〉의 도시인 강릉이 그 중심지라고 말해 보고 싶기도 하다. 아닌 게 아니라 철쭉은 한국, 중국, 일본 등의 동아시아에서 흔히 피어나는 대표적인 꽃이기도 하다.

철쭉은 오늘날에도 한국에서 널리 사랑받고 있다. 통계를 봐도 사람들이 일부러 길러서 심는 꽃나무 중 철쭉이 차지하는 비중이 가장 높다. 고려대 김현준 교수의 논문에 정리되어 있는 산림청의 2008년, 2009년 자료를 보면 조경 목적, 그러니까 주변과 정원을 가꾸기 위한 목적으로 기른 모든 나무 중에서 철쭉류가 45.9%로 압도적인 1위를 차지했다. 정원에 심는 나무들 중에 대략 절반은 철쭉류라는 이야기다. 나무 하면 가장 먼저 떠오르는 소나무의 비율은 4.2% 정도이고, 나라꽃인 무궁화가 차지하는 비율은 0.6%밖에 되지 않는다. 소나무보다 10배 더 많이 심고, 무궁화보다 75배 더 많이 심는 것이 철쭉이라고 봐도 과장이 아니다.

당연히 아파트 단지에서도 철쭉은 무척 자주 볼 수 있는 식물이다. 철쭉은 기르기 쉬운 편에 속하며, 소나무처럼 산성 토양을 좋아하는 나무기도 하다. 그렇기 때문에 한국 땅, 비교적 척박한 땅에서도 잘 자라날 수 있다. 게다가 봄이 되면 누구나 눈길을 줄 만한 화려한 꽃을 가득 피우며, 품종이 다양하게 개량되어 있어 여러 색깔, 여러 모양으로 화단을 꾸미기에도 좋다. 철쭉류는 물을 꼬박꼬박 줘야 잘 큰다는 말도 있기는 한데, 한반도는 세계적으로 보면 비가 많이 오는 지역인데다가 아파트에 심는다면 비가 오지 않을 때 수돗물을 주면 되니까 키우는 데 별 어려움도 없다. 그래서 계획도시가 늘어나고 모습을 장식하는 데 신경을 쓰는 아파트 단지가 많아질수록 철쭉은 더 많은 인기를 누렸다.

최근에는 정부가 농민에게 쌀농사에만 집중하지 말고 다른 작물을 다양하게 재배하라고 권유하는 경향이 있는데, 그 때문에 벼농사를 짓던 논에서 철쭉을 재배하는 지역이 많이 생겨났다. 그렇다 보니 전라남도 순천 등지가 철쭉 생산의 중심지로 갑자기 떠오르기도 했다. 《중앙일보》 최경호 기자의 2016년 기사에 따르면 순천에서 생산 중인 철쭉의 양은 전국 유통량의 약 70%로, 무려 6,118만 그루에 달했다. 이 정도면 한국인 모두에게 철쭉 한 그루씩을 돌리고도 한참 남는 양이다.

다시 말해서 철쭉은 한국의 산성 토양에 적합한 성질을 갖고 있다는 점, 기르기 쉽다는 점, 생산량이 증가하면서 다양한 품종이 개량되어 다채로워졌다는 점까지 겹쳐 한국의 아파트 단지를 장악한 생물이라고 볼 수 있다. 이렇게 보면 철쭉은 사람의 눈길을 끄는 화려함을 무기로 아파트라는 새로운 환경에 적응하면서 번성한 종족이라고 할 수도 있겠다.

사람의 손길 때문에 꽃이 퍼져 나간다고 하면 언뜻 자연을 거스르는 것이 아닌가 싶은 느낌이 들지도 모른다. 철쭉 농사를 대량으로 지으면서 농약을 남용한다든가 하면 확실히 문제가 될 수도 있다. 그렇지만 사람, 나아가 동물의 조작에 의해 꽃이 퍼져 나간다는 사실 자체는 어찌 보면 예로부터 자연에서 전해져 내려오는 꽃의 본성인 것 같다.

화석을 확인해 보면, 속씨식물angiosperm이 등장하는 것은 백악기부터이다. 백악기는 대략 1억 5,000만 년 전부터 6,500만 년 전까지의 시대를 말한다. 백악기에 앞서는 시대가 쥐라기인데, 공룡시대라고 하는 중생대 중에서 쥐라기는 중간 시대이고 백악기는 후기 시대라고 할 수 있다. 그러나 공룡의 멸망이 찾아오는 백악기에도 여전히 공룡은 번성했다. 한반도에서 발견되는 공룡 흔적들은 대부분 백악기의 것이기도 하다.

쥐라기까지만 해도 지상의 식물들은 대부분 겉씨식물gymnosperm이었다. 속씨식물과 겉씨식물의 분류법은 조금 이해하기 어렵지만 쉽게 와닿는 쪽으로 설명하면, 우리가 꽃이라고 하면 흔히 떠올리는 모양과 비슷하게 꽃이 피고, 과일 하면 떠오르는 열매를 맺는 식물들은 대개 속씨식물이라고 보면 된다. 반대로 별로 꽃 같은 꽃이 피지 않고, 과일 같은 열매가 열리지 않는 소나무는 속씨식물이 아닌 겉씨식물이다. 쥐라기까지만 하더라도 속씨식물은 거의 나타나지 않았을 가능성이 있기 때문에, 대체로 세상에는 꽃다운 꽃이 없었을 것이다. 공룡이 뛰어다니는 쥐라기의 들판과 산기슭에 여러 가지 식물이 무성히 자라나고 있었겠지만, 그렇다고 해도 알록달록한 꽃밭은 세계 어디를 가더라도 찾아볼 수 없었을 것이다. 그러다가 백악기가 되어서야 우리에게 친숙한 모양으로 꽃을 피우는 식물들이 대거 등장하기 시작했다.

꽃은 벌과 나비를 불러들이기 위한 기관으로 작용하는 경우가 많다. 곤충들이 눈에 띄는 꽃을 발견하면 꽃 주위를 얼쩡거리면서 꽃가루를 몸에 묻히고, 그렇게 돌아다니다가 꽃가루가 여기저기에 퍼지면 씨앗이 자라난다. 소나무가 그저 바람에 송홧가루를 뿌려 대며 다른 소나무에게 닿기를 바라는 것과는 다른 방식이다. 바람에 아무렇게나 꽃가루를 날릴 필요가 없다. 식물의 꽃을 좋아하는 곤충이 한 꽃에서 다른 꽃으로 꽃가루를 배달해 주기 때문이다.

정확하게 확인할 수 있는 증거가 많지는 않지만, 아마도 꽃다운 꽃이 처음 등장하기 전에 꽃가루를 옮기는 곤충이 먼저 등장한 것 같다. 한국인들이 다식 같은 과자에 송홧가루를 넣어 먹듯, 꽃가루 자체를 먹을 수 있다면 꼭 아름다운 모양을 하고 있지 않더라도 이를 먹어 치우기 위해 식물을 찾아오는 곤충이 있었을 것이다. 이런 생물이 이 식물에서 저 식물을 오가며 우연히 식물의 번식을 도왔을 것이다. 시간이 흘러 나비의 조상이라고 할 만한 곤충 같은 것이 나타나 꽃가루 전달을 특별히 더 잘하게 되었을 가능성도 있다.

이렇게 꽃가루를 전달해서 씨앗을 맺는 데 도움을 주는 곤충이 있다면, 식물 입장에서는 그런 곤충을 더 잘 끌어들일수록 유리하다. 이제 나비의 조상을 조금이라도 더 잘 유인하는 식물이 살아남게 된다. 더 눈에 띄고 더 아름다운 식물이 살아남으면서 점차 알록달록한 무늬에 향기도 좋은 식물이 나타난다. 아예 곤충이 빨아 먹으라고 꿀을 나눠 주는 식물도 등장한다. 결국 보기 좋은 모양, 향기, 꿀을 모두 가진 꽃이 탄생한다.

동시에 곤충들 중에서도 새로운 색깔의 꽃을 잘 찾는 곤충이 더 많은 꿀을 얻을 수 있을 테니, 점차 그 꽃을 잘 알아보고 그 꽃의 구조에 알맞게 꿀을 빨아 먹을 수 있는 곤충이 등장한다. 그런 식으로 어떤 꽃이 나타나면 그 꽃에 더 적합한 곤충이 번성할 수 있다. 마찬가지로 어떤 곤충이 번성하면 그 곤충에 더 적합한 꽃이 번성하고, 꽃이 다양해지는 만큼 곤충도 다양해질 것이다. 이런 일이 반복되면서 곤충과 꽃은 동물과 식물이라는 완전히 다른 계통에 있는 생물이면서도 서로가 서로의 진화를 자극한다.

어떤 철쭉꽃은 자세히 보면 중심부 쪽의 꽃잎에 까만 점 같은 것이 박혀 있는 모습을 확인할 수 있는데, 이런 모습 덕택에 곤충의 눈에 띄는 데 유리할 수 있다. 어쩌면 꽃에 있는 무늬가 아름다운 암컷이나 수컷 곤충처럼 보일지도 모른다. 심리학자 헴펠 드 이바라Hempel de Ibarra 연구 팀에 따르면, 어떤 류의 무늬를 본 곤충이 어쩐지 마음이 이끌려 행동한 결과, 꽃잎 가까이에 성공적으로 착륙해 꽃가루를 나를 수 있게 된 것 같다고 한다. 그렇다면 무늬 있는 꽃은 그 무늬를 좋아하는 곤충 덕택에 꽃가루를 전달할 기회를 얻을 수 있다는 이야기다.

철쭉꽃에 있는 점무늬가 곤충에게 어떤 효과를 나타내는지에 대해서 나는 아직 확실한 연구 결과를 보지 못했다. 그렇지만 다른 꽃들의 사례를 생각해 보면, 그 점무늬 덕택에 곤충을 효과적으로 유인할 가능성은 충분하다. 이것은 상품 광고에서 아름다운 남녀 모델을 기용해 사람들에게 계속 보여 주면 결국 그 물건에 대한 호감으로 이어져서 상품이 팔리는 것과 비슷하다. 즉 철쭉꽃에 있는 점무늬가 곤충들에게는 영화배우들이 미소를 짓고 있는 모습처럼 보일지도 모른다.

그런 식으로 먼 옛날 철쭉의 조상은 꽃가루가 잘 전달된 덕택에 생존하고 번성할 수 있었고, 그 결과 지금과 같은 고운 분홍빛 모습으로 한반도 동해안에 퍼져 나간 것이다.

경상남도 황매산에는 철쭉이 아주 넓게 펼쳐진 지역이 있어 봄마다 철쭉꽃을 구경할 수 있는 최고의 명승지로 사랑받고 있다. 이런 것도 황매산 주변의 나비와 벌에게 꽃이 선택을 받은 결과라고 볼 수 있다. 그렇다면 아파트에서 기르기에 적합한 성향과 모습을 지닌 덕분에 전국의 아파트 단지마다 퍼져 나가고 있는 21세기의 철쭉 역시 비슷한 방식으로 살아남은 것인지도 모르겠다. 현대의 철쭉들에게는 순천의 농민들과 꽃나무를 거래하는 전국의 상인들이 간접적으로 나비 역할을 해 주고 있다는 이야기다.

진달래와 철쭉을 구분하는 방법

아파트 단지에 가지각색으로 자라난 철쭉을 살펴보면, 그 색깔뿐만 아니라 나뭇가지나 잎의 모습도 조금씩 다른 것을 확인할 수 있다. 그런 만큼 철쭉의 다양한 종류를 구분해 보면 어떤 특징이 있는지 좀 더 자세히 알 수 있다. 그런데 막상 아파트 철쭉들을 조사해 보면, 종류를 구분하는 문제가 결코 간단하지 않다는 점을 곧 깨닫게 된다.

우선 철쭉은 진달래속에 속한다. 소나무속으로 분류되는 소나무, 해송, 리기다소나무 등을 그냥 뭉뚱그려서 소나무라고 부르는 식의 기준으로 본다면, 철쭉과 진달래는 둘 다 진달래라고 부를 수도 있다.

실제로 철쭉과 진달래는 꽃 모양이 무척 비슷하다. 다섯 장의 분홍색 꽃잎이 환히 피어나 나풀거리는 듯이 붙어 있는 모습도 서로 많이 닮았다. 한국의 산에서 봄에 흔히 볼 수 있는 꽃이라는 것도 공통점이다. 철쭉이 신라 시대 때부터 내려오는 수로부인 이야기로 유명하다면, 진달래는 한국인에게 가장 널리 알려진 시라고 할 수 있는 김소월 시인의 「진달래꽃」으로 잘 알려져 있다. 그만큼 둘 다 한국인에게 친숙하고 가까운 꽃이다.

그렇지만 진달래와 철쭉은 소나무와 해송의 경우처럼 뭉뚱그려 부르기보다는 서로 다른 꽃으로 구분해서 부르는 경우가 많다. 몇 가지 이유가 있겠지만, 진달래꽃에는 독이 별로 없고 철쭉꽃에는 독이 있다는 차이점이 가장 먼저 떠오른다. 진달래꽃은 사람이 몇 개 따 먹어도 괜찮지만, 철쭉꽃은 잘못 먹으면 크게 앓게 된다. 그래서 비슷한 두 꽃을 두고 진달래는 먹을 수 있는 꽃이라는 의미로 '참꽃', 철쭉은 못 먹는다고 해서 '개꽃'이라고 부른다는 것도 잘 알려져 있다.

조선 시대에는 진달래 피는 철이 되면 산에 꽃구경을 가서 진달래를 따다가 전을 부쳐 먹으며 화전놀이를 했다. 나는 이 전통을 이어서 봄철에 꽃을 넣거나 꽃 모양으로 만든 과자를 파는 풍습이 있어도 좋을 거라고 생각한다. 꽃놀이가 유명한 지역에서는 공장에서 그런 과자나 떡을 만들어 기념품처럼 팔면 어떨까 싶기도 하다. 그런데 화전놀이를 간 사람들이 직접 꽃을 따다가 전을 부쳐 먹던 조선 시대에는 참꽃 진달래를 개꽃 철쭉과 구분하는 것이 아주 중요한 문제였다. 꽃놀이하면서 한바탕 신나게 놀아 보려고 나섰다가, 독이 든 꽃을 먹고 다들 쓰러져 비틀거리다가 울면서 산을 내려오게 되었다면 곤란했을 것이다.

그 때문에 진달래와 철쭉을 구분하는 방법이 널리 알려졌다. 일단 두 꽃은 피는 시기가 조금 다르다. 진달래는 꽃이 먼저 피고 진 뒤에 잎이 난다. 그래서 진달래가 핀 곳에 가면 잎은 보이지 않고 가지에 분홍빛 꽃만 가득 피어 있는 경우가 많다. 그에 비해 철쭉은 꽃이 잎과 함께 피거나 잎보다 나중에 핀다. 초록색 잎이 가득한 사이사이에 꽃이 피어 있게 된다. 화전놀이를 가서 전 부칠 꽃을 따려고 하는데, 꽃이 초록색 잎과 함께 피어 있다면 개꽃이라는 뜻이고, 먹으면 탈이 나니 따서는 안 된다.

여기까지는 크게 어렵지 않다. 그런데 대강 개꽃이라고 부르던 그 철쭉류의 꽃들은 종류가 워낙 다양해서 점차 골치가 아파진다. 요즘에는 다양한 철쭉류를 아파트를 비롯한 도시에서 쉽게 볼 수 있기 때문에 더 헷갈리기 쉽다.

우선 철쭉과 비슷하지만 다른 종으로 산철쭉이라는 것이 있다. 단지에서 쉽게 볼 수 있는 철쭉 중에는 이 산철쭉에 가까운 것들이 무척 많다. 철쭉의 잎과 산철쭉의 잎을 비교해 보면, 철쭉은 약간 둥그스름한 느낌이고 산철쭉은 좀 더 뾰족한 느낌이다. 잎의 모양만 보면 산철쭉의 잎은 철쭉보다는 진달래와 좀 더 닮았다고도 할 수 있다. 그 외에 꽃과 열매의 모양도 약간 다르다.

여기에 영산홍이라는 꽃까지 놓고 구분해 보면 문제는 더 복잡해진다. 영산홍 역시 철쭉과 닮았는데, 철쭉보다는 산철쭉에 더욱 가까워 보인다. 영산홍은 대체로 아름답게 기르기 위한 목적으로 해외에서 개량된 품종을 말한다. 그렇다면 영산홍은 산철쭉을 바탕으로 해서 이런저런 방법으로 개량되었을 것이다. 게다가 영산홍과 비슷한 자산홍, 백철쭉, 겹산철쭉 등등의 꽃도 있는데, 이런 것들은 과학 연구를 통해 구분된 것이 아니라 그냥 꽃나무를 사고파는 와중에 상표나 품종명에 따라 대강 붙여진 이름이라 정확히 따져 구분하기가 매우 어렵다. 전문가들도 산철쭉과 영산홍, 자산홍 계통의 각종 철쭉류를 정확히 분류하는 것은 쉽지 않다고 한다.

구분하기 쉬운 데까지만 보자면 진달래와 철쭉은 크게 어렵지 않게 구분할 수 있고, 철쭉은 다시 철쭉과 산철쭉 및 영산홍류로 나뉜다. 그런데 보기 좋게 개량한 품종 중에는 영산홍류에 속하는 것들이 많기 때문에 도시와 아파트 단지에서 더 쉽게 볼 수 있는 것은 산철쭉 및 영산홍류이다. 이런 꽃들은 색깔이 다양하고 겨울에도 잎이 떨어지지 않고 항상 초록색으로 피어 있어서 아파트에서 기르기에 좋다. 그러므로 아파트 단지에 보이는 철쭉은 산철쭉에 가까울 가능성이 높고, 그냥 철쭉을 보려면 오히려 산에서 찾는 편이 더 낫다. 즉 도시 철쭉은 산철쭉류인 셈이고, 그냥 철쭉은 산지에서 찾아볼 수 있다는 뜻이니, 역시 헷갈리기 딱 좋은 함정 같은 이름이다.

두 얼굴을 가진 철쭉의 무기, 그레야노톡신

철쭉, 산철쭉, 영산홍을 비롯한 꽃들이 먹을 수 없는 개꽃이라고 했는데, 그 이유는 이 꽃들 속에 그레야노톡신grayanotoxin이라는 독성 물질이 있기 때문이다.

그레야노톡신이란 몇 가지 비슷한 물질을 묶어서 통칭하는 이름이다. 아주 커다랗게 확대해 보면 20개 정도의 탄소 원자가 서로 연결되어 있는데, 그 연결된 형상이 4개의 도넛이 붙어 있는 고리 모양 구조이면서 여기에 산소 원자와 수소 원자도 여럿 붙어 있는 식이다. 물을 크게 확대했을 때 산소 원자 하나에 수소 원자 둘이 있는 모양이라서 H_2O라고 표기하는 것에 비하면 그레야노톡신은 훨씬 크고 복잡한 모양이다.

이 물질을 그레야노톡신이라고 부르는 까닭은 류코토 그레야나*Leucothoe grayana*라는 식물에서 발견되었기 때문이다. 류코토 그레야나 역시 꽃나무로 진달랫과*Ericaceae*에 속한다. 진달래, 철쭉, 산철쭉 등은 모두 진달래속으로 분류되는데, 진달래속은 진달랫과에 속한다. 이와 비교해 보면, 류코토 그레야나는 철쭉과 속이 다르고 과만 같으니 아주 먼 친척에 해당한다. 상당히 다른 문제이기는 하지만, 동물의 분류로 예를 들면 고양이와 검은발고양이는 종이 다르지만 같은 고양이속이고, 고양이와 호랑이는 속이 다르지만 같은 고양잇과에 속한다. 이 점과 견주어 보면 어느 정도 느낌이 올 것이다.

연구에 따르면 진달랫과에 속하는 식물들은 그레야노톡신을 품고 있는 경우가 많다. 진달랫과, 진달래속에 속하는 철쭉, 산철쭉, 영산홍에는 그레야노톡신이 많이 들어 있어서 먹으면 중독된다. 참꽃이라고 해서 먹어도 된다고 했던 진달래 역시 진달랫과에 속하는 만큼, 그 농도가 낮아서 조금 먹었을 때 별 문제가 없을 뿐이지 소량의 그레야노톡신은 들어 있는 듯하다. 김아진 교수 등이 대한응급의학회에서 발표한 연구 내용에 따르면, 진달래꽃이나 진달래꽃을 넣어 만든 술을 먹고 탈이 난 환자들의 치료 사례가 있다.

그레야노톡신에 중독되면 어지럽거나 정신을 잃을 가능성이 있다. 가슴이 아파 오는 경우도 있다. 학자들은 그레야노톡신이 동물의 몸속에 들어가면 전기를 띤 소듐(과거에는 나트륨이라고 표기하기도 했다)sodium의 움직임을 원활하지 못하게 만드는 효과가 있는 것으로 보고 있다. 대개 동물은 소듐이나 포타슘(과거에는 칼륨이라고 표기하기도 했다)potassium 같은 물질을 몸속에 보내며 전기를 일으키거나 꺼뜨리는 방식으로 온몸의 신경을 조절한다. 그런데 만약 독성 물질이 몸속 어딘가로 흘러들어 소듐이나 포타슘을 제멋대로 보내면서 신경 조절을 방해하면, 그 동물은 해당 부위의 신경을 뜻대로 움직이지 못하게 된다. 뇌가 제대로 작동하지 못한다면 어지럼증을 느끼거나 정신을 잃을지도 모른다.

철쭉이 이런 독을 몸에 품고 있는 것은 철쭉을 먹는 동물을 물리치기 위해서다. 사슴이나 토끼가 철쭉이 먹음직스러워 보인다고 뜯어 먹다 보면, 철쭉 속에 있는 그레야노톡신이 몸속에 들어갈 것이고, 그러면 동물은 소듐이 제대로 조절되지 못해 신경이 고장 나서 곤혹을 느끼게 된다. 그 동물은 더 이상 철쭉을 먹을 수 없게 되고, 나아가 똑똑한 동물이라면 앞으로는 철쭉을 먹지 말아야겠다고 생각하게 될 것이다. 그렇다면 철쭉은 다음부터 자신의 몸을 지킬 수 있고 자신과 닮은 후손을 퍼뜨릴 수 있다.

설령 철쭉 한 그루를 사슴 한 마리가 다 뜯어 먹는 바람에 후손을 남기지 못하게 되었다 하더라도, 희생한 철쭉 덕분에 주변의 다른 철쭉들은 살아남기에 유리해진다. 그러므로 그레야노톡신을 만들어 내는 유전자가 여러 철쭉들 사이에 퍼져 있다면 그 유전자를 퍼뜨릴 수 있는 철쭉들은 전체적으로 번성한다. 이런 식으로 그레야노톡신 유전자가 퍼진 결과로 철쭉은 동물들 사이에서 살아남을 수 있었다. 종종 염소 같은 가축이 철쭉이나 진달랫과의 식물을 잘못 뜯어 먹으면 탈이 나니 조심해야 한다는 이야기를 들을 수 있다. 철쭉이라는 말의 뿌리가 된 한자어 척촉躑躅은 그대로 풀이하면 '주저하고 또 주저한다'는 뜻인데, 정확한 근거는 찾지 못했지만 양 같은 짐승이 철쭉을 먹을까 말까 주저하기 때문에 이런 이름이 생겼다는 속설도 있다.

아파트 단지를 돌아다니는 고양이가 철쭉을 잘못 뜯어 먹으면 탈이 날 수 있다는 이야기도 꽤 퍼져 있는 편이다. 정말로 건강을 크게 해칠 만큼 고양이가 철쭉을 먹게 되는 경우가 있는지는 잘 모르겠다. 그렇지만 덩치가 작은 고양이라면 그레야노톡신에 더 민감할 것이고, 그레야노톡신 때문에 몸이 둔해져서 살아남는 데 불리해질 수 있다는 이야기 정도는 해 볼 수 있다.

여기까지만 따져 보면 그레야노톡신이라는 독을 가진 철쭉이 진달래보다 제 몸을 지키는 데에는 압도적으로 유리한 것 같다. 그렇지만 무조건 그런 것만도 아니다. 그레야노톡신의 독은 동물을 물리치기에 유용하지만, 꽃가루를 운반해 주는 벌과 나비에게까지 해를 입히기 때문이다.

즉 그레야노톡신이 너무 강하면 철쭉 곁에 찾아와 그 꿀을 먹고 사는 벌과 나비까지 중독되기 때문에 오히려 번식에 실패할 가능성이 생긴다. 생태학자 에린 티에데켄Erin Tiedeken 등의 연구를 보면, 꽃가루를 운반하는 몇몇 벌들은 그레야노톡신의 영향 때문에 목숨을 잃을 가능성이 높아진 것으로 보인다.

그러므로 무턱대고 강한 독을 품어서는 안 된다. 어쩌면 진달래처럼 거의 독을 품지 않은 채, 화전놀이를 온 사람들이 좀 뜯어 먹더라도 참는 편이 나을 수도 있다. 도리어 많은 나비와 벌을 자유롭게 끌어들여 번성하는 데 유리해질 수 있을지도 모른다. 별 근거 없이 해 보는 상상이라 과학적이라고는 할 수 없는 이야기지만, 만약 철쭉의 독성이 조금만 더 약했다면, 애초에 진달래보다도 더욱더 널리 곳곳에 퍼져 나갔을지도 모를 일이다. 그렇게 되었다면, 김소월 시인도 1922년에 신작을 작업하면서 "영변에 약산 진달래꽃"이라고 읊는 대신, "영변에 약산 철쭉꽃"이라고 썼을 수도 있다.

21세기의 아파트 단지에서는 더 이상 철쭉에 독이 있거나 없거나 하는 것은 문제가 되지 않는다. 풍요로운 도시에서는 굳이 철쭉을 뜯어 먹는 사람도 없고, 철쭉을 먹고 살아야만 하는 짐승도 드물다. 설령 벌과 나비가 잘 날아들지 않는다고 해도, 이미 철쭉의 아름다움에 반한 사람들이 농장에서 얼마든지 다른 방법으로 철쭉을 길러서 숫자를 불리고 있다. 아파트 단지라는 새로운 숲속에서 철쭉의 그레야노톡신의 역할이란, 완전히 새로운 관점으로 연구해 볼 문제로 변해 가고 있는 듯하다.

고양이

Felis catus

16세기 조선에서 활동한 학자 이수광은 이런 시를 지었다.

爾爪之銳 네 발톱은 날카롭고

爾牙之利 네 이빨도 날이 서 있건만

碩鼠跳梁 커다란 쥐가 건너다니며 뛰어노는데

爾胡酣寐 너는 어찌 누워서 잠만 자느냐

이 시의 제목은 「잠자는 고양이」이다. 500년 전에 쓰인 시이지만, 어쩐지 요즘 SNS에서도 볼 수 있을 것 같은 내용이다. 그만큼 고양이는 한국인들 사이에서 사랑받아 온 동물이다. 그러나 1970~1980년대의 공포영화를 보면 별 이유 없이 사람을 놀래기 위해 앙칼진 울음소리를 내는 고양이가 불쑥 튀어나오는 장면이 무척 자주 등장했다. 유럽권에서는 검은 고양이가 마녀의 친구라는 이야기가 예로부터 널리 퍼져 있었으므로, 에드거 앨런 포 원작의 〈검은 고양이The Black Cat〉를 비롯해 〈너의 죄악은 밀실, 오직 나만이 열쇠를 가지고 있다Il tuo vizio è una stanza chiusa e solo io ne ho la chiave〉 같은 이탈리아 영화에 이르기까지 고양이가 괜히 불길하고 무섭게 등장하는 경우가 많았다. 이런 외국 영화의 영향을 받다 보니 한국 영화에서도 갑자기 고양이가 튀어나오는 장면을 공포물에 쓰는 경우가 흔해졌다. 〈살인마〉나 〈공포의 이중인간〉 같은 영화들이 당장 떠오른다.

그렇다 보니 어쩐지 예로부터 고양이를 요물이라고 여기거나 악한 동물이라며 기피하는 것이 한국의 전통이었다고 생각하는 사람들도 종종 보인다. 조선 이전의 기록을 보아도 고양이가 작은 짐승을 괴롭히는 행동을 하므로 사악해 보인다는 묘사가 있기는 하다. “고양이 같은 사람” 또는 “고양이 자식”이라는 말을 욕으로 썼다는 기록도 있고, 조선 시대 궁중 음모 중에는 고양이를 이용해서 누군가를 저주하는 주술을 걸었다는 내용도 보인다. 이렇듯 고양이를 불길하고 나쁜 짐승으로 여기는 사람들이 예전부터 있었다는 말도 아주 틀린 것은 아니다.

그렇지만 이에 못지않게 고양이를 좋아하고 아낀 사람들에 대한 옛 기록을 찾는 것도 어렵지 않다. 숙종 임금이 자신이 기르던 고양이 금손을 아꼈다는 유명한 이야기는 이제 널리 알려져 있다. 효종의 딸인 숙명공주가 고양이를 좋아했다는 이야기도 유명하다. 그 외에도 곡식을 훔쳐 가는 쥐를 고양이가 쫓아 준다는 점을 칭송하는 조선 시대의 시나 수필도 쉽게 찾을 수 있다. 벼슬아치의 도리를 이야기하는 것을 즐겼던 조선의 선비들은 백성을 괴롭히는 악한 사람을 쥐에 비유하면서, 조정은 쥐를 쫓는 고양이 역할을 충실히 해야 한다고 비유하는 글을 쓰기도 했다. 이런 글은 여럿 보이는데, 17세기의 이재형이 쓴「축묘설畜猫說」같은 글이 전형적인 사례다.

고려 시대의 대학자로 두고두고 이름을 남긴 이색은「묘구투猫狗鬪」라는 시에서 고양이에 대해 곡식을 훔치는 쥐를 막는 동물이라고 하여 수문사도守門司盜, 즉 '문을 지키고 도둑을 다스린다', 혹은 관고포서管庫捕鼠, '창고를 관리하고 쥐를 잡는다' 등의 말을 써서 칭송했다. 고양이를 요사스럽다고 여기기는커녕 아예 질악수모嫉惡竪毛라고 하여, '악을 미워할 때 털을 세운다'고 언급하며 도리어 사악한 것을 방어하는 수호자처럼 이야기하기도 했다. 고양이를 집안의 재물을 지키면서 도적을 잡는 경비원이나 경찰로 여긴 것이다.

그러니 고양이를 욕으로 쓴 사례가 있다고는 해도 개를 욕으로 쓴 사례만큼 흔한 것은 아니다. 가끔 고양이를 악의 상징처럼 쓰는 글이 있었다고 해도 뱀이나 여우만큼 압도적으로 간교하고 사악하다는 뜻으로만 비유되었던 것은 아니다.

이렇게 고양이를 좋게 보는 생각은 조선 말까지도 충분히 퍼져 있었던 것으로 보인다. 근대 의학 교육을 받고 조선에서 최초로 환자를 돌본 조선인 의사 중 한 명인 김점동은 조선 말엽의 전염병 유행에 대해 기록하면서 사람들 사이에 고양이 그림을 부적처럼 그려서 붙여 놓는 풍습이 있다고 이야기했다. 19세기 중반 이후로 한동안 콜레라가 무서운 전염병으로 전국을 휩쓸었는데, 당시 조선 사람들 사이에는 쥐 귀신이 사람을 공격하면 콜레라에 걸린다는 생각이 퍼져 있었다. 그래서 쥐 귀신을 쫓기 위해 고양이 그림을 이용한 것이다. 그 외에도 조선 후기의 화가 변상벽이 고양이 그림을 곧잘 그려서 '변고양이'라는 별명으로 불리기도 했다.

사람이 고양이를 길들인 이유

먼 옛날에 사람이 동물을 기르기 시작한 이유로 가장 쉽게 생각해 볼 수 있는 것은 식량으로 활용하기 위한 목적이다. 예를 들어 흔히 '범의 구석(호곡동) 유적'이라고 불리는 함경북도 무산의 신석기 시대 유적에서는 사람이 살던 곳 근처에서 돼지 뼈가 발견되었다. 원광대 안승모 교수의 글에 따르면 이 돼지 뼈에서는 멧돼지 뼈의 특징과 집돼지 뼈의 특징이 어중간하게 나타난다고 한다. 그렇다면 이 시기 한반도 사람들이 산에서 멧돼지를 잡아다가 집 근처에 가둬 놓고 기르면서 더 덩치를 키웠거나 새끼를 낳게 하고 길들이기를 시도했을 거라는 상상을 해 볼 수 있다. 이런 일이 대대로 반복되면서 점차 집돼지와 비슷한 돼지도 등장했고, 돼지가 사람 곁에 살기 유리한 짐승으로 바뀌었을 것이다. 그렇지만 고양이는 이런 목적으로 사람이 기른 동물이 아니다. 돼지와는 다른 이유로 곁에 두었다고 생각해야 한다.

한편 개는 사람이 사냥을 할 때 부리는 목적으로, 또는 재미로 기르기 시작했을 거라고 추정된다는데, 고양이는 개의 사례와도 다르다. 아닌 게 아니라 신석기 시대에 사람이 개를 기른 흔적은 한반도 곳곳에서 비교적 쉽게 발견되는 반면, 비슷한 시기 고양이를 길렀다는 보고는 거의 눈에 띄지 않는다.

아마도 사람이 고양이를 기르기 시작한 것은 농사짓는 기술이 어느 정도 발전한 이후가 아닐까 싶다. 개는 짐승을 사냥할 때 사냥개로서 사람에게 도움을 준다. 사람이 농사짓는 기술을 익히지 못해 나무 열매를 따 먹어야 했거나 다른 동물을 사냥해 가면서 겨우겨우 먹고살던 시기에도 개는 당장 사람에게 도움이 되었던 짐승이라는 뜻이다. 그에 비해 프랑스 국립과학연구센터 장드니 비뉴Jean-Denis Vigne 등의 논문을 보면 사람이 고양이를 길들인 것은 농사와 관련이 깊은 것으로 보인다.

먼 옛날, 선사시대의 어느 농부가 1년 내내 힘겹게 농사를 지은 후 가을에 곡식을 추수해서 어딘가 쌓아 놓은 상황을 가정해 보자. 그러면 그 곡식을 잘 지켜야 한다. 만약 그 곡식을 잃게 되면 다시 추수를 할 수 있는 시기가 돌아올 때까지 먹을 것이 없어지고, 그렇게 되면 살아남기가 어려워진다. 그런데 이때 재빠르고 크기가 너무 작아서 막아 내기 쉽지 않은 쥐가 근처에 나타났다고 해 보자. 쥐는 새끼 치는 속도가 빨라서 급격히 그 숫자가 늘어나는 동물이다. 쥐 떼가 먹기 좋은 곡식이 무더기로 쌓인 곳이 있다는 점을 알아채면, 사람이 수확해 1년 동안 먹고살아야 할 곡식을 빼앗아 먹기 시작할 것이다. 쥐 떼가 불어나면 쥐에게 빼앗기는 곡식 양은 무시할 수 없게 된다. 게다가 선사시대 사람들이 정확히 이해할 수는 없겠지만, 쥐가 직간접적으로 옮기는 세균, 벌레, 바이러스 때문에 사람이 병들 수 있다는 점도 큰 문제다.

이때 쥐가 있는 것을 본 육식동물 한 마리가 나타났다고 해 보자. 아마도 지금 세상에 퍼져 있는 고양이의 조상이 바로 그 작은 육식동물이었을 것이다. 이 고양이 조상은 쥐를 사냥하기 위해 곡식 창고 근처를 어슬렁거렸을 것이다. 또한 육식동물이기 때문에 사람의 곡식은 그다지 탐내지 않는다. 대신 재빠른 몸놀림으로 쥐를 잡아먹는다. 천적인 육식동물이 있다는 것을 알게 되면 쥐는 도망치기 마련이다. 사람 입장에서는 곡식을 축내는 쥐를 쫓아 주니 고양이가 도움이 된다.

그렇다면 고려 시대 이색의 시에서 지적한 고양이의 '관고포서'라는 덕목이 어쩌면 처음 고양이라는 동물이 탄생한 이유였을지도 모른다. 사람은 고양이가 쥐를 쫓기 때문에 좋은 동물이라고 여기고 유용하다고 생각해 잘 대해 줬고, 곁에서 함께 살 수 있도록 자리를 마련해 주기 시작했을 거라고 추측해 볼 만하다.

그러면 왜 고양이가 지금과 같은 모습이 되었는지 어렵지 않게 짐작해 볼 수 있다. 사람 곁에서 쥐를 막으라고 길렀으니 만약 이 동물이 사람에게까지 너무 위협적이면 곤란하다. 쥐를 잘 잡기는 하지만 사람과 맞서려는 습성이 있다면, 밥을 짓기 위해 쌀 창고를 드나들 때마다 고양이가 방해될 것이다. 그러므로 사람들은 덩치가 작고 사람을 공격하는 성향이 약한 고양이를 골라서 길렀을 것이다. 그런 고양이의 자손이 태어나면 사람들은 더 아낄 것이고, 그 자손의 자손이 번성하도록 먹이를 줘 가며 기를 것이다.

그러면서도 사람이 좋아할 만한 재미있는 습성을 갖고 있고, 사람이 보기에 겉모습이 더 보기 좋은 동물이 인기를 얻었을 것이다. 무섭고 흉측하게 생긴 새끼가 태어났다면 관심을 받지 못했겠지만, 예쁜 새끼가 태어났다면 사람에게 인기를 끌어 먹이를 더 자주 얻어먹고 더 정성스러운 보살핌을 받을 수 있다. 그렇다 보니 보기 좋게 생긴 새끼일수록 자손을 낳기가 쉬워지고, 그 자손 또한 사람 눈에 보기 좋은 것들일수록 더욱더 잘 먹고 잘 살기가 유리해진다. 이런 일이 수천 년간 반복되는 사이에 고양이는 사람들의 삶 속으로 깊숙이 들어왔고, 그런 진화의 흐름에 따라 사람이 기르는 고양이는 사람이 좋아하는 모습으로 세상을 살게 되었다.

고양이에 관한 유적을 살펴보면, 고양이들이 처음으로 사람에게 사랑받으며 사람 손을 많이 타게 된 곳은 아시아 서쪽이나 이집트 지역이 아니었나 싶다. 특히 고대 이집트에서는 고양이 모습을 한 바스

테트Bastet라는 신을 숭배할 정도로 고양이의 인기가 높았다. 그렇다 보니 이 근방 지역의 고양이가 세계 각지로 퍼져 나가면서 영향을 미친 것으로 보인다. 아마 다른 지역에서 나름대로 고양이를 길들인 적이 있었다가도, 이렇게 아시아 서쪽 내지는 이집트 지역에서 탄생한 고양이가 퍼져 오는 바람에 그 영향을 다시 받은 일도 있지 않았을까 추측된다. 조선 후기의 책 『성호사설星湖僿說』은 중국 문헌을 인용하여 고양이가 서쪽의 먼 외국에서 유래한 것이라는 말이 퍼져 있었다고 지적한다.

국립축산과학원의 자료를 보면 한국에 고양이가 전해진 것은 삼국시대일 것으로 추정된다. 한반도에 불교를 전하려고 했던 사람들이 배를 타고 올 때, 배에 실은 불경을 쥐가 쏠지 못하도록 고양이를 태우고 왔다는 이야기가 있다. 그것이 한반도의 첫 고양이라고 한다.

전해져 내려오는 이야기일 뿐이니 정확한 것인지는 장담할 수 없다. 하지만 신항로 개척 시대 유럽 선원들이 배에 숨어든 쥐를 쫓기 위해 고양이를 키우곤 했다는 점을 생각해 보면, 그럴듯해 보이는 이야기다. 만약 한반도의 첫 고양이에 대한 이 이야기가 사실이라면 불교가 전래되기 이전, 삼국시대 초기나 고조선을 배경으로 하는 사극에서는 고양이를 등장시키지 않아야 사리에 맞는다. 한편, 한반도에 불교를 전파하려고 했던 사람들은 인도, 네팔, 중앙아시아 출신의 승려들이라고 하니, 어쩌면 남아시아·중앙아시아 계통의 고양이가 한반도 고양이의 조상이었는지도 모르겠다.

고양이 시대의 시작

도시가 빠르게 건설되고 아파트가 들어서면서 주인 없이 거리에서 살아가는 고양이의 숫자가 늘어나기 시작했다. 사람이 건설한 도시는 고양이가 살기에 몇 가지 유리한 점이 있다.

인구가 밀집한 도시에는 사람이 남긴 쓰레기도 많기 마련이다. 과거보다 경제가 발전하면서 사람들이 먹지 않고 버리는 음식의 양도 늘어났다. 이런 것들이 도시 구석구석에 버려지면 다른 동물들이 먹을 수 있는 음식이 된다. 고양이는 사람이 남긴 것을 직접 먹을 수도 있고, 이런 음식을 먹으며 살아가는 쥐를 잡아먹고 살 수도 있다. 그뿐만 아니라 애초에 고양이는 사람이 보기에 좋은 겉모습을 가진 후손이 살아남게 된, 주인 없이 사는 고양이라고 하더라도 여전히 사람에게 호감을 살 수 있는 겉모습을 지니고 있다. 그래서 사람이 일부러 나누어 주는 먹이를 받아먹기에도 유리하다.

게다가 도시에는 목숨을 위협하는 천적이 없다. 이것도 도시에서 고양이가 늘어나는 원인이 될 수 있다. 고양이가 먹을 것을 구하기 위해 민가가 아닌 야생의 산이나 숲으로 간다면, 다른 야생동물을 마주할 가능성이 크다. 매나 올빼미의 공격 대상이 될지도 모르고 곰 같은 커다란 동물을 만날지도 모른다. 고양이를 독으로 공격할 수 있는 뱀 같은 동물도 위협적이다. 그러나 도시에는 그런 동물들이 없다. 도시는 이러한 야생동물이 살기에는 각박한 환경인 데다가, 만약 고양이를 위협할 만한 동물이 출현한다면 사람에게도 위협이 될 가능성이 높으므로 사람이 먼저 그 동물을 내쫓아 버릴 것이다. 도시에 멧돼지가 출현하면 고양이가 멧돼지와 싸우기 전에 경찰이 먼저 출동해서 멧돼지를 사살해 버릴 거라는 뜻이다.

아파트 단지는 이런 도시 한쪽에 사람이 꾸며 놓은 나무와 수풀이 같이 자라는 곳이다. 고양이가 먹이로 삼을 수 있는 작은 새나 다른 동물들까지 풍부하다. 전 세계적으로 보면 고양이는 이런 작은 동물들이 지나치게 번성하지 않도록 먹어 치워서 숫자를 줄여 주는 역할을 어느 정도 수행하고 있다고 볼 수 있다.

지역에 따라서는 고양이의 이런 습성 때문에 가끔씩 새들의 숫자가 뚜렷하게 줄어드는 경우도 있다. 2018년 8월, BBC의 켈리 쿠퍼Kelly Cooper 기자는 미국에서 매년 새 40억 마리가 고양이의 공격 때문에 죽는다고 추정했다. 한반도는 미국에 비해 크기가 작고 야생동물의 종류와 숫자도 적다는 점을 고려하면, 이보다는 훨씬 적은 숫자의 새들이 고양이에게 공격당한다고 보면 될 것이다. 그래도 대략 백만에서 천만 단위는 될 것으로 추측할 수 있고, 만약 그렇다면 전국의 고양이들에게 공격당하는 새들의 숫자는 하루 평균 천 마리 내지는 만 마리 단위일 것이다. 반대로 생각해 보면, 만약 고양이들이 없다면 그만큼 새들이 늘어날지도 모른다.

보호해야 할 희귀한 동물이 있는 지역에서는 고양이를 통제하는 문제를 심각하게 여긴다. 쿠퍼는 뉴질랜드 오마우이Omaui 마을이 고양이를 새로 들이는 것을 금지하는 정책을 시행하고 있다고 전했다. 지금 기르고 있는 고양이는 허용하지만, 그 고양이가 죽은 이후로 새로이 고양이를 기르는 것은 금한다는 정책이다. 주인 없이 집 밖에서 사는 고양이의 숫자가 불어나면 오마우이 지역의 다른 야생동물들을 멸종시킬 위험이 있다고 보았기 때문이다. 호주 머독대학의 클레어 그린웰Claire Greenwell은 2018년에 단 한 마리의 고양이가 약 220마리의 새들이 사는 둥지 총 111개를 파괴한 것을 관찰했다고 이야기하기도 했다.

고양이의 이런 행동은 육식동물이 보이는 자연스러운 습성이다. 문제는, 고양이가 불어나는 속도는 사람의 활동과 도시 발전과 엮여 있어서 예측하기 어려우며, 그 영향이 어떠할지 미리 알기도 쉽지 않다는 점이다. 2016년에는 고양이가 척추동물 63종이 멸종한 사건과 관계있을 것이라는 이야기가 언론 매체를 통해 널리 퍼진 적도 있다. 그 영향 관계가 얼마나 결정적인지, 그렇다면 앞으로는 무슨 일이 일어날지 정확히 아는 것은 또 다른 문제다.

여기에 더해서 사람이 개발한 기술이 발전함에 따라 고양이들의 생태계는 21세기 초에 다시 한번 큰 변화를 맞이한다. 그 변화의 핵심은 인터넷이었다. 인터넷 문화가 전 세계에 빠르게 퍼져 나가면서 사람에게 호감을 주는 고양이의 모습은 더욱 큰 인기를 얻었다. 인터넷 덕분에 생활에 가장 큰 변화를 겪은 동물이 인터넷을 개발한 주인공인 인류라면, 두 번째로 큰 변화를 맞은 동물은 다름 아닌 고양이일 것이다. 심지어 한때는 인터넷을 통해 전송되는 자료의 15%가 고양이와 관련 있는 내용이라는 통계가 회자될 정도였다. 15%라는 수치를 그대로 믿기에는 근거가 부족한 것 같지만, 고양이 자료가 대단히 인기가 많은 것만은 사실이다.

사람들은 가볍게 시간을 보내는 심심풀이 용도로 인터넷을 사용할 때가 많다. 그런 목적이라면 길고 심각한 내용보다는 보자마자 이해할 수 있고 중간까지만 봐도 그만인 짤막한 자료가 유용하다. 애초에 사람이 좋아하는 겉모습으로 진화한 고양이는 이런 목적에 잘 맞아떨어진다. 인터넷에 게시글을 작성해 유명해지려는 사람들 입장에서도 누구는 좋아하고 누구는 싫어할 자료보다는 누구나 어느 정도 선호할 만한 자료가 유용하다. 그렇다면, 역시 고양이를 이용하는 것이 무척 유리하다.

2015년에 조사된 자료에 따르면, 유튜브에 올라온 영상 중에 고양이 모습을 담은 영상은 200만 건이 넘는다. 영상들의 총 조회 수는 260억 회에 달하므로 평균 조회 수는 1만 2,000회 정도가 된다. 1만 2,000회면 제법 열심히 영상을 만들어 유튜브에 올리는 사람의 실적에 비교해 보아도 적지 않은 숫자다. 조회 수를 올리는 것이 목적이라면, 어떤 사람이 자기가 생각하기에 뭔가 중요한 이야기를 공유하겠다고 나름대로 고민하고 준비해서 영상을 올리는 것보다 그냥 고양이 영상을 올리는 편이 더 나을 수도 있다. 따지고 보면 당연한 결과다. 고양이는 바로 그렇게 사람의 눈에 드는 데 유리하도록 수천 년 동안 사람이 진화시킨 동물이기 때문이다.

인터넷과 고양이의 진화된 습성이 결합한 결과, 고양이를 향한 사람들의 흥미는 과거 어느 때보다도 깊어졌다. 주인 없는 고양이를 도와주겠다는 사람이 늘기도 했고, 고양이와 관련된 각종 기관이나 단체의 시책이 주목을 받게 되었다. 한편으로는 고양이를 키우려는 사람이 많아지면서 집에서 사는 고양이의 숫자도 늘어났다. 그리고 그중 소수의 고양이가 집 바깥에 나와 살게 되면서 주인 없이 사는 고양이의 숫자가 증가하는 데 영향을 미치기도 했다.

고양이는 태어난 지 6개월 정도만 지나면 짝짓기를 하려는 본능이 나타나며, 짝짓기 때가 되면 맹렬히 울부짖고 멀리 뛰쳐나가려고 한다. 아파트 어느 한편에서 고양이가 우는 소리를 많이 낸다면 이 때문인 경우가 많을 것이다. 만약 사람이 고양이의 생식 능력을 제거하는 수술을 한다면 고양이는 이런 행동을 보이지 않을 수 있다. 하지만 태어난 그대로라면 짝짓기 시기를 맞아 울부짖다가 집 밖으로 뛰쳐나간 채 돌아오지 않는 일이 발생할 가능성도 적지만은 않다. 만약 그런 일이 벌어진다면 집 밖으로 나간 고양이는 번식해서 숫자를 불리게 된다.

길에 사는 고양이의 수명이 2년 정도라고 치고, 1년에 암수 두 마리가 한 번에 두 마리씩 새끼를 두 번만 낳는다고 가정하면, 이론상으로는 두 마리였던 고양이가 10년 만에 천 마리, 만 마리로 불어나는 것도 불가능하지는 않다. 세월이 흐를수록 더 많은 새끼가 태어날 거라는 점을 고려했을 때 고양이 숫자가 불어나는 속도는 무척 빠르다는 이야기다.

물론 아무리 물자가 풍부한 도시라고 해도 먹이가 무한히 주어지는 것도 아니고, 고양이가 사는 데 필요한 다른 자원을 찾는 데도 한계가 있으므로 이 정도의 속도로 고양이가 끊임없이 늘어날 수는 없다. 그러나 적어도 21세기 초인 지금의 서울을 보면, 다른 어느 때보다도 도시에 고양이가 많이 살게 되었다고 결론 내릴 수 있다.

2020년 초의 보도에 따르면, 2019년 서울 시내에 주인 없이 밖에서 사는 고양이들의 숫자는 11만 6,000마리로 추정된다고 한다. 2020년 서울시에서는 고양이의 개체 수를 인도적으로 조절한다는 목적으로, 한 해 동안 약 8억의 예산을 들여 1만 1,000마리의 고양이를 잡아 생식 능력을 제거하는 수술을 시행하도록 추진한 바 있다.

아파트의 밤 고양이

사람과 달리 고양이는 주로 밤에 활동한다. 이런 습성을 야행성 nocturnality이라고 한다. 밤이 되면 햇빛이 사라지고 빛의 세기가 약한 별빛이나 달빛이 비치기 때문에 고양이가 몸을 숨기기 쉽다. 밤에 주로 활동하는 동물은 낮에 활동하는 동물에 비해 눈에 띌 가능성이 낮다. 그러므로 다른 동물로부터 몸을 숨겨야 하는 연약한 동물이나, 다른 동물에게 몰래 접근해야 하는 사냥동물들의 경우에 야행성을 갖는 것이 유리하다. 고양이가 야행성인 것 역시 살아남는 데 유리한 점이 많다.

최근에는 '모든 포유류 동물은 애초부터 야행성에 가까운 습성에서 출발했을 것'이라고 추측하는 주장을 담은 연구 결과를 찾아보기가 어렵지 않다. 주변 곳곳에 널리 퍼져서 사는 평범한 포유류 동물인 쥐 역시 유독 밤에 활동하는 것들이 많다. 그렇다면 쥐와 비슷한 동물의 후손으로 출발했을 다른 포유류 동물도 처음에는 주로 낮보다 밤에 활동했을 가능성이 크다.

게다가 포유류가 처음 세상에 나타났을 때에는 아직 멸종되지 않은 공룡과 함께 살아야 했다. 우리의 머나먼 조상인 작은 포유류 동물들에게 육식 공룡은 천적이라고 할 수 있다. 무서운 육식 공룡들의 눈을 피하기 위해서 우리 조상 격인 동물들은 밤에 활동하는 편이 유리했을 것이다. 낮에 활동하다 보면 아무래도 눈이 밝은 공룡에게 포착되기 쉬울 테니, 낮에는 안전한 곳에 가만히 몸을 숨기고 있다가 어딘가로 이동하거나 소리를 내며 움직이는 행동은 밤에 하는 편이 안전하다. 그렇게 상상해 보면 공룡이 멸망한 뒤에야 우리의 조상 동물들은 이제 낮에 활동해도 안전하다고 느끼기 시작했을 것이다.

낮에 활동하는 것도 나름대로의 장점이 있다. 낮에는 빛이 밝으니 멀리 있는 무리끼리도 쉽게 알아볼 수 있고, 더 먼 곳까지 분명히 확인하면서 넓은 시야를 갖고 생활할 수 있다. 나무 열매가 많이 열리는 숲이나 곡식이 더 많은 들판을 멀리서부터 알아보고 좋은 길을 찾아 이동하기에도 유리하다. 그런 점 때문에 코끼리, 하마, 사람 같은 몇몇 포유류들은 조상들과는 달리 낮에 주로 활동하고 밤에는 쉬는 생활 습관을 더 좋게 여겼을 것이다. 만약 이런 주장이 옳다면, 고양이가 밤에 주로 활동하는 습성은 사냥꾼으로서 특별히 개발된 재주라기보다는 먼 옛날 공룡시대 이전, 쥐와 비슷한 포유류들이 갖고 있던 고대의 습성이 그대로 유지된 것이라고 봐야 할지도 모르겠다.

사실 고양이의 야행성은 좀 유별난 면이 있다. 고양이는 다른 동물에 비해서 유독 잠이 많다. 게다가 주로 밤에 활동하다 보니 낮잠을 오래 자야 할 수밖에 없다. 그래서 고양이는 흔히 느긋하게 낮잠을 자는 모습으로 묘사되곤 한다. 조선 시대에 이수광이 고양이에 대한 시를 남기면서 제목을 「잠자는 고양이」라고 붙인 것도 바로 이런 특성이 눈에 띄었기 때문일 것이다. 21세기 인터넷 시대가 도래한 이후, 고양이에 대한 호감이 깊어질수록 고양이의 낮잠 습관에 흥미를 갖는 사람들도 많아지고 있다.

사람이 집 안에서 기르는 고양이의 경우, 밤에 활동하는 고양이의 습성이 낮에 일하는 사람의 생활과 대조되어 더욱 눈에 띌 수 있다. 사람은 잠들어 쉬려고 할 때, 고양이는 깨어나 이곳저곳을 돌아다니며 사냥감을 찾으려 들고 짝짓기할 준비를 한다. 고양이 우는 소리 때문에 잠을 이루지 못하겠다고 피해를 호소하는 아파트 주민들이 잇따라 나오는 이유도 바로 짝짓기 철을 맞은 고양이들이 야행성으로 인해 깊은 밤 내내 소리를 내기 때문이다. 그렇기 때문에 인구가 밀집한 현대의 아파트에서는 고양이의 야행성이 오히려 생존에 불리해질 때도 있다. 소음 때문에 고양이를 불편하게 여기는 아파트 주민들은 고양이를 내쫓거나 고양이에게 먹이 주는 것을 금지하는 대책을 세우고는 한다.

어두운 밤에 적합한 고양이의 눈은 사람이 많은 지역에서 갑자기 나타나는 자동차 헤드라이트와 같은 강한 불빛에 충격을 받기도 한다. 몇몇 동물들은 망막 뒤에 휘판tapetum lucidum이라고 하는 얇은 막을 갖고 있다. 사람은 이런 부위가 없는데, 동물의 휘판은 망막을 지나쳐 온 빛을 거울처럼 반사해 주는 역할을 한다. 그러면 망막에 처음 들어온 빛에 반사된 빛까지 더해지므로 빛이 적은 밤이라도 그 빛을 더 잘 느낄 수 있다. 어떤 동물은 휘판 때문에 밤에 빛을 보면 눈만 밝게 빛나는 듯이 보인다. 고양이 역시 같은 구조를 갖고 있어 밤에 고양이 눈을 보면 안광을 뿜는 것처럼 보인다.

즉 고양이의 눈은 정말로 빛을 내뿜는 것이 아니라 눈 뒤쪽에 있는 휘판을 구성하는 물질이 주변의 빛을 받아 유독 반짝거리기 때문에 눈에서 빛이 나오는 것처럼 보이는 것이다. 노란색이나 연두색 빛을 잘 반사하는 물질이 휘판에 들어 있어 안광 색도 노란색이나 연두색으로 보이는 식이다. 동물의 눈에서 아연zinc 성분이 쉽게 관찰된다는 점을 고려하면, 고양이 눈에도 역시 아연 성분이 들어 있는 어떤 물질이 들어 있고, 그 물질의 활동으로 노란빛을 잘 반사하며 눈을 빛나게 하는 휘판이 생겨난 것으로 추측해 볼 만하다.

검은 고양이와 마녀의 관계

기생충 관리가 되어 있지 않은 고양이의 경우, 몸에 톡소포자충 *Toxoplasma gondii*이라고 하는 기생충이 살고 있을 수도 있다. 이 기생충은 몸 밖으로 나오면 다른 동물에게도 전염되는데, 결국은 다시 고양이로 돌아와 고양이 창자 속에 새끼를 치며 숫자를 불리는 습성을 갖고 있다. 모기의 몸속에 살며 말라리아를 옮기는 말라리아열원충과 마찬가지로, 눈으로는 볼 수 없을 정도의 크기다.

톡소포자충이 많은 관심을 받은 까닭은 이 기생충이 동물의 뇌를 공격하는 특징을 갖고 있기 때문이다. 예를 들어 톡소포자충은 고양이가 공격하는 쥐에도 들어갈 수 있는데, 쥐의 몸속을 돌아다니다가 뇌로도 들어갈 수 있다. 흔히 알려진 이야기에 따르면, 톡소포자충은 쥐의 뇌에서 겁을 먹게 하는 부분을 공격해 마비시킨다. 이런 일이 벌어지면 쥐는 고양이가 가까이 와도 겁먹지 않는다. 심지어 고양이에게 덤벼드는 경우도 생긴다. 당연히 이런 무모한 쥐일수록 고양이의 먹이가 되기 쉽다. "쥐도 궁지에 몰리면 고양이를 문다."라는 속담이 있는데, 어쩌면 톡소포자충에 감염된 쥐가 뇌가 망가지는 바람에 고양이를 공격하는 것을 본 사람이 이상한 장면을 보았다고 생각해서 만든 속담인지도 모를 일이다.

톡소포자충 입장에서는 고양이의 창자로 들어가야만 새끼를 쳐서 번성할 수 있다. 그러므로 고양이 몸속에 들어가는 것은 중요한 목표다. 쥐의 몸속에 들어 있는 톡소포자충이 쥐의 뇌를 공격해서 쥐가 고양이에게 일부러 달려들게 만들 수 있다면 그만큼 톡소포자충은 쥐가 고양이에게 잡아먹힐 때 고양이의 몸속으로 같이 건너가 번식할 가능성이 높아진다. 만약 쥐가 용기를 내도록 뇌세포를 건드리는 습성을 가진 톡소포자충이 생겨났다면, 그 톡소포자충은 고양이 몸속에 성공적으로 건너가 자신을 닮은 후손을 많이 남겼을 것이다. 그렇다면 이런 습성은 시간이 점차 흐를수록 톡소포자충의 특기로 정착할 것이다. 톡소포자충이 진화한다는 이야기다.

보기에 따라서는 하찮은 미물인 톡소포자충이 뇌를 조종해 쥐의 성격과 판단을 바꾸고 고양이의 입속으로 스스로 걸어 들어가게끔 만든다는 느낌이다. 정말로 톡소포자충이 쥐의 뇌 구조를 파악하고 사악한 미소를 띤 채 쥐를 조종한다고 보기는 어렵겠지만, 뇌를 공격하는 기생충이 있다면 어쨌든 공격당한 뇌는 기능이 정상은 아닐 테니 고양이로부터 도망치는 재주가 떨어질 거라는 점은 충분히 상상해 볼 수 있다. 기생충 때문에 동작이 좀 굼떠지고 판단력이 살짝 흐려지기만 해도, 그런 쥐가 고양이의 먹잇감이 될 확률은 높아진다. 그 정도만 하더라도 기생충인 톡소포자충 입장에서는 목적지인 고양이 배 속으로 들어가기에 유리해진다.

톡소포자충 이야기는 여기에서 한발 더 나아갈 수 있다. 톡소포자충이 쥐뿐만 아니라 사람의 몸속에 들어올 수도 있기 때문이다. 사람 역시 고양이 근처에 사는 동물이다. 지금이야 집에서 기르는 고양이는 위생적으로 잘 관리되는 편이고, 톡소포자충이라는 기생충이 있다는 사실도 사람들이 잘 알고 있지만, 이런 미세한 기생충에 대해 잘 알지 못하던 옛사람들은 우연히 톡소포자충에 감염될 확률이 더 높았을 것이다. 그렇다면 톡소포자충이 사람 몸속에서 어떤 이상한 활동을 벌였을지도 모른다.

톡소포자충을 연구하는 사람 중에는 톡소포자충이 쥐의 뇌에 들어가는 것처럼 사람의 뇌에 들어갈지도 모른다는 가능성에 관심을 갖는 경우도 있다. 실제로 몇몇 연구에서는 톡소포자충에 감염된 사람들은 정신 질환을 앓을 가능성이 조금 높아지는 것 같다는 결과가 나와 논란거리가 된 적도 있다. 이 정도 근거가 주어지자 이야기 만들기를 좋아하는 사람들은 좀 더 대담한 줄거리를 떠올리기도 했다. 그 대략을 요약해 보자면 다음과 같다.

중세 이후 유럽에서는 고양이, 특히 검은 고양이를 마녀의 상징으로 여기곤 했다. 검은 고양이는 마녀의 사악한 부하라거나, 검은 고양이에는 악령이 깃들어 있는데 그것이 마녀의 친구라는 식으로 생각했다. 그래서 검은 고양이와 친하게 지내는 사람을 괜히 마녀로 몰아 사악한 주술을 걸고 있다는 죄를 뒤집어씌우기도 했다. 혹은 저주를 걸고 다니는 마녀라는 누명을 쓰고 잡힌 사람을 두고, 이 사람은 고양이를 기르고 있으며 그 고양이는 마녀의 친구라고 몰아가기도 했다.

혹시 이런 괴상한 풍습이 사실은 톡소포자충과 관련 있었던 것이 아닐까? 중세 시대의 비위생적인 환경이라면 고양이를 기르는 사람

중 일부는 고양이를 기르지 않는 사람보다 톡소포자충에 감염될 확률이 높았을 것이다. 그리고 그렇게 톡소포자충에 감염되었다면 사람의 뇌에 톡소포자충이 침입하여 뇌 기능을 방해했을지도 모른다. 그런 일이 발생했다면 고양이 주인은 이상한 생각에 빠지거나, 환영을 보거나, 환청을 들었을지도 모른다. 종교적 전통이 강했던 중세 유럽에서는 그런 뇌의 오류 때문에 악마를 보았다고 생각하거나 자신이 마귀의 말을 들었다고 착각했을 수도 있다. 또는 톡소포자충 때문에 겁을 상실하고 고양이에게 덤비는 쥐처럼, 사람이 결코 해서는 안 되는 저주의 말을 함부로 내뱉고 다닌다거나 종교적으로 금지된 행동을 저지르고 다녔을지도 모르겠다.

그렇다면 그런 행동을 하는 사람을 주변에서 마녀라고 지목했던 것이 아닐까? 정말로 검은 고양이가 마녀의 친구는 아니었겠지만, 고양이의 몸속에 있는 톡소포자충이라는 기생충이 멀쩡한 사람의 뇌를 망가뜨려서 괴상한 행동을 하게 만들었고, 그 때문에 마녀라는 오해를 받게 했을지도 모른다는 이야기다.

마녀사냥 같은 무시무시한 이야기가 아니라고 해도, 여기서 다시 한발 더 나아간 이야기를 해 볼 수도 있다. 어쩌면 톡소포자충이 환각을 보게 만드는 강렬한 변화를 일으키기보다는 그저 성격과 취향을 살짝 바꿔 놓는 정도로 영향을 미치는 것인지도 모른다. 예를 들어 외로움을 좀 더 많이 느끼게 한다거나, 작은 것을 돕고 싶은 마음이 들게 하는 정도로 활동할 가능성이 있지 않겠느냐고 상상해 보는 것이다. 톡소포자충이 뇌에 들어와서 이런저런 활동을 하고 다니는 와중에 사람의 기분을 조절하는 몇몇 호르몬의 화학반응을 방해한다고 가정한다면 이런 일이 일어날 가능성을 떠올려 볼 수 있다.

그렇다면, 톡소포자충에 걸린 사람은 성격이 살짝 바뀌어 고양이 같은 동물을 더 기르고 싶어 하고 더 돕고 싶어 하는 마음을 품을 수 있다. 그러면 이 사람은 고양이를 좋아하며 더 열성적으로 키우려 할 것이고, 고양이들은 번성할 기회를 얻을 수 있다. 고양이의 몸속에 들어가면 번식할 기회를 더 많이 얻을 수 있는 톡소포자충 역시 사람이 이런 식으로 고양이를 잘 대해 주고, 살아가는 데 도움을 주면 큰 이득을 얻게 된다.

이런 이야기 속에서 톡소포자충은 사람의 뇌를 조작해서 고양이를 열심히 기르도록 만드는 마귀 같은 역할을 맡는다. 톡소포자충이 사는 집이라고 할 수 있는 고양이 수를 사람이 대신해 불리도록 조작한다. 이런 상상이 만약 사실이라면, 심지어 톡소포자충은 이렇게 열심히 고양이를 기르는 사람이 인터넷을 이용해서 고양이가 멋진 동물이라는 것을 자랑하고 퍼뜨릴 수 있도록 유도한다는 이야기가 된다. 그러면 고양이는 인터넷을 통해 더 많은 인기를 얻게 되고, 톡소포자충이 번식할 기회 또한 더욱 많아진다.

정말로 이런 이야기가 사실일까? 그런 결론을 내는 것은 성급하다. 톡소포자충이 사람에게 언제나 위험한 기생충이라고는 할 수 없다. 물론 사람에게 미치는 영향을 무시해서는 안 된다. 예를 들어 톡소포자충은 임신부의 몸속에 들어가면 악영향을 미칠 수 있기 때문에 임산부는 톡소포자충 감염에 주의해야 한다. 그러나 그 외의 다른 사람들은 톡소포자충으로 인해 갑자기 큰 고통을 당할 가능성이 낮다. 감염병 포털의 자료에 따르면 2016년 한 해 동안 톡소포자충이 발병으로 이어져 보고된 사례는 한국 전체에서 16건 정도다.

집에서 기생충 감염에 주의하며 기른 고양이의 경우라면 톡소포자충을 퍼뜨릴 가능성도 낮다고 봐야 한다. 그리고 고양이만 톡소포자충을 퍼뜨리는 것도 아니다. 톡소포자충은 고양이뿐만 아니라 여러 가지 다양한 경로를 통해 사람에게 전해질 수 있다. 또한 톡소포자충이 사람의 뇌에 들어가서 어떠한 영향을 끼치며 특정 증상을 일으킨다는 이야기는 그저 언론 보도 등에서 시나리오로 제시된 상상 속의 이야기일 뿐이다.

단, 아파트에 사는 고양이의 숫자가 늘어나는 데 비해서 고양이와 다른 생물들의 영향 관계에 관한 연구가 충분하지 않다는 느낌이 드는 것은 사실이다. 예를 들어 앞서 언급했듯 철쭉 같은 꽃에는 그레야노톡신이라는 물질이 들어 있는데, 이 물질이 고양이의 몸에 해로울 수 있으므로 조심해야 한다는 이야기는 인터넷이나 언론을 통해 제법 알려져 있다. 그런데 아파트에 가득 피어 있는 철쭉이 그 근처를 돌아다니는 고양이에게 어떤 영향을 끼치는지, 고양이에게 영향을 주는 생물이 있다면 그 생물이 고양이 자체나 고양이가 포함된 생태계를 어떻게 바꾸는지에 대한 조사 자료는 많지 않다. 고양이가 새를 공격할 수 있다는 것은 잘 알려진 사실이지만, 서울 지역 아파트의 나무와 수풀에 깃들어 사는 새들과 고양이가 실제로 어떤 관계에 놓여 있는지, 그 숫자가 어떻게 변화하고 있는지를 조사한 연구는 부족하지 않나 싶다.

긴 세월이 지나는 동안, 결국 톡소포자충은 이런저런 경로로 사람의 몸으로 건너오게 되었다. 2011년 제주도에서 조사한 바에 따르면, 한국인 8명 중 한 명꼴이라고 할 수 있는 13%의 사람 몸에서 톡소포자충의 흔적을 찾을 수 있었다고 한다. 고양이가 사람에게 점점 더 많은 관심을 받을수록 도시 생태계, 즉 아파트 환경에서 다른 생물과 어떤 영향을 주고받는지를 더 정확히 알아야만 한다. 그러기 위해서는 조사와 연구가 더 넓은 범위에 걸쳐 이루어질 필요가 있다.

황조롱이

Falco tinnunculus

가장 빨리 움직일 수 있는 동물은 무엇일까? 쉽고 명백한 답은 사람이다. 2018년 한국 공군 이재수 소령은 보라매 공중사격대회에 나가 실력을 겨루어 1,000점 만점에 1,000점을 기록했다. 그는 이해 최고의 조종사 '탑건'이 되었다. 이때 이재수 소령이 탔던 전투기가 F-15K라는 기종으로, 이 전투기의 최고 속도는 시속 3,000km 이상이다. 이것은 서울에서 부산까지 채 7분이 안 되어 날아갈 수 있는 속도다. 경상남도 사천에 있는 공장에서 F-15K의 날개와 동체를 생산하는데, 이 정도로 어마어마하게 빠른 속도를 견디려면 특수 소재를 이용해 제조하는 수밖에 없다.

그러나 만약 전투기 같은 도구가 없다면 사람이 맨몸으로 낼 수 있는 속도는 시속 3,000km에 한참 못 미친다. 2012년 전국체육대회 육상 200m 종목에 출전한 이재하 선수는 21.06초로 우승했다. 이것은 시속 약 34km에 해당하는 속도다. 이만해도 사람으로서는 대단히 빠른 것이기 때문에 이보다 빠른 사람을 보기는 어렵지만 빠른 동물이라면 쉽게 찾을 수 있다. 2013년 4월 21일 경기도 과천의 경마장에서 사람, 말, 자동차가 같이 경주하는 행사가 열렸다. 이 행사에서 이재하 선수는 블레시드라는 이름의 경주마와 함께 달리며 속도를 겨루었다. 이날 블레시드는 450m를 28.48초에 완주했다. 시속 57km에 달하는 속도다.

따져 보면 동물의 속도는 순간적으로 빨리 움직일 수 있는 능력을 말하는지, 아니면 얼마만큼의 시간 동안 움직일 때의 빠르기를 말하는지에 따라 큰 차이가 난다. 『십육국춘추十六國春秋』에는 광개토왕 때 고구려에서 선비족에게 천리마를 선물로 보냈다는 이야기가 나온다. 천리마란 보통 하루에 천 리를 갈 수 있을 정도로 훌륭하고 귀한 말을 일컫는다. 천 리는 390km쯤이므로, 천리마가 하루 24시간 동안 390km를 달린다면 평균 속력은 시속 16km가 된다. 그러니까 천리마라고 하는 놀라울 정도로 뛰어난 말도 사실 오랫동안 멀리 갈 수 있는 것이지 그 평균 속도를 보면 그렇게까지 빠른 편은 아니다. 만약 하루의 절반인 12시간 동안 달리고 나머지 시간 동안에는 자거나 쉬었다고 생각하면, 그 속도는 평균 시속 32km 정도가 되어 겨우 이재하 선수와 비슷해지는 수준일 뿐이다. 천리마의 위력은 이재하 선수가 200m를 달리는 속도로 하루에 12시간 동안 달릴 수 있다는 데 있다.

만약 시간을 따지지 않고 아주 짧은 순간에 최대한 빠르게 움직일 수 있는 동물을 꼽아 본다면 무엇이 있을까? 이런 질문에 자주 등장하는 동물은 치타*Acinonyx jubatus*이다. 치타는 시속 100km가 넘는 속도로 달릴 수 있는 것으로 알려져 있다. 실제로 시속 100km로 달릴 수 있는 시간은 10초가량에 불과하지만, 이보다 빠르게 달릴 수 있는 동물은 많지 않다. 게다가 치타가 가만히 서 있는 상태에서 시속 100km를 내는 데는 불과 몇 초의 시간밖에 걸리지 않는다. 제네시스 G70 같은 최신 자동차도 정지 상태에서 시속 100km에 도달하는 데에는 4.8초가량의 시간이 소요되므로, 치타가 달리는 능력은 분명히 놀라운 수준이다.

그러나 공중에서 바람을 타고 하늘을 날며 움직일 수 있는 동물에 비하면 치타도 그렇게 빠른 것은 아니다. 우리말 중에 날렵하게 움직이는 모습을 "물 찬 제비 같다."라고 표현하는 말이 있는데, 흔히 볼 수 있는 제비만 해도 빠르게 날아갈 때의 속력이 평균 시속 100km에 도달한다고 한다. 제비의 덩치가 치타의 50분의 1도 되지 않는다는 점을 생각해 보면, 작은 덩치로 치타만큼 빠른 속력을 낸다는 점은 놀랍다. 내가 어릴 때 살던 아파트 단지에는 유독 모기가 많았는데, 그러다 보니 모기를 잡아먹고 사는 제비도 많은 편이었다. 흐린 날 제비가 낮고 빠르게 나는 모습을 보면, 어린 마음에도 정말 자유롭고 후련해 보였다.

조류가 아니라 포유동물이라고 하더라도 날아다니는 것들이 빠르게 이동하는 데에 더 유리한 것으로 보인다. 2016년 막스플랑크 연구 팀의 조사에 따르면, 큰귀박쥐*Tadarida brasiliensis*라는 박쥐 종류는 시속 160km의 속도로 날 수 있다. 《사이언스타임즈》 심재율 기자의 기사에 따르면, 박쥐는 본래 밤에 주로 활동하기 때문에 그 속도를 측정하고 관찰하기가 쉽지 않다고 한다. 그래서 연구 팀은 아주 작은 전파 송출기를 박쥐에 달아 놓고 비행기로 박쥐를 따라다니면서 조사를 진행했다.

그런데 시간뿐만 아니라 움직이는 방향도 고려하지 않고 동물의 속력을 따진다면, 그보다 더욱 빠른 동물도 찾을 수 있다. 바로 매 종류의 새가 여기에 해당한다. 매는 하늘 높은 곳을 날면서 땅 위를 살피다가 어느 순간 갑자기 바닥으로 빠르게 내리꽂는 형태로 움직일 수 있다. 이때 중력을 받아 아래로 떨어지는 힘을 이용하기 때문에 굉장한 속도로 급강하한다. 기네스북의 기록에 따르면 매가 급강하할 때의 최고 속력은 시속 380km를 넘는다.

'매'라는 속으로 분류되는 새에는 몇 가지 종류가 있다. 대표로 매*Falco peregrinus*라는 이름을 가진 종부터, 매과의 조류 중 현대 한국에서 가장 흔하게 찾아볼 수 있는 황조롱이*Falco tinnunculus* 등이 모두 매속으로 분류된다. 이런 새들은 대개 이와 비슷한 급강하를 해낼 수 있다. 아주 가끔씩 아파트 단지 위 상공을 높이 떠돌고 있는 작은 매 종류의 새가 보일 때가 있는데, 오랫동안 그 모습을 유심히 관찰하다 보면 빠르게 땅을 향해 내려오는 황조롱이의 모습을 볼 수 있을지도 모른다.

시속 300km만 하더라도 0.5초 만에 약 40m의 거리를 이동한다는 뜻인데, 그 정도 속력으로 직접 바람을 가르고 움직일 때 황조롱이는 어떤 기분일까?

매의 눈으로 무엇이든 본다

황조롱이를 비롯해 매속으로 분류되는 새들이 이렇게 빠른 속력으로 바닥을 향해 내리꽂는 것은 사냥하기 위한 경우일 때가 많다. 황조롱이는 다람쥐, 청설모 같은 작은 짐승을 잡아먹는다. 이런 새들은 하늘 높은 곳에 올라가 떠돌면서 멀리 있는 바닥을 감시한다. 그러다가 목표물로 노릴 만한 동물이 나타나면 도망갈 틈을 주지 않고 최고 속력으로 급강하해서 발로 채 가는 방식으로 먹잇감을 잡는다.

이렇듯 황조롱이는 사냥하기 위해 빠르게 바람을 가르는 데 적합한 몸을 갖고 있다. 그뿐만 아니라 공중에서 바닥을 지켜보기 위해 한 곳에 그대로 떠 있는 재주도 있다. 헬리콥터나 드론처럼 공중에 그저 붕 떠 있는 정지 비행을 할 수 있는 것인데 앞으로도 뒤로도 가지 않고, 위로 솟지도 아래로 떨어지지도 않으며, 날개만 조금씩 움직이면서 그저 허공에 머물곤 한다. 어떻게 보면 무슨 공중부양을 하는 초능력 같아 보일 정도다.

또 황조롱이는 높은 곳에서 땅에 있는 목표물을 살필 수 있을 정도로 굉장히 뛰어난 시력을 갖고 있다. 황조롱이와 같이 매속으로 분류되는 아메리카황조롱이*Falco sparverius*의 경우, 18m 떨어진 나무에 붙어 있는 2mm짜리 곤충도 쉽게 알아본다. 이에 대해서는 매의 눈에 대해서 연구한 로버트 폭스Robert Fox의 연구가 자주 인용된다.

게다가 이런 새들은 자외선도 볼 수 있다. 와이파이나 방송에 사용하는 전파에 주파수가 정해져 있듯이 눈으로 볼 수 있는 빛에도 주파수가 있는데, 4억 5,000만 MHz의 주파수라면 사람 눈에는 붉은색으로 느껴지고 더 높은 6억 5,000만 MHz라면 파란색으로 느껴진다. 사람 눈은 약 8억 MHz가 넘어가는 빛은 감지할 수 없기 때문에 눈으로 볼 수 없다. 이렇듯 주파수가 너무 높아서 사람 눈에 보이지 않는 빛을 자외선이라고 한다. 그러나 매는 자외선을 볼 수 있기 때문에, 사람은 볼 수 없는 동물의 흔적 따위를 눈으로 볼 수 있다.

아마도 멀리 수풀 사이에 주변과 비슷비슷한 색깔을 가진 작은 다람쥐나 토끼가 숨어 있다고 하더라도, 시력이 뛰어나면서 자외선까지 보는 황조롱이의 눈에는 그 모습이 바로 드러날 것이다. 한국에는 무엇인가를 세심하게 보는 것을 두고 "매의 눈으로 본다."라고 하는 관용구가 있는데, 진짜 매의 눈은 남들이 잘 못 보는 것을 유심히 볼 뿐만 아니라 다른 사람이 아예 볼 수 없는 것조차 찾아볼 수 있는 능력을 갖고 있다.

매가 사냥에 뛰어나다 보니 사람들은 예로부터 매를 길들여 사람 대신 사냥을 시키는 기술을 궁리해 왔다. 길들인 매를 한쪽 팔 위에 앉혀 두었다가 사냥감이 보이면 매를 날려 붙잡게 하는 것을 흔히 매사냥이라고 하는데, 아마도 먼 옛날 아시아 어느 곳에서 시작된 문화가 세계 곳곳으로 퍼져 나갔던 것 같다. 2010년에는 독일, 모로코, 스페인, 프랑스 등지에 퍼져 있는 매사냥 문화가 유네스코 무형문화유산으로 등재되기도 했다. 이때 아시아 국가에서는 사우디아라비아, 아랍에미리트, 파키스탄, 카타르, 시리아, 카자흐스탄, 몽골과 같은 유목 문화권 국가들과 함께 한국의 매사냥도 등재되었다.

현재 한국에서 매사냥 기술을 익힌 사람의 숫자는 매우 적은 편이다. 하지만 근대 이전에는 매사냥이 오랜 시간 동안 무척 성행했다. 『삼국사기』에는 약 1,600년 전 백제의 임금인 아신왕이 매사냥을 좋아했다고 기록되어 있는데, 아신왕이 호방하고 장쾌한 기상을 갖고 있다는 느낌으로 이 사실을 기록했다. 역사적으로도 아신왕은 백제군을 이끌고 북쪽의 고구려를 공격하기 위해 끊임없이 노력한 임금이다. 하필이면 당시 고구려의 임금이 광개토왕이었기에 아신왕은 번번이 패배하다가 결국 비참하게 망하기는 하는데, 그래도 옥좌에 앉아 있는 동안에는 궁중에서 매사냥하는 문화는 상당히 발달시키지 않았을까 싶다.

이후의 기록을 보아도 백제의 궁중 사람들은 자신들의 매사냥 문화가 멋지고 자랑할 만하다고 생각했던 것 같다. 『삼국유사』에는 신라인들이 복속시키고 싶은 다른 이웃 나라를 나열하면서 '응유鷹遊'라는 나라를 언급하는 대목이 있고, 『제왕운기』에는 백제를 '응준鷹準'이라는 별칭으로 부른다는 내용이 있다. 직역하면 응유는 매놀이, 응준은 매의 본보기 정도의 뜻이 된다. 응유와 응준이라는 말이 백제의 별명이라면 삼국 시대 사람들은 백제를 '매나라', '매사냥 나라'라는 식으로 부른 셈이다.

좀 더 구체적인 기록으로 『일본서기』에는 백제의 주군酒君이라는 인물이 일본 궁중 사람들에게 처음 매사냥을 알려 주었다는 이야기가 있다. 주군은 일본인이 매를 보고 무슨 새냐고 묻자, 매를 길들이면 다른 새를 잡는 데 써먹을 수 있다고 설명했다. 이 기록에 따르면, 백제 사람들은 매를 구지俱知라고 불렀으며, 매의 꼬리에 방울을 달고 발에는 줄을 묶은 채 팔뚝에 앉혀 두었다고 한다. 이런 모습은 지금까지 전해 내려오는 매사냥 모습과 크게 다를 바가 없다. 또한 『일본서기』에는 매가 잠깐 사이에 상당수의 꿩을 잡았다는 내용이 있는데, 역시 지금도 매사냥으로 꿩을 자주 잡곤 한다는 점과 통한다.

세월이 흘러 고려 말엽이 되었을 때는 더욱 발달한 매사냥 문화를 갖고 있던 몽골인들이 고려에 대거 들어오면서, 매사냥과 관련된 몽골 단어들이 한국어로 정착되기도 했다. 지금도 가끔 쓰이는 송골매, 보라매 같은 단어의 '송골'이나 '보라'는 원래 몽골어에서 유래한 말이라고 한다. 매에 관한 이런 단어들은 한국에 친숙하게 퍼져서 현대에 와서도 록밴드 이름이나 공군의 신형 전투기 이름으로 활용되었다.

조선 시대에도 매사냥 문화는 유지되었다. 서울 성동구청에서는 응봉동의 유래를 설명하면서, 옛날 조선 시대 임금이 매사냥하는 산이 있어 그 산을 매 응鷹 자를 써서 '응봉'이라고 불렀으며, 그 때문에 응봉동이라는 이름이 생겼다는 설을 소개하고 있다.

조선 후기의 이덕무는 『한죽당섭필寒竹堂涉筆』이라는 자신의 책에, 당시 사람들 사이에 퍼져 있던 사냥용 매를 분류하는 다양한 말들을 실어 두었다. 여기에 따르면, 그해에 알에서 깬 매를 그대로 길들인 어린 매를 보라매라고 부르며, 산에서 오래 살던 매를 붙잡아 온 것을 산지니, 집에서 오래 두고 기른 것을 수지니라고 한다. 그러니까 보라매란 어려서부터 훈련을 받은 새로, 여전히 어리고 젊은 매를 뜻하는 말이다. 그에 비하면 산지니는 훈련이 덜 된 야생에 가까운 매, 수지니는 오랫동안 훈련에 적응해 온 노회한 매를 부르는 말에 가깝다고 하겠다.

이것 말고도 이 책에는 매의 종류를 구분해 놓은 말들이 여럿 더 실려 있다. 송골매는 매 중에서 가장 뛰어난 것으로 털빛이 흰 종류이고, 해동청은 깃털이 푸른 종류라고 한다. 두 날개가 길고 날카로운 것을 난춘이라고 하고, 눈이 검은 종류를 조골매, 가슴이 붉고 등이 희며 눈이 검은 종류를 방달이라고 하는데, 이 방달이는 다른 매를 죽일 수도 있다고 적혀 있다. 한편 아주 거대해서 사람을 업고 날 수도 있는 종류를 육덕이라고 부르는데, 육덕이는 호랑이를 잡을 수도 있다고 한다.

1995년 인하대 김광언 교수가 쓴 글을 보면 현대의 분류로 새매 *Accipiter nisus*에 속하는 새를 두고 그 수컷을 난춘이, 암컷을 익더귀라고 부르는데, 이것이 아마 『한죽당섭필』에 나오는 난춘이, 육덕이와 통하는 것 같다. 현대에 조사된 자료에 따르면 새매는 정말로 암컷이 수컷보다 크기가 큰 편이다. 그러므로 옛사람의 과장에 따라 암컷 새매, 즉 육덕이는 너무 거대해서 사람이 타고 날 수도 있다고 생각하지 않았나 싶다.

『한죽당섭필』에는 더 작은 매들에 대해서도 설명되어 있다. 작은 매 중에 날개가 작고 날카로우면서 다리가 긴 종류를 결이라고 하고, 결이와 비슷하면서 비둘기와 닮고 눈이 검은 것을 도령태라고 하는데, 결이와 도령태는 메추리 정도의 새를 잡을 수 있다고 한다. 더 작은 것으로는 구진이 또는 바람박이라고 하는 것도 있는데, 바람박이는 바람을 타면 하늘 높이 올라가 놀면서 한참을 내려오지 않는다고 붙은 이름이다. 또 바람박이는 참새를 잡을 수 있다고 한다. 그 외에 참새를 잡을 수 있는 작은 종류로는 부리 곁이 쪼개져 칼로 새긴 듯한 모양인 참새매, 꼬리 안쪽이 흰 마분략이 있다.

이처럼 상세한 분류만 봐도 당시 사람들이 매사냥에 세심하게 신경 쓰면서 투자를 아끼지 않았다는 사실을 짐작할 수 있는데, 요즘 퍼져 있는 이야기에 비추어 보면 이 중에 도령태를 지금의 황조롱이라고 보는 듯하다. '도롱태'라고 일컫는 경우도 몇 번 보았다. 새매나 참매로 분류하는 새의 눈을 보면 눈 가운데는 검지만 그 외의 부분은 노란색을 띠는데, 반대로 황조롱이의 눈을 보면 가장자리에만 노란 부분이 보일 뿐 전체적으로 검은색이다. 그러므로 『한죽당섭필』의 도령태에 대한 묘사와 황조롱이의 모습이 맞아 들어간다. 황조롱이가 매 중에서는 작은 편이라는 점도, 『한죽당섭필』에서 도령태를 메추리 정도를 잡는 것으로 분류한 것과 들어맞는다.

물론 조선 시대의 새 분류법과 현대 과학에서 사용하는 새의 종 분류가 정확히 일치하는 체계라고는 볼 수 없다. 그러나 이런 내용을 보면, 우리가 황조롱이라고 부르는 새를 과거에는 도령태라고 불렀으리라는 추측이 크게 어긋나지는 않을 거라고 생각한다. 게다가 황조롱이는 매 가운데 비교적 흔히 볼 수 있는 편이고, 현대에도 매사냥을 하던 사람들이 황조롱이를 이용했던 사례가 있으므로 황조롱이 역시 예로부터 여러 다른 매들과 함께 사냥에서 활약했을 것으로 보인다.

말이 나온 김에 분류 문제를 조금 더 파고들어 보면, 매 종류의 새들을 구분하는 이름은 상당히 혼란스럽다. 우선 참매*Accipiter gentilis*는 단어만 보면 매 가운데 가장 기준이 되는 진정한 매를 일컫는 것 같지만, 정작 참매는 매속에 속하지 않고 매과에 속하지도 않는다. 참매는 새매*Accipiter*속에 속하고 수릿과*Accipitridae*에 속한다. 수릿과는 독수리와 솔개가 속해 있는 과다. 그러니까 참매는 참매라고 하지만 매과 매속으로 분류되는 그냥 매, 즉 황조롱이가 속한 분류보다는 커다란 독수리와 더 가까운 관계다. 더 헷갈리는 것은 참매는 이름만 보면 어떤 종류를 대표하는 새 같지만, 정작 참매종과 새매종을 포함하는 분류는 참매속이라고 부르지 않고 새매속이라고 부르고 있다.

여기에 매를 부르는 전통적인 명칭은 또 다르게 꼬여 있어 같이 견주어 보면 더욱 혼란스럽다. 고려 말 인물인 이억년, 이조년 형제는 금덩이를 배에 싣고 강을 건너다가 재물을 향한 탐욕 때문에 형제끼리 질투하는 것을 꺼려 지금의 서울 강서구 가양동 근처의 강물에 금덩이를 던져 버렸다고 한다. 이 일화는 옛이야기 동화에 지금도 자주 등장한다. 그런데 두 형제 중 아우인 이조년은 『응골방鷹鶻方』이라고 하는 매사냥에 대한 책을 남겼다. 이 책은 500년 전 무렵의 매에 대한 생각이 상세하게 기록되어 있어 귀중한 자료로 취급된다.

그런데 『응골방』에서는 지금의 매과로 분류하는 새들을 골鶻이라는 글자를 써서 분류하고, 지금 수릿과로 분류하는 새들은 응鷹이라는 글자를 써서 분류했다. 매라고 하면 가장 흔히 쓰는 글자가 매 응鷹 자인데, 책에 따르면 정작 그냥 매, 황조롱이, 매속, 매과의 새들은 '응'이 아니라 '골'이라고 해야 한다. 반면에 매사냥에서 매를 날려 보내는 것을 옛날에는 '방응放鷹'이라고 했는데, 매사냥에 자주 사용하는 새는 그냥 매가 아니라 새매인 경우가 많으므로 응 자를 쓴 것이 맞는 것 같기도 하다. 그렇다면 현대에는 방응을 매사냥이라고 하는 대신 새매사냥이라고 해야 더 정확할 것 같기도 하다. 그렇지만 그냥 매 역시 매사냥에 쓸 수 없는 것은 아닌 데다가, 영어로 매사냥을 부르는 말인 falconry에서 falcon은 매속을 뜻하는 Falco와 통하는 단어이기도 하다. Falco라는 말도 『응골방』 식으로 따지면 '골'이라는 뜻이다.

이름 이야기에 한 가지만 덧붙이자면, 한국에서 많이 쓰는 "매의 눈으로 본다."라는 말은 원래 〈우주보안관 장고BraveStarr〉라는 1980년대 미국 SF 애니메이션에 나온 말이다. 외계 행성의 보안관이 멀리까지 내다보는 초능력을 쓸 때 “매의 눈으로 보아라!” 하고 외치는 장면이 있는데, 이 말이 장난스럽게 퍼져 나가다가 정착한 것이다. 그런데 이것이 한국에서 방영될 때는 ‘매의 눈’이라고 번역되었지만 원어는 ‘the eyes of the hawk’이다. 여기에서 hawk는 매보다는 새매에 가깝다. 그렇다면, “매의 눈으로 본다.”가 아니라 “새매의 눈으로 본다.”라고 해야 할 것 같기도 하다. 공교롭게도 나중에 미국에서 개발한 무인정찰기에 글로벌호크Global Hawk, 즉 ‘지구 새매’라는 이름이 붙었고, 이에 비해 한국에서 개발한 무인정찰기에는 송골매라는 이름이 붙었는데 『응골방』에 따르면 ‘골’은 현재의 매에 해당하므로 송골매는 또 새매라는 뜻은 아니게 된다.

도시에 사는 황조롱이의 먹이

거대한 도시가 들어서고 그 도시 속에 아파트 단지가 자리 잡으면서 황조롱이가 사는 곳도 변했다. 조선 시대의 『한죽당섭필』에는 황조롱이가 메추리를 잡을 수 있다고 기록되어 있지만, 한국의 아파트 단지는 메추리가 많은 지역은 아니다. 그러므로 요즘 도시에서 발견되는 황조롱이가 공격하는 대상은 분명히 조선 시대와는 다를 것이다.

이전의 자료를 보면 황조롱이는 다른 매 종류처럼 주로 작은 짐승을 잡아먹는다. 다람쥐, 청설모, 들쥐 따위의 짐승들은 전형적인 매의 먹이다. 도시 지역은 사람이 먹다 버린 음식물이나 쓰레기 따위가 풍부한 곳이고, 그렇기 때문에 들쥐 같은 짐승들은 이런 쓰레기를 먹으며 아주 짧은 시간 내에 그 숫자를 불릴 수 있다. 그렇다면 황조롱이 입장에서는 이런 짐승들이 좋은 식사거리가 된다. 만약 아파트 단지에 작은 짐승의 식량이 되는 솔방울 같은 나무 열매들이 많이 자라나고 있다면, 그것을 먹으러 모여든 청설모나 다람쥐도 황조롱이의 공격 대상이 될 수 있을 것이다. 반대로 생각하면, 높은 하늘을 고고히 날아다니는 황조롱이가 들쥐를 잡는 일은 도시의 들쥐 숫자를 조절하는 데에 기여한다. 작은 새들 역시 황조롱이가 종종 공격하는 대상이다. 박새나 참새, 비둘기나 까치처럼 아파트 단지에서 쉽게 볼 수 있는 새들은 황조롱이의 목표가 될 만하다.

그러고 보면 비둘기와 까치야말로 한국의 아파트 단지에 가장 잘 적응한 새다. 『고려사』의 기록을 보면, 고려 시대에 조정을 장악하고 있던 독재자 이의민과 최충헌이 온 나라의 운명을 걸고 결전을 치른 사건이 있는데, 이 사건은 최충헌의 집안사람이 아껴 기르던 비둘기를 다름 아닌 이의민 집안사람이 빼앗아 갔던 일에서 비롯되었다. 그만큼 이의민과 최충헌이 쩨쩨한 독재자였다는 이야기이기도 하지만, 한편으로는 천년 전 고려 시대부터 이미 비둘기를 사람들이 아껴 가며 기르던 문화가 정착되어 있었다는 뜻도 된다. 즉 비둘기는 옛날부터 사람 곁에서 적응해 살던 동물이었고, 또 계속 적응해 온 동물이다.

국립중앙과학관 자료에 따르면, 1988년 서울에서 올림픽 등의 행사를 개최할 때 비둘기가 한꺼번에 날아오르는 멋진 장면을 연출하기 위해 비둘기를 대거 풀어놓는 쇼를 벌인 이후로 비둘기 숫자가 너무 급격하게 늘어났다고 한다. 2009년 환경부에서 조사한 서울 시내 비둘기 숫자가 대략 3만 5,000마리였다고 하니, 지금은 아마도 수십만 단위를 헤아려야 할 정도일 것이다.

한편, 까치도 비둘기 못지않게 도시에 잘 적응한 동물이다. 무엇이든 잘 먹는 습성 때문에 잡다한 먹을거리가 가득한 도시에서 살아남기에 유리하기도 하고, "까치가 울면 반가운 손님이 온다."라는 속설이 있어서 사람들이 좋은 새라고 여기는 바람에 도시에서 자리를 잡는 데 더욱 유리하기도 했다.

까치는 두뇌가 매우 뛰어난 축에 속하는 동물이라서 도시의 복잡한 상황에 잘 적응하며, 여러 가지 물건을 활용하는 재주도 뛰어난 편이다. 예를 들어 까치는 튼튼한 둥지를 솜씨 좋게 짓는 습성이 있어 적당한 작은 나뭇가지를 직접 입으로 부러뜨리는 식으로 가공해서 둥지 재료를 구하며, 필요에 따라서는 철사나 전선 조각처럼 사람이 버린 재료를 주워서 활용하는 경우도 있다.

SF에서는 사람들이 외계 행성으로 날아간 미래를 배경으로, 그 행성의 외계인들이 만들어 놓은 온갖 로봇, 로켓, 원자력 동력 장치 등을 조사하는 이야기가 종종 등장한다. 사람들은 그것들을 활용하는 방법을 연구하면서 외계 행성에 적응하는데, 까치가 도시에 적응하는 모습도 그와 별반 다르지 않다. 사람들이 만들어 놓은 도시의 여러 물건들이 까치의 눈에는 외계인이 만들어 둔 첨단 기기처럼 보일 것이다. 까치는 용감한 탐사대처럼 그 기기를 이용해서 도시라는 외계 행성에 적응한다.

까치의 번성을 잘 보여 주는 일이 1989년 '제주도 까치 보내기' 사건이다. 《경향신문》 강홍균 기자의 기사에 따르면, 1989년까지만 해도 제주도에는 까치가 살지 않았다고 한다. 그런데 한국인의 길조인 까치가 제주도에만 없다는 사실을 안타깝게 여긴 어느 신문사에서 한 행사를 기념한다고 60마리의 까치를 비행기에 실어 제주도에 보냈다. 이때 풀려난 까치들이 제주도 곳곳에 퍼지면서 그 숫자가 불어났는데, 2011년의 자료를 보면 60마리의 까치들은 22년 만에 약 13만 마리로 늘어났다. 13만 마리의 까치들이 제주도에서 과수원의 과일을 먹어 치워 피해를 입히는 일은 말할 것도 없고, 전봇대를 비롯한 전기 시설물의 높은 곳에 둥지를 틀다가 시설을 고장 내는 일도 잦았다. 기사에 따르면 한전 제주 지사에서는 까치에 의해 피해를 입은 설비를 보강하는 예산에만 매년 4억 원가량을 쓰고 있을 지경이라고 한다.

그런 식으로 영리한 까치들이 도시를 차지하면 황조롱이는 그 까치를 공격하면서 살 수 있다. 다른 식으로 본다면, 이렇게 아파트 단지마다 불어나고 있는 까치나 비둘기를 공격하여 그 숫자를 적당히 줄이는 데에 황조롱이가 약간은 도움을 준다고 할 수 있을 법도 하다. 단, 황조롱이가 언제나 까치를 잡아먹을 수 있는 것은 아니다. 까치는 새 중에서 특히 잘 싸우는 편이고, 먼저 상대를 공격해 위협하는 모습을 보이는 경우도 있다. 한반도에 철새로 찾아온 커다란 독수리가 별로 크지도 않은 텃새인 까치에게 위협당하는 모습이 카메라에 포착되기도 한다. 그러나 다 자라나지 않은 어린 까치라면 날쌘 황조롱이의 먹잇감 신세를 피하기는 어려울 것이다. 빠르게 목표를 공격하고 금방 높은 곳으로 멀리 달아나는 황조롱이는 어린 까치들에게 위협적이다.

여기에 더해서 황조롱이는 까치가 만들어 놓은 둥지를 빼앗아 쓰는 습성도 있다. 황조롱이는 자신이 직접 둥지를 만들지 않고 둥지로 쓸 만한 곳을 택해서 그곳에 알을 낳고 새끼를 키운다. 그러므로 까치가 많은 아파트 단지라면 황조롱이가 둥지로 삼을 곳이 많은 지역이라고 볼 수도 있다. 아파트에 심어 놓은 높다란 나무에 까치 둥지 하나쯤이 걸쳐 있는 풍경은 한국 어디에서나 쉽게 볼 수 있다. 그 둥지 중 일부에는 까치가 아니라 황조롱이가 살고 있을 수도 있다.

좀 더 본격적으로 아파트에 적응한 황조롱이는 아예 아파트 높은 곳에 있는 시설물 틈새 같은 곳을 둥지로 삼기도 한다. 베란다에 내놓은 화분에 황조롱이 한 쌍이 들어앉더니 거기에서 알을 낳고 새끼를 기르고 있다는 이야기도 심심찮게 찾아볼 수 있다. 그 외에도 바짝 붙은 건물과 건물 사이의 틈이라든가 아파트 옥상이나 지붕에 만들어 놓은 홈통 따위의 구조물을 황조롱이가 둥지로 활용하는 사례도 종종 보고되고 있다.

아파트나 고층 빌딩에 정착하는 것은 황조롱이에게 몇 가지 유리한 점이 있다. 우선 나무가 자라는 높이보다 훨씬 더 높은 고층은 천적들이 따라 올라오기가 쉽지 않다. 그에 비해 금세 높이 치솟았다가 단숨에 급강하할 수 있는 황조롱이에게는 높은 층이 오히려 편하다. 전망이 좋은 높은 곳에서 사람들이 꾸며 놓은 정원을 멀리 내려다보고 있으면 사냥하기에도 유리할 것이다. 황조롱이의 눈으로 보면, 고층 아파트 단지는 높다란 절벽이 우뚝우뚝 끝없이 솟아 있는 대협곡인 동시에 그 바로 아래에는 사이사이 잘 가꾸어진 숲이 펼쳐져 있는 지역이다. 그 숲에는 먹잇감이 되는 여러 동물들이 살고 있다. 아파트 단지가 아닌 산속이나 숲속에서 이런 절묘한 지형을 발견하기란 쉽지 않을 것이다.

그 때문인지 황조롱이는 도시에 잘 적응한 새로 통한다. 매, 독수리처럼 다른 새를 공격해 잡아먹는 육식성 새 중에서는 황조롱이가 거의 유일하게 도시에 자리 잡는 데 성공했다. 조류학자 페트라 수마스구트너Petra Sumasgutner의 논문에서도 황조롱이를 도시에 잘 적응해 번식하고 있는 새의 대표 중 하나로 언급했다. 2019년 국립생태원 김우열 연구원 등의 논문을 보면, 2008~2017년 사이의 10년간 한국에서 황조롱이의 출현이 기록된 장소는 총 4,407곳이었다고 한다. 그 장소들의 범위도 공업지역, 상업지역, 녹지를 가리지 않고 다양한 것으로 나타난다. 2019년 6월 2일에는 그야말로 서울 한복판인 남대문파출소에서 둥지를 갓 벗어난 듯한 어린 황조롱이가 발견된 일도 있었다. 황조롱이는 경찰들의 보호를 받으며 먹이를 받아먹었다고 한다. 이 정도면 황조롱이는 한국의 도시에서는 다른 새들보다 성공했다고 볼 수 있을 것 같다.

황조롱이는 도대체 어떻게 살아남을 수 있었을까? 크기가 작고 민첩한 편이라 건물 틈새 같은 곳에서 잘 살 수 있다는 점은 확실히 생존에 유리해 보인다. 아무래도 독수리 같은 큰 새가 아파트 베란다의 화분 같은 곳에 앉아서 쉬기란 어려울 것이다. 도시를 먼저 개척한 까치와 몸집이 비슷해서 까치 둥지를 활용하기에 유리하다는 점도 황조롱이에게 득이 되었을 듯하다.

좀 더 분명하게 드러나는 특징으로, 황조롱이가 다양한 먹이를 먹을 수 있다는 점도 짚어 볼 만하다. 황조롱이는 작은 짐승뿐만 아니라 여차하면 곤충도 먹을 수 있다. 수마스구트너의 논문에서 소개된 내용을 보면, 도시에 사는 황조롱이는 다른 지역에 사는 황조롱이에 비해 곤충을 더 자주 잡아먹는 경향을 띤다. 도시에 산토끼가 뛰어다니는 경우는 드물겠지만, 매미나 나비 같은 곤충이라면 아파트 단지에 심어 놓은 소나무 같은 곳에서 얼마든지 쉽게 찾을 수 있다. 그렇다면 토끼를 사냥하며 살아야 하는 커다란 매보다는 매미를 잡아먹고 살 수도 있는 황조롱이가 도시에서 살아남는 데 더 유리할 것이다. 부산 외곽 지역에 서식하는 황조롱이에 대해 조사한 경성대 강승구 연구원의 논문을 보아도, 어린 황조롱이들이 둥지를 떠난 후 주로 먹는 먹이는 곤충이다. 이 지역 황조롱이들은 특히 매미 중에서도 크기가 크고 흔한 편인 말매미를 많이 먹는 것으로 조사되었다.

최근의 연구 결과에 따르면, 조류는 원래 공룡의 일종으로 볼 수 있는 동물이라고 한다. 그런데 6,500만 년 전 중생대가 끝날 때 공룡들이 모두 멸종하는 바람에 조류들만 살아남은 것이다. 소행성이 충돌하는 재난에 거대한 공룡들은 적응하지 못하고 멸망했지만, 그래도 덩치가 조그마한 새들은 살아남을 수 있었다는 이야기다. 그렇다면 아파트 단지가 퍼져 나가는 와중에 작은 매인 황조롱이들이 적응했다는 것도 어찌 보면 그와 비슷한 상황이라고 할 수 있을까?

황조롱이가 천연기념물로 지정된 이유

황조롱이가 도시에서 그럭저럭 잘 살아남을 거라고 처음부터 사람들이 확신을 갖고 이야기한 것은 아니었다. 1980년대만 하더라도 황조롱이의 처지를 지금보다 더 위태롭게 생각했던 사람들이 많았다. 1982년에 황조롱이가 천연기념물 제323-8호로 지정된 것도 그런 걱정 때문이었다.

걱정할 만한 이유는 따로 있었다. 바로 생물농축biomagnification이다. 어떤 물질은 생물의 몸에 한번 들어가면 다른 물질로 바뀌거나 바깥으로 빠져나오지 않고 몸 안에 계속 쌓이는 성질을 갖고 있다. 적은 양일 때는 별 문제가 없다가도 시간이 지나 계속 몸에 쌓이면 나중에는 양이 많아져서 문제를 일으킬 수 있다. 이렇게 어떤 물질이 사라지지 않고 몸속에 계속 쌓이는 현상을 생체농축bioconcentration이라고 한다.

연구 자료가 많은 수은을 예로 들어 보자. 수은이라고 하면 사람들은 대부분 위험한 중금속 물질의 대표 격으로 생각하지만, 수은조차도 아주 적은 양일 때는 그렇게까지 위험하지 않다. 그런데 수은은 몸 밖으로 잘 빠져나가지 않고 그대로 쌓이는 경향이 있다. 만약 수은 광산 근처에 사는 풍뎅이가 있다면, 이 풍뎅이는 광산 근처에서 물을 마시다가 몸에 조금씩 수은이 쌓일 것이다. 처음에는 수은의 양이 적어 별 해로움이 없겠지만, 수은은 빠져나가지 않고 계속 몸에 고인다. 그러므로 이 풍뎅이가 나이가 들어 세상을 마감할 때쯤이면 제법 많은 양의 수은이 쌓이게 된다.

풍뎅이는 그리 오래 사는 생물은 아니다. 그래서 평생 수은 광산 근처에 살면서 몸에 수은이 쌓인다고 해도 그 양이 얼마 되지 않아 별 문제를 겪지 않을 가능성도 충분하다. 그렇다면 당장은 큰 문제는 아닌 것 같다. 수은이 비록 풍뎅이에게 생체농축을 일으킨다고 하지만 큰 해를 끼치지는 못하기 때문이다.

그런데 이 상황은 바로 그 풍뎅이를 먹고 사는 다른 짐승이 있다는 점 때문에 더 심각해진다. 예를 들어 그런 풍뎅이를 직박구리 같은 새가 먹는다고 가정해 보자. 직박구리는 이미 수은이 꽤 많이 쌓여 있는 풍뎅이를 잡아먹는 셈이다. 그러므로 직박구리는 풍뎅이를 먹을 때마다 꽤 많은 양의 수은을 먹게 된다. 직박구리의 몸에서도 마찬가지로 수은은 잘 빠져나가지 않고 쌓여 갈 것이다. 게다가 직박구리는 풍뎅이를 여러 마리 잡아먹고, 풍뎅이보다 오래 산다. 자연히 직박구리의 몸에는 더 많은 수은이 쌓인다. 더 이상 풍뎅이가 접하던 적은 양이 아니다. 이런 식으로 몸에 수은이 잔뜩 쌓이면, 언젠가 직박구리는 그 수은 때문에 병이 날지도 모른다.

만약 그 직박구리를 먹고 사는 황조롱이가 있다면, 황조롱이의 몸에는 직박구리의 몸에 쌓여 있던 많은 양의 수은이 들어온다. 다른 짐승을 잡아먹는 포식자일수록 생체농축이 되는 물질이 겹겹이 쌓이므로 그 피해를 입을 가능성이 더 커진다. 바로 이런 식으로 물질이 먹이사슬을 따라 여러 생물의 몸에 쌓이는 바람에 먹이사슬 맨 꼭대기에 있는 생물에게 가장 큰 충격을 주는 현상이 발생한다. 그것이 바로 생물농축이다. 바다가 오염되면 작은 물고기보다도 그 물고기들을 잡아먹는 참치나 연어 같은 큰 물고기가 더 위험해진다는 이야기가 있는데, 이 역시 바로 생물농축 때문이다.

참고로 생물농축이라는 현상은 생체농축이나 생체축적bioaccumulation 같은 현상과 깊은 관계가 있지만, 뜻이 조금씩 다르다. 그런데 대충 번역한 말을 쓰다 보니, 한국에서는 생물농축, 생체농축, 생체축적을 뒤섞어 그냥 생물농축이라고 번역하기도 한다. 이 책에서 biomagnification을 생물농축으로 번역한 것은 2011년에 나온 식품의약품안전처의 『위해분석 용어 해설집 제2판』의 자료를 따른 것이다. 그 후 몇 년이 지나지 않아 다른 부서인 환경부에서 같은 말의 번역어로 문득 '생물확장'이라는 좀 낯선 단어를 택하여 법령, 고시 등에 쓰고 있기도 하다.

그래서 생물확장이라고 해야 할지 생물농축이라고 해야 할지 헷갈리는 이 현상에 따르면, 오염이 발생했을 때 먹이사슬의 꼭대기에서 다른 생물을 잡아먹는 생물이 더 심각한 위험에 처할 것이라고 추측할 수 있다. 먹이사슬 꼭대기에 있는 육식동물이라고 하면 호랑이나 표범이 먼저 떠오를 만도 한데, 이런 동물들은 생물농축이 본격적으로 문젯거리가 되기도 전에 한국에서 진즉에 멸종되어 사라져 버렸다. 그러니 생물농축 현상의 피해를 입을 동물로 관심에 오른 것이 황조롱이 같은 새들이었다.

과거에는 일부 살충제가 생물농축을 일으켜 육식성 새들에게 피해를 줄 것이라는 지적이 특히 많았다. 이에 따르면, 당장 사람에게 별 해를 미치지 않을 정도의 약한 수준으로 농작물에 살충제를 뿌렸다고 해도 생물농축 때문에 결국 그 피해가 사람 같은 큰 동물에게까지 되돌아오는 수가 있다. 그 농작물을 먹는 벌레들 몸속에 살충제 성분이 쌓이고, 그게 다시 벌레를 먹는 작은 새들에게 쌓이면, 그 작은 새들을 잡아먹는 새들에게는 이 성분이 층층이 쌓여 위험할 수 있다고 보았다는 뜻이다. 특히 오염 물질 때문에 새들이 낳은 알의 껍질 두께가 지나치게 얇아지는 현상이 발생하고 그 때문에 아기 새들이 안전하게 자라나지 못하게 된다는 말을 당시에는 자주 들을 수 있었다.

황조롱이가 지금까지도 살아남은 까닭이 그런 걱정 때문에 천연기념물로 지정해 잘 보호했기 때문인지, 아니면 그 사이에 생물농축을 일으킬 만한 원인을 사람들이 빠르게 줄여 나갔기 때문인지는 잘 모르겠다. 함부로 결론을 내릴 수 있는 이야기는 아니지만, 황조롱이가 원래 살던 곳을 떠나 사람들이 사는 깨끗하고 아늑한 도시와 아파트 단지로 역습해 왔기 때문에 살아남은 것이 아닌가 하는 추측도 나는 한번 해 본다.

사랑스러운 황조롱이의 모습

한국에서 황조롱이는 사랑받는 새이다. 전통적인 매사냥 문화 때문인지 어쩐지 멋진 새라는 느낌이 알게 모르게 서려 있는 데다가, 천연기념물이라는 공식적인 권위까지 더해져서 황조롱이에 대해서는 귀하고 좋은 새라는 인식이 퍼져 있다. 유럽에서는 황조롱이가 계절에 따라 먼 지역을 이동하는 철새로 관찰되곤 하는데, 한반도에서 황조롱이는 그냥 한국에 계속 머물러 사는 텃새로 관찰된다. 이것도 어째 한국과 황조롱이의 관계를 끈끈하게 보이게 만드는 느낌이다. 하다못해 '조롱'이라는 말이 들어가는 이름도 어쩐지 재간둥이 같은 분위기가 나기도 하고 어감이 강렬하다면 강렬하기도 해서 기억하기에 좋다.

그렇다 보니, 요즘 인터넷에는 황조롱이 울음소리를 오래 들려주는 자료가 돌아다니기도 한다. 아파트에 비둘기나 까치가 자꾸 찾아와서 귀찮게 한다면, 황조롱이 울음소리로 한번 겁을 주어 쫓아 보라고 누가 올려놓은 것이다. 이를 봐도 황조롱이는 귀찮은 새라기보다는 오히려 귀찮은 새로부터 사람을 지켜 주는 새라는 인상을 주는 것 같다.

황조롱이의 모습이나 행동에도 사람의 관심을 끄는 점이 있다. 황조롱이는 알을 낳고 기를 때가 되면, 암수 한 쌍이 짝이 되어 움직인다. 한국인들의 눈에 사이좋은 부부로 비치기에 충분한 모습이다. 부부 황조롱이는 적당한 시설물을 보면 '이 집이면 주변 환경도 내부 구조도 괜찮고 좋을 것 같네.'라고 생각하는 듯이 그곳을 둥지로 삼는다. 고층 아파트 베란다에 내놓은 빈 상자나 바구니 같은 것을 둥지로 삼는 모습도 자주 관찰된다.

그렇게 집을 찾아다니는 황조롱이의 모습을 보면, 아파트 주민은 그 집에 이사 오기 위해 부동산 중개업자들을 만나고 다니고 주변 교통을 고려하며 고민했던 기억을 무심코 떠올릴 법하다. 별 생각 없이 베란다에 던져 놓은 깨진 플라스틱 화분 같은 것을 발견한 황조롱이 부부가 최신 구조의 신축 건물이라도 되는 듯이 좋은 둥지라고 선택하는 모습을 보면 우습기도 하고 재미있기도 하다. 그만큼 사랑스러워 정이 간다.

황조롱이는 새끼를 기르는 동안에 암컷이 둥지를 지키고 수컷이 부지런히 주변을 돌아다니며 먹잇감을 찾아온다. 그렇게 부모가 구해 온 먹이를 새끼들 앞에 주면 새끼들은 서로 다투며 받아먹는다. 이런 모습을 보고 있으면 도대체 황조롱이는 무슨 생각으로 저런 행동을 하는 것인지, 단순한 본능밖에 없을 것 같은 작은 동물이 뭘 안다고 먹이를 구해서 자기 자식에게 먹일 줄 아는 것인지, 여러 생각이 들기 마련이다. 어쩌면 황조롱이는 자식이 태어나면 몸속 구조가 바뀌어서 자식이 먹이를 받아먹고 좋아하는 소리를 내면 그 소리를 아름답고 즐거운 음악처럼 여기게 되는 것일까? 그렇게 뇌가 작동하기 때문에 그 느낌을 받으려고 열심히 일하는 걸까? 그러나 그런 생각을 하기에 앞서, 가정을 지키기 위해 열심히 일하는 사람의 처지와 비슷해 보인다는 생각이 먼저 떠오를 것이다.

알에서 갓 태어난 황조롱이의 새끼는 회색 털이 보송보송한 심심한 모습이다. 그런데 자라나면서 점차 황조롱이다운 모습이 드러나고 훨씬 다채로운 색상이 나타나며 멋진 모습으로 변한다. 우선 황토색에 검은 무늬가 섞인 매다운 모습으로 전체 깃털 색이 바뀐다. 그리고 암컷이라면 등에 회갈색과 암갈색의 얼룩무늬가 생기고, 수컷은 머리가 살짝 회색을 띠면서 꽁지에는 흰 띠 같은 모양이 나타나며 얼굴에도 회색 무늬가 생긴다. 암수가 다르게 생겼지만, 둘 다 그 나름대로의 멋을 풍기는 모습으로 성장한다. 이렇게 자라나면서 암수가 서로 뚜렷이 다른 모습을 갖게 된다는 점도 어째 사람과 비슷해 보인다.

장성한 황조롱이의 작지만 근사한 모습을 보면, 새들이 사람이나 소 같은 포유류에 비해 훨씬 다채롭고 화려하다는 생각도 든다. 따지고 보면 확실히 그런 경향이 있다. 포유류 동물에도 커다란 들소부터 작은 다람쥐까지 온갖 종류가 다 있지만, 그 색상을 보면 대체로 검은색이거나 흰색에서 회색 사이, 갈색 정도의 빛깔을 갖는 것들이 대부분이다. 꽃사슴이나 얼룩말은 무늬가 화려한 동물의 대표 격이지만 역시 흰색, 검은색, 갈색이 주요 무늬를 이룰 뿐이다. 그나마 호랑이나 기린 같은 것들이 강한 색을 띠는 편이다.

그에 비하면 새들의 색상은 훨씬 더 다양하다. 아파트 단지에 자주 날아드는 박새 종류만 하더라도 노란색, 초록색이 묘하게 섞인 날개 깃들이 보이는 것들이 많다. 빨간 앵무새나 파랑새도 쉽게 떠올려 볼 수 있다. 포유류 중에서 파란색이나 보라색을 띠는 종류를 찾기란 대단히 어렵다. 그러나 팔색조나 공작새 같은 조류는 온갖 화려한 색이 뒤섞인 자태를 뽐내고 있어 그냥 보기에도 놀라울 정도다.

새들의 빛깔이 이렇게 다양한 이유로는 여러 가지를 이야기해 볼 수 있겠지만, 우선 그런 색을 내는 물질이 몸속에 있다는 점을 빼놓을 수 없다. 가장 쉽게 예로 꼽을 수 있는 물질은 카로티노이드carotenoid 종류다. 카로티노이드는 대충 카로틴carotene 비슷한 물질이라는 뜻으로 해석할 수 있는데, 카로틴은 당근에서 처음 발견된 물질이다. 라틴어로 당근을 카로타carota라고 하므로 그런 이름을 갖게 되었다. 영어로도 당근을 캐럿carrot이라고 하니까 발음이 멀지 않다.

카로틴은 당근 속에서 붉은색을 내는 화학물질이다. 그와 비슷하게 카로티노이드 물질들은 여러 색깔을 내는 경우가 많다. 근래에는 카로티노이드가 단순히 색을 내는 것뿐만 아니라 몸에서 다른 중요한 역할을 한다는 추측이 나오기도 했다.

카로틴을 크게 확대해 보면, 알갱이 하나는 탄소 원자 40개에 수소 원자 약 60개가 붙어 있는 모양이다. 이산화탄소는 탄소 원자 하나에 산소 원자 2개가 붙어 있는 모양이라는 것과 비교해 보면, 카로틴의 구조가 얼마나 복잡한지 짐작해 볼 수 있다. 카로틴을 이루는 40개의 탄소 원자들은 줄줄이 붙어서 막대기 모양으로 길게 연결되어 있는데, 그러면서도 그 양쪽 끄트머리 모양은 슬쩍 돌아가서 고리 형태를 이룬다. 그 막대기 모양의 길이는 어림잡아 30만 분의 1mm쯤이다. 어떻게 보면 무언가 강한 신호를 포착해 내는 아주아주 작은 안테나 같은 모양이라고도 할 수 있다. 이런 이상한 구조를 갖고 있기 때문에, 카로티노이드는 몸속에서 특별한 화학반응을 일으킬 가능성이 있다. 가끔 건강 정보 프로그램에서 카로틴이 많이 들어 있는 색색의 채소를 먹으면 몸에 좋다는 말을 들을 수 있는 것도 그 때문이다.

동물들 절대다수가 카로티노이드를 몸속에서 스스로 만들어 내지 못한다. 몸에 카로티노이드를 품고 있는 황조롱이 같은 새들 역시 마찬가지다. 그런데 다채로운 꽃잎과 색색으로 물드는 나뭇잎을 가진 식물들은 카로티노이드를 만들어 낼 수 있는 능력을 갖고 있다. 동물들은 그 식물을 먹어서 카로티노이드를 흡수해 자기 몸의 필요한 곳에 활용한다. 그리고 육식성 동물들은 그렇게 먹잇감에 흡수되어 있는 카로티노이드를 또 활용하게 된다.

그러므로 새들이 가진 다양한 깃털 색은 거슬러 올라가 보면, 대부분 새가 잡아먹은 곤충으로부터 비롯된 것이고, 다시 그 곤충들의 몸속에 들어 있는 색을 내는 물질들은 곤충이 먹은 식물로부터 온 것이다. 가끔 상상력이 풍부한 어린이들이 노란색 새와 노란색 나뭇잎을 동시에 볼 때 나뭇잎의 노란색이 새에게 옮아간 것이 아닐까 하고 상상하곤 하는데, 카로티노이드를 중심에 놓고 보면 아주 엉뚱한 이야기는 아닌 셈이다.

황조롱이 부리의 노란색, 그리고 눈 주변과 발에 나타나는 노란색도 황조롱이가 먹은 카로티노이드에서 왔다고 추측해 볼 수 있다. 그런데 수마스구트너가 조사한 내용의 결론을 보면, 오스트리아 빈에 사는 황조롱이들은 도시의 중심으로 갈수록 부리, 눈 주변, 발 부분의 노란색이 옅어지는 경향이 있다고 한다. 이것은 부리의 색깔을 내는 데 사용할 카로티노이드가 부족하다는 뜻인데, 만약 황조롱이의 건강에 카로티노이드가 다른 중요한 역할을 하고 있다면 그만큼 도심의 황조롱이들이 지쳐 있다는 뜻일지도 모른다.

그렇다고 한다면 아파트 단지에 잘 적응해서 현대의 삶에 완전히 익숙해진 황조롱이라 할지라도, 팍팍한 도시 생활을 이어 가는 동안에 그만큼 지치고 고달플 때가 있다는 의미로 받아들일 수 있을지도 모르겠다. 이 역시 황조롱이와 함께 도시에서 살아가는 사람들과도 통하는 데가 있는 이야기 같다.

2장

같이 살고 싶지 않지만 사실은 동거 중

빨간집모기

Culex pipiens

역사를 만드는 사람을 영웅이라고 한다면 조선 태종의 왕비 원경왕후를 영웅이라고 부르는 사람도 많을 것이다. 조선 건국 직후의 혼란스러운 상황에서 원경왕후는 자신의 남편 태종 이방원을 지키고 임금 자리에 앉히는 데 적잖은 공을 세웠다. 결정적 순간에 남편의 목숨을 구했고 군사 정변에도 간접적으로 관여한 것으로 보인다. 게다가 자신의 셋째 아들을 잘 길러 내어, 한국인이라면 누구나 알고 있는 인물 세종을 남긴 어머니이기도 하다.

원경왕후는 그런 굉장한 인물이었지만 나이가 들어 병드는 데야 당해 낼 재주가 없었다. 『조선왕조실록』에 따르면 원경왕후는 1420년

음력 5월 27일부터 증세를 보이기 시작했는데, 계산해 보면 이때가 50대 후반 정도의 나이다. 이 기록에 따르면 원경왕후의 병은 '점痁'이었다. 점은 대개 학질이라고 부르는 병을 말한다. 다른 날짜의 기록을 보면 원경왕후의 병을 일컬어 말 그대로 학질瘧疾이라고 써 놓은 대목도 있다. 학질은 높은 열이 나는 것으로 잘 알려진 병인데, 한번 걸리면 나을 때까지 사람을 무척 괴롭게 만들기 때문에 지금까지도 "학을 뗀다."라는 말이 왕왕 쓰인다. 그러니까 "학을 뗀다."라는 관용 표현은 학질에 걸렸다가 나은 느낌일 정도로 고생했다는 뜻이다.

당시 학질이라고 부르던 병은 대개 말라리아malaria였을 것으로 추정된다. 말라리아는 모기가 옮기는 전염병으로, 보다 자세하게 말하면 모기 몸속에 살고 있는 열원충*Plasmodium*이라는 아주 작은 생물이 모기가 사람을 물 때 사람에게 건너오면서 일으키는 병이다. 그래서 열원충을 활동하지 못하게 하거나, 사람 몸으로 들어오지 못하게 막으면 말라리아에 걸리지 않을 수 있다. 또한 열원충을 사람에게 집어넣는 모기를 제거하면 역시 말라리아를 피할 수 있다. 반대로 말라리아에 걸려 열원충이 몸에 퍼져 있는 사람을 모기가 물게 되면 핏속에 살고 있던 열원충이 모기의 몸속으로 건너가고, 그 모기가 다른 사람을 물면 열원충이 그 사람의 몸으로 건너갈 수도 있다. 그러니 말라리아는 모기를 중간 다리로 삼아 퍼지는 전염병이기도 하다.

그렇지만 세상의 수많은 사람들이 19세기 말이 될 때까지도 말라리아가 모기 때문에 퍼지는 전염병이라는 사실을 모르고 있었다. 『동의보감』은 학질, 즉 말라리아에 관해 설명한 여러 고대 중국의 기록 중 정설로 인정할 만했던 것을 몇 가지 골라 소개하고 있는데, 이 내용에 따르면 조선 사람들은 말라리아가 여름철 더운 기운을 잘못 쐬어서 몸이 상했던 것이 가을쯤 때를 잘못 만나 병으로 자라는 현상이라고 여겼던 것 같다. 그렇다면 여름에서 가을 사이에 말라리아 환자가 많이 생기는 현상을 경험으로 알고 있었다고 볼 수 있다. 그러나 막연히 더운 기운 비슷한 것에서 원인을 찾았을 뿐, 여름에 주로 활동하는 모기가 결정적 원인이 된다는 사실이나 말라리아가 전염병이라는 사실을 정확히 알고 있었던 것 같지는 않다.

유럽에서도 말라리아를 제대로 이해하지 못한 것은 마찬가지였다. 말라리아는 본래 이탈리아어로 나쁜mal 공기aria라는 의미를 가지고 있다. 그 말처럼 유럽인들도 상당히 오랜 시간 동안 말라리아가 무언가 나쁜 공기를 들이마셨기 때문에 생기는 병이라고 완전히 오판하고 있었다. 그러니 말라리아를 예방하기란 거의 불가능했다. 어느 날 갑자기 상당한 열이 나는 말라리아에 걸리면 그냥 운이 없어서 병에 걸렸나 보다 생각했을 뿐이다. 더위를 심하게 먹었거나 공기가 나쁜 곳에 간 적이 있었을 것이라고 엉뚱한 추측을 할 뿐이었다. 그러는 동안 수많은 사람이 말라리아 때문에 고통받았고, 지역에 따라서는 막대한 인구가 희생되기도 했다.

역사의 시작부터 말라리아는 사람들을 괴롭혔고, 모기는 사람들 사이에서 꾸준히도 활동했다. 인류 역사 내내 그 어떤 재앙이나 전쟁보다도 사람의 생명을 끈질기게 위협해 온 적은 모기라 해도 틀린 말이 아니다. 고대 유럽과 중동을 제패하며 어떤 군대와의 싸움에서도 이겨 온 알렉산드로스대왕도 모기에 물려 말라리아로 세상을 떠났다는 설이 유력하다. 인생의 목적과 온 세상의 의미를 서사시로 노래한 단테와 같은 작가도 모기에 물리는 바람에 말라리아에 걸려서 인생을 마감했다. 그 모든 사람이, 죽음을 맞이할 운명이 찾아왔음을 깨닫는 마지막 순간까지도, 그 운명을 배달해 온 것이 작은 모기라는 사실을 알지 못했다.

모기가 말라리아를 전염시킨다는 사실이 밝혀진 것은 19세기 후반 무렵이었고, 결정적으로 로널드 로스Ronald Ross가 1897년 8월 20일 현미경으로 모기의 몸속에서 열원충을 확인한 시점에 확실하게 증명되었다. 그러니까 아무리 나쁜 공기를 마시거나 더운 기운을 많이 쏘여도 모기만 없다면 말라리아에 걸리지 않는다는 사실을 이때서야 확인한 셈이다. 사람들이 말라리아라는 병을 경험한 것은 수천 년 전 고대부터인데, 1897년이라면 전구, 전화기, 기차, 자동차, 영화, 음반, 기관총 등이 모두 발견된 이후이다. 그 모든 과학적 발견을 해낼 동안 모기가 말라리아를 일으킨다는 간단한 사실은 증명되지 못했다.

원경왕후는 1897년보다 수백 년 앞선 시대의 사람이니 말라리아를 이겨 내기 어려울 수밖에 없었다. 세종이 어머니를 모시고 요양을 위해 돌아다닌 곳을 궁중 사람들이 제대로 따라다니지도 못할 정도로 아들이 온갖 노력을 다해 어머니를 극진히 보살폈지만, 결국 원경왕후는 말라리아에 걸린 지 3개월 만인 1420년 음력 8월 18일에 세상을 떠나고 말았다.

그런데 한 가지 이상한 점이 눈에 띈다. 음력 6월 20일 『조선왕조실록』의 기록을 보면, 세종이 어머니의 병을 치료하기 위해 온갖 잡다한 술법을 부리는 사람을 다 불러다가 갖은 방법을 시도했다고 하는 대목이 있는데, 그렇게 불러 모은 술법사 중 한 사람이 주변에 사람이 많으면 좋지 않다고 말했다고 한다. 혹시 그 술법사는 말라리아가 전염병이라는 사실을 알고 있어서 그런 말을 했던 것일까? 자세한 내용은 나와 있지 않지만 그의 설명이 그럴듯했는지 세종은 그 후 어머니 곁에 아무도 오지 못하게 했다고 한다. 그 이름도 전해지지 않는 어느 술법사가 혹시 1897년보다 500여 년 앞서서 말라리아가 모기 때문에 옮는 전염병이라는 사실을 깨닫고 있었던 것은 아닐까?

사람이 모기를 이긴 것일까

생각해 보면 말라리아는 워낙 자주 발생하기도 했고 또 오랫동안 널리 퍼져 있었기 때문에 이에 대해 연구하던 사람도 많았을 것이다. 그러면 그 많은 사람 중에 어느 한 사람은 우연히 말라리아가 전염병이고 모기와 관계가 있다는 발상을 떠올렸을지도 모른다. 나는 세종 시대의 조선 학자들 중에서도 말라리아에 전염병 같은 성격이 있다는 점을 어렴풋이 추측한 사람이 있었을 것이라는 가능성 정도는 생각할 수 있다고 본다.

그렇지만 로널드 로스처럼 그 사실을 과학 실험으로 명확하게 증명해서 모두가 확인할 수 있게 보여 주는 것은 또 다른 문제다. 로스는 결국 이 실험으로 노벨상을 받았다. 그가 말라리아와 모기의 관계를 명확히 밝혀낸 1897년 8월 20일은 이후 세계모기의날로 지정되어 해마다 기념되고 있다.

말라리아의 원인이 모기라는 사실이 명확히 밝혀진 이후, 20세기에 접어들어서야 사람들은 효과적으로 말라리아를 예방할 수 있게 되었다. 열원충은 눈에 보이지도 않을 정도로 아주 작은 크기이므로 알아보고 제거하기가 까다로운 편이다. 그렇지만 열원충을 사람 몸에 넣는 주사기 역할을 하는 모기는 눈에 띄고 누구나 잘 알아볼 수 있다. 그러니 모기만 확실히 제거해 버리면 사람에게 말라리아를 일으키는 열원충이 접근할 수 없게 되고 말라리아도 막을 수 있을 것이다.

곧이어 전 세계에 걸쳐 모기를 제거하는 대대적인 작전이 벌어졌다. 특히 화학 기술의 발전으로 개발된 새로운 살충제를 활용하자 모기를 처치할 수 있는 수단은 더욱 강력해졌다. 그 때문에 말라리아는 빠르게 줄어들었다.

제2차 세계대전 당시 미군은 모기가 많은 태평양의 열대 지역에서 일본군과 전투를 벌이기 위해 모기를 없애는 데 특히 더 많은 노력을 기울였다. 1942년에는 아예 정부 조직으로 말라리아관리국이라는 곳을 만들기도 했는데, 이 말라리아관리국이 전쟁 이후에 확대 개편되어 지금의 질병통제예방센터CDC가 되었다. 나중에 한국도 그와 같은 조직 구조를 받아들여 지금의 질병관리청과 같은 기관을 만들었다. 그러고 보면 2020년 전후에 코로나19와 싸우고 있는 세계 각국의 질병관리청은 거슬러 올라가 보면 말라리아와 싸운 참전 용사들의 후예인 셈이다.

20세기 후반 이후 많은 사람들은 역사상 처음으로 말라리아의 공포에서 벗어난 시대를 맞이했다. 유럽과 북아메리카의 강대국들은 아예 말라리아가 생기지 않는 나라로 변할 수 있었다. 한국 역시 그 흐름을 따랐다. 국제 의료 단체들의 도움과 국민의 노력이 함께 효과를 거두면서 말라리아에 걸리는 한국인의 숫자는 계속해서 줄어 갔다. 과거에 질병관리본부가 보도한 참고 자료를 보면, 1970년 국내에서 1만 5,926건의 말라리아가 발생했는데 1979년에 발생 건수가 0에 도달하면서 말라리아 퇴치를 선언할 수 있었다고 한다. 600년 전에는 세종의 어머니라고 하더라도 모기에 잘못 물리면 말라리아로 세상을 떠나는 수밖에 없었지만, 1980년부터는 아무리 가난한 한국인이라고 하더라도 말라리아를 두려워할 필요가 없는 세상이 되었다는 이야기다.

나는 이런 변화가 한편으로는 도시의 확대와 아파트의 등장과 같은 시대 상황에 맞물려 있다고 본다. 말라리아를 옮기는 모기는 우리가 모기라고 부르는 모깃과의 여러 곤충들 중에서도 얼룩날개모기*Anopheles*속에 속하는 몇 가지 모기들이다. 이런 모기들은 주로 야외에서 많이 활동한다. 들판에서 일하며 농사짓는 인구가 많고 산길과 고갯길을 걸어 다니는 사람이 많을수록 자연히 얼룩날개모기의 위험도 커진다. 그러나 도시에 사람들이 모여 살고 있다면 다른 모기는 모르겠지만 얼룩날개모기를 접할 가능성은 줄어든다. 게다가 좁은 지역이라면 살충제를 이용해서 그 지역의 모기들을 집중적으로 제거하기도 쉽다. 1970~1980년대에 흰 연기 같은 것을 뿜어대며 도시 길목을 돌아다니던 방역차들은 곤충, 특히 모기를 제거하기 위해 살충제를 뿌렸다.

1980년대 내내 한국에서 말라리아가 발생하지 않았기 때문에, 그 무서운 말라리아도 빠르게 잊히기 시작했다. "학을 뗀다."라는 말이 말라리아와 상관있다는 사실조차 점차 희미해졌다. 한국인들은 서서히 말라리아를 먼 나라의 이국적인 병처럼 받아들이기 시작했다.

그러나 말라리아를 완전히 사라지게 만드는 것은 어려운 일이었다. 말라리아의 원인인 열원충과 모기는 달라지는 환경에 계속해서 적응해 나갔다. 전 세계에서 말라리아가 줄어드는 추세라고 해도 세계보건기구WHO의 통계를 보면 2018년 한 해 동안 2억 건이 넘는 말라리아가 발생했고, 그중 40만 명의 환자가 사망한 것으로 추정된다. 이 숫자는 한국전쟁 3년 동안 전사한 국군 숫자의 두 배가 훌쩍 넘는 수치이다. 매일 1,000명에 달하는 사람이 어떤 무서운 첨단 무기 때문이 아니라 모기 때문에 사망하고 있는 꼴이다.

몇몇 사람들은 사람이 말라리아를 완전히 제압하지 못하는 이유는 말라리아가 선진국에서 먼저 줄어들었기 때문이라고 지적한다. 선진국의 정부 및 과학자들이 말라리아를 물리치기 위한 연구에 투자를 줄인 것이다. 실제로 지금 말라리아의 희생자 대부분은 상대적으로 경제력이 뒤떨어지는 나라에서 발생하고 있다.

그러는 사이, 1993년부터 한국에서 다시 말라리아가 출현했다. 처음에는 어쩌다 우연히 한두 명이 말라리아에 걸린 것이 아닌가 싶었지만, 그 숫자는 다시 늘어나기 시작했다. 2000년에는 무려 4,000건이 넘는 말라리아가 한국에서 보고되기도 했다. 말라리아모기들은 되살아났고, 되돌아왔다. 이후 말라리아 퇴치에 공을 들여서 최근 피해 숫자는 줄고 있지만, 2019년까지도 한국에서는 매년 말라리아 환자가 100명 단위로 나오고 있는 형편이다. 한국은 열대 지역도 아닌데 경제력이 발전한 나라치고는 이상할 정도로 말라리아가 많이 발생한다. 2019년에 발표된 자료를 보면 한국은 OECD 국가 중 말라리아 발생률 1위를 기록했다. 열대 지역에 있는 멕시코보다도 한국에서 말라리아가 더 많이 나타난다는 뜻이다.

나는 그 때문에 한국이 말라리아 연구에 좀 더 투자를 많이 할 필요가 있다고 생각한다. 말라리아 연구는 한국인들이 처한 문제를 자력으로 해결하기 위해 필요한 일이기도 하면서, 말라리아로 고통받고 있으나 기술력이 부족한 다른 나라들을 도울 수 있는 일이기도 하다. 그뿐만이 아니다. 말라리아는 모기라는 곤충과 열원충이라는 미생물이 한데 엮여서 사람 몸속으로 들어가 면역 체계를 약화시키고 면역 반응을 일으키는 아주 복잡한 과정을 거쳐 발병한다. 이 과정을 살펴보는 것은 곤충, 미생물, 면역에 관한 새로운 사실을 알아낼 좋은 기회가 될 수도 있다.

한국의 말라리아모기 연구에는 또 다른 특이한 문제도 하나 더 겹쳐 있다. 1993년 이후로 말라리아모기는 따뜻한 남부 지역에서 관찰되지 않았다. 따뜻한 날이 많아야 여름에 활동하는 모기가 더 활발해지고, 그만큼 모기가 퍼뜨리는 말라리아도 많아지는 것이 정상인데 그렇지 않았다는 이야기다. 오히려 정반대로 1990년대 이후 한국 말라리아는 남한 지역에서 가장 북쪽인 경기도 북부 지역과 인천, 강원도 북부 지역에서 주로 발생했다. 말라리아는 열대지방의 병이라는 상식과 완전히 어긋나는 결과다.

엉뚱하게도 이 문제의 해답은 말라리아에 걸린 사람들의 직업을 살펴보면 어느 정도 짐작해 볼 수 있다. 1993년 말라리아모기에 물려서 발병한 환자는 비무장지대 지역에 근무 중인 군인이었다. 그리고 이후 말라리아의 상당수는 남북한 접경 지역에서 발생하고 있다.

그렇다면 남한 지역에서는 말라리아를 퇴치하는 데 성공했지만, 아직 말라리아가 남아 있던 북한 지역에서는 그러지 못했으며 그 지역 모기들이 다시 남한으로 진출했을 가능성이 있다고 생각해 볼 수 있다. 어쩌면 사람의 손길이 닿지 못하는 비무장지대에 모기들이 숨어 있다가 여름마다 남쪽으로 내려오는 것인지도 모른다. 비무장지대에 방역 담당 직원들이 들어가서 살충제를 뿌릴 수도 없고, 모기들이 모여 있는 곳을 없애는 작업을 할 수도 없다. 그곳은 현대 과학기술의 공격을 피해 모기와 열원충이 함께 숨을 수 있는 은신처다. 적을 막기 위한 지뢰가 잔뜩 묻혀 있는 곳이고 조그마한 움직임만 보이더라도 기관총 공격이 날아드는 살벌한 지역이지만, 지뢰와 기관총으로는 모기를 막을 수 없다.

나는 그래서 남북한이 평화를 위해 무엇인가 협력한다면, 경제 협력이나 철도 건설 못지않게 전염병을 막기 위한 연구부터 착수할 필요가 있다는 생각도 자주 해 본다. 조류인플루엔자나 말라리아, 혹은 모기라는 공동의 적을 물리치기 위해 남북한이 힘을 합치는 것은 자연스러운 일이기도 하다.

한편 기술은 이미 1979년에 한반도에서 모기를 물리칠 수 있을 정도까지 도달했지만, 평화를 달성하기 위한 정치적·외교적 수완이 아직까지도 부족하기에 한국인들은 여전히 말라리아모기에 시달리고 있다는 생각도 해 본다.

모기가 선택한 두 가지 삶의 방식

한번 몰아낸 말라리아모기들이 이렇게 다시 돌아오는 것을 보면 모기는 적응에 뛰어난 동물 같다. 그 짐작대로, 모기는 기회만 잘 맞아떨어지면 매우 빠르게 번식하고 멀리 퍼질 수 있다.

모기는 애벌레와 어른벌레가 완전히 다른 모습이며 각각 다른 구조를 갖고 있다. 이런 기본 특성부터 모기가 끈질기게 버티며 번성하는 데 큰 도움이 된다. 모기도 나비와 마찬가지로 애벌레일 때는 날개가 없고 더 볼품없는 모양으로 산다. 그러다가 번데기로 변한 뒤에야 우리에게 친숙한 모양으로 성장한다.

모기 애벌레를 장구벌레라고 하는데, 나비와 나비 애벌레의 차이보다 모기와 장구벌레의 차이가 더욱 두드러져 보인다. 겉모습이 닮지 않은 것은 물론이고, 장구벌레는 모기와 아예 사는 장소도 먹이도 완전히 다르다. 나비 애벌레는 어쨌든 대체로 식물 근처에서 살아가고 식물로부터 먹이를 얻는 경우가 많다. 애벌레는 잎을 갉아 먹고 나비는 꽃에서 꿀을 먹기는 하지만 잎이든 꿀이든 결국 식물에서 온 먹이라는 점은 같다. 애벌레와 나비가 같은 식물에서 나온 잎과 꿀을 먹는 경우도 있다.

그런데 장구벌레는 어른벌레인 모기와는 전혀 다르게 아예 물속에서 산다. 물속을 조금 돌아다닐 수 있기는 하지만, 주로 수면 가까운 곳에서 꽁무니 쪽을 내어놓고 그곳에 있는 숨구멍으로 숨을 쉬며 살아간다. 그렇기 때문에 산소가 별로 없는 더러운 물속일지라도 장구벌레는 숨을 쉬면서 버틸 수 있다. 그런 모습으로 장구벌레는 물에 있는 세균이나 오염 물질 따위를 먹는다. 어지간한 생명체에게는 딱히 음식으로 여겨지지도 않을 것 같은 쓰레기 같은 것들을 먹으면서 장구벌레는 잘만 살아간다. 지상에서 하늘을 날며 동물을 공격하는 어른 상태의 모기와는 전혀 다르다.

좀 더 자세히 살펴보면, 집에서 자주 볼 수 있는 빨간집모기*Culex*

pipens는 장구벌레 시절에 꽁무니를 수면 쪽으로 내놓고 머리는 물속으로 처박은 모습으로 살아가고, 말라리아를 일으키는 얼룩날개모기류는 숨구멍 없이 그냥 수면 가까이에서 수영하는 듯한 모습으로 지낸다. 그렇게 점점 살이 오르면 허물을 벗고 더 커지는데, 옛 질병관리본부의 자료에 따르면 보통 장구벌레는 일생 동안 허물을 네 번 정도 벗는다고 한다. 이렇게 자라나는 전체 과정은 빠르면 1~2주 정도가 걸린다. 그 모습을 확대한 영상을 보고 있으면, 이런 생물이 정말 지구에 있나 싶어서 무슨 외계 생명체를 보는 것 같기도 하고, 한편으로는 모기로 변한다는 생각이 들어서인지 유독 징그러워 보이기도 한다.

다 자란 장구벌레는 번데기로 변한다. 그리고 번데기 안에서 장구벌레 몸의 구조는 완전히 바뀐다. 장구벌레일 때는 다리 모양이 제대로 보이지도 않을 정도지만 모기가 되면 특유의 길고 날씬한 다리를 갖게 된다. 피를 빨 수 있는 기다란 입이 생기고, 가슴과 배의 구조도 변한다. 결정적으로 이제는 날개가 돋아나 우리가 익히 아는 바로 그 모깃소리를 내며 하늘 높이 멀리까지 날아다닐 수 있다. 모기로 자랐을 때는 오히려 물속에 들어가면 살아남기 어렵다.

나비 애벌레가 나비로 변하는 과정의 놀라움을 문학가들은 시나 수필의 소재로 자주 다루곤 하는데, 장구벌레가 모기로 변하는 과정은 그 이상으로 신기하다. 장구벌레는 번데기를 물속에서 만든다. 수면 밖에 드러날락 말락 하는 정도의 높이로 떠 있는 번데기를 찢고 완전히 새로운 모습으로 재탄생한 모기가 물 위로 튀어나오는 모습은 직접 지켜보면 더욱 신기하다. 그 과정을 모른 채 장구벌레와 모기만 나란히 놓고 보면, 전혀 다른 모습과 습성을 가진 이 두 동물을 누가 과연 같은 생물이라고 생각할 수 있을까?

곤충 중에는 이런 식으로 삶의 과정에서 모습을 바꾸는 완전변태complete metamorphosis를 하는 것들이 무척 많다. 생애 주기에 따라 습성과 모양이 아주 다른 두 방식으로 생활하고, 그 과정에서 번데기라는 변신 과정을 거친다. 이렇게 곤충이 변신하는 방식은 사람이나 짐승이 자라나는 모습과 전혀 다르다. 조선 시대의 이야기책 『천예록天倪錄』을 보면, 어떤 사람이 노인이 되자 어느 날 멧돼지로 변신했다는 이상한 옛 전설이 실려 있는데, 그것은 그만큼 황당하고 괴상한 사건이기 때문에 읽을거리가 된 것이다. 사람은 지상에 사는 동물로 태어나 계속 그렇게 살고 그 구조가 평생 크게 바뀌지 않는다.

도대체 곤충은 왜 이런 변신 과정을 겪는 것일까? 한 생물이 두 가지 모습으로 살면 서로 다른 두 가지 목적에 가장 적합한 방식으로 활동할 수 있다. 잠수함으로 변신할 수 있는 자동차가 있다면 육지에서도 물에서도 잘 움직일 수 있는 것과 비슷하다.

장구벌레는 구정물에서도 살아남는 생물로, 비위생적인 환경에서 자라나는 재주가 뛰어나다. 얕고 더러운 물웅덩이 하나만 있어도 얼마든지 성장할 수 있다. 물이 썩는다는 것은 세균이 물속 성분을 다른 것으로 바꾼다는 뜻이므로, 썩은 물에는 세균이 그만큼 많이 산다. 그리고 장구벌레는 그 세균을 먹으면서 몸집을 키운다. 아파트 단지 화단에 물이 고이는 움푹 팬 곳이라든가 배수구, 하수구 등에 물이 고인 곳이라면 장구벌레는 얼마든지 잘 살 수 있다. 쓰레기통의 고인 물속이나, 비가 내려 물이 고인 플라스틱 병 같은 작은 곳에서도 살 수 있다.

특히 장구벌레가 빗물이 고인 폐타이어에서도 살 수 있다는 점을 중요하게 생각하는 사람들도 있다. 장구벌레가 살고 있는 폐타이어가 재활용 목적으로 어딘가로 실려 가는 와중에 모기가 멀리 퍼질 가능성이 있기 때문이다. 폐타이어를 수집하여 외국으로 수출한다면, 배에 층층이 쌓여 있는 폐타이어를 마치 자기들만의 아파트처럼 활용하는 장구벌레가 그 속에서 잘 자라날 것이고 그렇게 되면 바다 건너 먼 나라까지 모기가 건너갈 수 있다.

그러나 물웅덩이에 사는 장구벌레는 멀리 돌아다닐 수 없다. 누가 아파트 단지 놀이터에 버려둔 컵라면 그릇에 빗물이 고여 장구벌레 수십 마리가 살게 되었다고 가정해 보자. 만약 그릇 안에서만 장구벌레가 계속 새끼를 쳐서 불어난다면 그 수가 증가하는 데에는 한계가 있을 것이다. 게다가 지나가던 어느 착한 어린이가 함부로 버려진 쓰레기를 줍겠다고 그 안에 든 물과 함께 컵라면 그릇을 버리면 장구벌레들은 전멸해 버린다. 더러운 물속에 옹기종기 모여 살기만 해서는 번성할 수 없다. 그런다면 장구벌레가 살고 있는 지역이 파괴될 때 전체 무리의 대가 바로 끊길 것이다.

그런데 장구벌레가 인생의 마지막 순간에 잠깐 날아서 자손을 퍼뜨릴 수 있다면 이 문제는 해결된다. 장구벌레는 모기로 변신하면서 실제로 이를 해낼 수 있다. 모기는 하늘을 날아다니며 이곳저곳으로 퍼져 나간다. 컵라면 그릇에서 번데기로 변신해 깨어난 모기는 멀리 떨어진 곳에 있는 쓰레기통, 배수구, 지하실 물웅덩이 등지로 날아가 곳곳에 알을 낳는다. 한 지역이 파괴되더라도 자손을 이어 나갈 확률을 높일 수 있다.

내 생각을 말하자면, 장구벌레는 한곳에서 몸을 키우는 데 가장 적합한 형태이고, 모기는 자라난 채로 자손을 멀리 퍼뜨리는 데 가장 적합한 형태인 것 같다. 질병관리본부의 자료에 따르면 얼룩날개모기의 45% 정도는 6km 밖까지 날아서 이동했다는 실험 결과도 있다. 그렇다면, 어지간한 크기의 동네라면 그 동네 전체를 벗어나 옆 동네까지 모기들이 날아서 이동할 수 있다는 뜻이다. 또 이 말은, 세계에서 가장 높은 부르즈 칼리파Burj Khalifa 빌딩도 그 높이는 약 0.8km밖에 되지 않으므로 모기들이 계단을 따라 오르거나 배수관을 통해 꾸준히 위로 갈 수만 있다면 160층 꼭대기까지 도달하는 것도 이론상 가능하다는 의미이다.

이런 방법으로 모기는 사방으로 퍼져 나간다. 모기가 자라나서 알을 낳는 데는 짧게는 20여 일의 시간이 걸린다. 그러므로 한군데에서 모기를 없앴다고 하더라도 어느 구석 한곳에 장구벌레가 살아남는다면 금세 또 수를 불릴 수 있다. 이렇게 한 해를 지나는 동안에도 모기는 몇 대를 거듭해 번식하고 새로운 정착지를 계속해서 넓혀 나갈 수 있다.

변태를 하는 다른 많은 곤충들도 바로 이런 방식으로 서로 다른 두 가지 삶에 가장 어울리는 모습으로 변한다. 그렇기 때문에 환경에 더 잘 적응하여 번성할 수 있다. 변태라고 하면 쉽게 떠올릴 수 있는 나비 말고도, 무당벌레, 매미, 장수풍뎅이 등의 곤충들이 변태 과정을 겪으면서 두 가지 삶의 방식으로 세상의 문제들을 해결해 나간다. 어쩌면 바로 그런 특징 때문에 곤충이 이렇게나 지구에 잘 적응해서 어느 곳에서나 번성하고 있는지도 모른다. 스미스소니언협회의 자료를 보면, 현재 지구에 사는 곤충의 숫자는 너무나 많아서 한 사람당 2억 마리 정도의 곤충이 곁에서 함께 살고 있는 셈이라고 한다.

만약 사람도 곤충처럼 삶의 어느 순간 완전히 다른 모습으로 변신할 수 있다면 어떨까? 몸의 구조와 함께 습성도 완전히 달라지는데, 그렇다면 그를 동일한 사람이라고 볼 수 있을까? 예를 들면 이런 상상을 해 볼 수 있다. 사람은 땅 위에서 살면서 뛰어난 두뇌를 활용해 사회생활을 하는 동물이다. 그런데 어느 날 갑자기 어떤 사람의 뇌가 퇴화해서 본능만 남게 되었다. 그리고 그 사람이 말을 하고 사회생활을 하는 대신 홀로 물속에서 아가미로 호흡하며 물고기처럼 사는 모습으로 변했다면 둘을 같은 사람이라고 볼 수 있을까?

조선 시대의 야담집인 『어우야담於于野譚』에는 유극신이라는 사람의 조상이 나이가 들더니 어느 날 목욕을 하러 물에 들어가서는 갑자기 홍어로 변신해 바다로 나아갔다는 이야기가 실려 있다. 이 이야기를 곤충의 변신과 비교하며 따져 보자. 몸을 튼튼히 유지하고 자손을 낳아 기르는 데에는 사회를 이루고 사는 삶의 방식이 유리하기 때문에 한평생 사람으로 살았다가, 이제 은퇴해서 삶을 즐길 때가 되자 만사에 고달픈 걱정을 할 필요가 없는 물고기의 두뇌로 변신해 바다 곳곳을 유유히 돌아다니는 삶을 선택했다는 해설을 만들어 볼 수도 있겠다.

모기 날갯소리의 비밀

어른벌레로 변한 모기가 널리 퍼지는 데 유리한 것은 역시 날갯짓을 해서 날 수 있다는 점 때문이다. 날아다니면 움직이는 속도를 높일 수 있을뿐더러 장애물을 피해 빙 둘러 갈 필요 없이 공간을 가로지를 수 있다. 그래서인지 적응의 명수인 곤충들은 날개를 갖고 있는 경우가 대단히 많다. 잠자리나 모기처럼 바로 꼽을 수 있는 것들뿐만 아니라 무당벌레처럼 잠깐씩 날아오르는 종류도 있고, 개미처럼 무리 중 일부가 필요할 때에 나는 종류도 있다. 이 모든 것을 합하면 곤충들 중 상당수가 나는 법을 알고 있다.

현재까지 살아남은 생물 중에서는 아마 곤충이 가장 처음으로 지구 중력을 극복하고 하늘을 나는 방법을 터득한 동물인 듯하다. 지금으로부터 3억 년 전에 하늘을 나는 곤충이 나타나지 않았을까 싶은데, 3억 년이면 공룡들 관점에서도 지금 우리가 공룡시대만큼 옛날이라고 생각하는 시간까지 거슬러 올라야 할 정도로 옛날이다. 현재 하늘을 자유롭게 날 수 있는 동물은 곤충, 새, 박쥐, 그리고 사람밖에 없다.

그런데 사람은 날 수 있을 때라고 해 봐야 비행기표를 살 수 있을 정도로 여유가 있는 시기로 한정된다고 봐야 하니, 작고 흔한 곤충들 무리에서 그렇게 많은 숫자가 이리저리 날아다닐 수 있다는 점은 꽤 대단해 보인다.

모기가 나는 모양을 자세히 살펴보면 대단한 점은 더욱 분명하게 드러난다. 모기의 날개는 연약하고 작은 편이다. 기다란 다리에 비하면 날개의 크기는 더욱 작다. 그 작은 날개로 날기 위해서 모기는 굉장히 빠르게 날갯짓을 한다. 1초에 수백 번 정도 날개를 퍼덕이는 수준인데, 그 때문에 공기를 빠르게 휘저어 모기 특유의 날갯소리가 나게 된다. 집에서 자주 볼 수 있는 모기인 빨간집모기 암컷은 370Hz 정도의 소리를 내는데, 이 정도면 파 샤프# 정도의 높이다. 모기들은 서로 다른 날갯짓 소리를 내기 때문에 이 소리를 듣고 암수가 짝을 찾을 수 있다는 이야기도 있다. 이렇듯 소리가 들릴 정도로 1초에 수백 번씩 날갯짓을 한다는 것은 쉬운 일이 아니다. 구조가 다르기는 하지만, 수리온 같은 헬리콥터라고 하더라도 하늘을 날기 위해서는 1분에 수백 번가량 날개를 움직여야 한다. 그런데 모기는 그런 헬리콥터보다도 10배 이상 빠르게 날개를 움직인다.

모기를 비롯해 날개를 빠르게 움직이는 곤충들은 날개를 움직이는 방식 자체도 아주 괴상하다. 보통 날갯짓이라고 하면, 새가 그렇듯이 근육으로 날개를 아래위로 움직이는 형태를 가장 먼저 떠올릴 것이다. 도시에서 볼 수 있는 박새, 까치, 황조롱이 같은 새들을 보면 실제로 그런 식으로 하늘을 날아다닌다. 그러나 모기는 날개 근육을 움직여 날갯짓을 하지 않는다. 새처럼 퍼덕이는 방식으로는 모기만큼 날갯짓을 해낼 수 없다. 대신에 모기는 엉뚱하게도 몸통 자체의 근육을 움직인다. 모기의 몸통에는 탄성이 있으므로 몸통 근육을 알맞은 속도로 움직이면 탄성 때문에 마치 부르르 떨리듯이 움직이게 된다. 이때 모기의 날개는 몸통에 걸려 있는 구조로서 그저 붙어 있을 뿐이다. 그것만으로도 몸통이 떨리는 데 맞춰 날갯짓을 하게 된다.

모기뿐만 아니라 벌, 파리 같은 곤충들도 바로 이런 방식으로 몸통을 떨어서 몸통에 달려 있는 날개를 빠르게 움직인다. 자전거 바퀴에 톱니바퀴 장치가 복잡하게 연결되어 있어서, 페달을 계속 밟기만 하면 부채가 끄덕거리며 바람을 만들어 준다고 해 보자. 모기, 벌, 파리 등의 몸에는 마치 그와 비슷한 교묘한 장치가 있어서 몸통 근육의 단순한 움직임이 빠른 날갯짓으로 바뀌는 느낌이다. 그중에서도 모기는 특히 날개의 모양과 흔들리는 방향이 절묘한 형태를 이룬다. 그래서 날개를 퍼덕일 때마다 아주 작은 와류vortex가 발생한다. 말하자면 회오리바람 같은 것이 일어난다는 뜻인데, 그렇게 해서 모기는 자신이 날개 주변에 만든 회오리바람 위에 올라타듯이 하늘을 난다. 모기를 쫓는 사람의 손짓을 잽싸게 피하고 숨는 그 빠른 공중의 움직임은 이런 방식 때문에 가능하다고 볼 수 있다.

야외에서 모기가 날아다니는 높이는 기껏해야 건물 3, 4층 정도라고 한다. 그렇지만 높은 산지에서도 모기가 발견되는 것을 보면 한 번에 높이 날아오르는 것이 힘들 뿐 모기가 날 수 있는 고도 자체에 큰 제한이 있는 것은 아닌 듯싶다. 고층 건물일수록 창문으로 모기가 날아드는 것이 어렵다 하더라도, 한번 건물 안으로 들어오면 배수관, 계단, 엘리베이터를 따라 점차 더 높은 곳으로 퍼져 나가는 데에는 큰 어려움이 없어 보인다. 그래서 웬만한 새들도 잘 올라오지 못하는 아파트 고층에서도 모기 때문에 잠을 설치는 일이 종종 생긴다.

모기가 계절을 극복하는 방법

요즘 한국에서 발생하는 말라리아는 대개 '삼일열 말라리아'라는 종류다. 말라리아 중에서도 위험성이 덜한 편이라서 오늘날에는 이 말라리아에 걸린다고 해도 사망에 이르는 경우는 거의 없다. 그러나 아무리 그렇다고 하더라도 모기에 물리는 것을 즐겁게 생각하는 사람은 드물 것이다. 모기가 사람의 몸을 물어 피를 빤다는 것 자체가 성가시기 때문이다.

모든 모기가 사람 피를 빠는 것은 아니다. 대부분의 모기는 대체로 식물의 수액이나 꿀 같은 것을 먹고 살 수 있다. 그래서 벌과 나비가 꽃가루를 전달하면서 속씨식물이 열매를 맺도록 돕는 역할을 모기도 해 줄 수 있다. 아름다운 꽃과 싱그러운 열매는 모기와 어울리지 않는 느낌이지만, 이런 일은 얼마든지 일어날 수 있다. 실제로 수컷 모기들은 식물에게서 먹이를 얻을 뿐, 사람 피를 빨지 않는다.

피를 빠는 모기들을 살펴봐도 굳이 사람을 공격하려고 달려드는 종류보다 새나 들짐승, 가축 같은 다른 동물의 피를 빨아 먹는 것들이 많은 편이다. 그러니까 사람을 공격하는 모기들은 모기 중에서도 동물 피를 빠는 종류로 한정되며, 그중에서도 마침 사람을 목표로 정한 암컷 모기뿐이라고 봐야 한다. 그러나 그 정도만으로도 사람에게 피해를 끼치기에는 충분하다.

암컷 모기들은 튼튼하고 강인한 알을 낳기 위해 단백질 보충을 목적으로 동물 피를 빨아 먹는다. 한 번 포식할 때 자기 몸무게의 2~3배 정도 되는 양을 먹어 치울 수도 있다. 사람이라면 아무리 맛있는 음식이라도 자기 몸무게의 몇 배를 한자리에서 먹을 수는 없다. 그러나 모기는 한꺼번에 많은 양의 피를 먹을 수 있고, 그것을 소화해서 한동안 좋은 알을 낳을 수 있다. 운 좋은 모기는 아파트에 침입해 사람 피를 마음껏 빨고 난 당일, 날이 밝기 전에 사람의 위협으로부터 벗어나 하수구로 피할 수 있다. 그러면 하수구 이곳저곳에 알을 낳을 수 있게 될 때까지 기다리다가 그 물에 장구벌레가 깨어날 알을 잔뜩 뿌릴 수 있다.

만약 날이 너무 춥다면 알은 깨어나지 않은 채 따뜻해질 때까지 그대로 버틸 수도 있다. 또 최근에는 모기들이 가을이나 겨울까지 사람 사는 곳 근처의 따뜻한 장소를 이용해서 그대로 살아남는 사례도 늘어나고 있다고 한다. 이렇게 되면, 날씨가 춥다고 모기의 세력이 약해지는 것이 아니라 겨울 동안에도 계속해서 번식하며 숫자가 늘어나게 된다. 이런 지역에 정착해 사는 모기들은 거의 1년 365일 내내 번성할 수 있다.

한편 빨간집모기와 거의 비슷한 종류인 지하집모기*Culex pipiens molestus*는 그 독특한 특징이 악명 높다. 지하집모기는 제2차 세계대전 당시 런던의 지하철역에서 특히 자주 발견되어 '런던지하철모기'라는 별명을 얻었다. 이 모기는 공습을 피해 지하철역으로 대피한 런던 시민들을 괴롭히면서 많은 사람들의 연구 대상에 올랐다. 생태학자 메노 스힐트하위전Menno Schilthuizen의 저서 『도시에 살기 위해 진화 중입니다』에는 현대 런던 지하철에서 발견된 지하집모기들을 조사한 결과가 소개되어 있는데, 이에 따르면 지하철 노선을 따라 모기들이 서로 종족을 이루면서 그 유전자가 점차 달라지고 있다고 한다.

이런 결과는 마치 빨간집모기들 중 일부가 사람이 만들어 놓은 지하철이라는 거대한 새로운 공간에 적응해 지하집모기로 진화했고, 새롭게 태어난 지하집모기들이 각 지하철 노선의 특성에 맞게 진화해 가고 있다는 느낌을 준다. 그 정도까지는 아니라고 하더라도 지하집모기가 도시의 특성에 맞게 빠르게 번져 나간 것은 사실로 보인다. 최근의 조사 결과를 보면, 한국에서도 집 근처에서 지하집모기가 흔히 발견되고 있다.

최근 한국 모기들은 건물에 연결된 하수구와 배수관을 이용하는 일이 잦다고 한다. 아파트 같은 커다란 건물에는 그에 걸맞은 커다란 하수처리 시설이 갖춰져 있는 경우가 많다. 모기들은 이런 시설에 알을 낳아 물속에서 장구벌레가 자라나도록 한다. 하수 시설에는 더러운 물만 모여 있기 때문에 장구벌레가 먹을 만한 세균과 썩은 물질들이 가득하다. 게다가 도시 건물의 지하에 있기 때문에 겨울에도 별로 춥지 않다는 장점까지 있다. 여기에 물이 썩어 가면서 세균이 화학반응을 일으켜 열기가 더해지면, 바깥이 어지간히 춥다고 하더라도 물속은 장구벌레가 살 수 있을 만큼 따뜻해진다.

결정적으로 이렇게 아파트 단지와 주택가에 만들어 놓은 하수 시설은 환경오염을 막기 위해 지상과 분리되어 있기 때문에 그 안에 다른 생물이 들어와서 살지 못한다. 본래 장구벌레는 미꾸라지나 송사리 같은 물고기들의 식사거리이다. 만약 개방된 상태로 다른 곳과 연결되어 있는 개천이었다면, 장구벌레가 많은 만큼 미꾸라지 같은 물고기가 근처에 나타나 그것들을 잡아먹을 것이고, 그만큼 모기 숫자는 줄었을 것이다. 그렇지만 하수와 관련된 이런 지하 시설에 저절로 물고기가 나타날 수는 없다.

그러므로 마치 장구벌레만 가득한 수족관이라도 되는 듯이 겨울내내 모기는 지하 시설에서 번성할 수 있다. 그리고 장구벌레가 번데기를 거쳐 모기로 변신하게 되면 이제 날개를 달고 지하를 빠져나온다. 배수관을 거슬러서 날아오르는 경우도 있고, 뚫려 있는 구멍을 통해서 지상으로 오르기도 하며, 깨진 틈 같은 작은 곳으로 빠져나오는 경우도 있다. 즉 다른 동물은 살지 않는 지하에서 모기는 애벌레 시절 몸을 키우고, 그렇게 자라난 몸으로 변신해 날 수 있게 되면 바깥으로 빠져나온다.

모기가 지하에서 한번 날아오르면 바로 그 가까운 곳에 사람이 층층이 모여 살고 있는 아파트 건물이 있을 것이다. 그곳에는 모기의 먹이가 되는 사람 피도 있다. 계속해서 한 층, 한 층 위로 더 날아오를수록 피를 빨 수 있는 사냥터는 넓어진다. 모기가 사는 방식과 아파트 단지에 있는 지하 시설의 환경이 맞아떨어지면서, 모기 발생 장치 같은 구조가 저절로 만들어진 모양새다.

고신대 이동규 교수가 보고한 바에 따르면, 2005년 울산 지역에서 조사한 도시 하수처리 시설의 약 7%에서 집에서 흔히 볼 수 있는 모기 유충이 발견되었다고 한다. 1~5월 사이의 조사 기간 중에 시기에 따라 모기가 발견되는 정도에는 별 차이가 없었다. 나는 이런 결과가 모기가 1, 2월의 추운 날씨에도 도시의 하수처리 시설을 이용해 잘 자라날 수 있는 기회를 얻었다는 생각에 힘을 실어 준다고 생각한다.

최근에는 지하 시설, 하수처리 시설 등에서 모기와 장구벌레를 제거하기 위해 방역 기관들이 특별히 주의를 기울이고 있다. 그렇지만 모기는 두 가지 모습으로 변신하는 재주 덕택에 더러운 하수구와 깨끗한 사람의 잠자리를 넘나들며 활동한다. 또한 가장 단순한 구조를 가진 생물인 세균들과, 복잡한 사회를 이루고 사는 사람들을 동시에 먹이로 삼는다. 이런 모기를 완전히 물리친다는 것은 볼수록 어려운 문제인 것 같다.

모기는 정말 쓸모없는 곤충일까

모기는 아무짝에도 쓸모없는 동물 같지만 따지고 보면 모기 덕을 보는 생물도 많다. 일단 개천에서 사는 많은 물고기들이 장구벌레를 먹고 산다. 그러면 그렇게 사는 물고기를 새들이 잡아먹고, 또 그런 새를 먹이 삼는 황조롱이 같은 새들도 살 수 있다. 다시 말해서 아무 데서나 닥치는 대로 자라나 세균 따위를 잡아먹고 살며 숫자를 빠르게 불리는 장구벌레가 있기 때문에, 우아하게 창공을 활공하는 천연기념물 새까지 살아갈 수 있다. 다 자라난 모기 역시 모기를 잡아먹는 작은 새의 먹이가 되고, 잠자리 같은 다른 곤충의 먹이가 되기도 한다. 역시 그 덕택에 그런 새와 곤충을 먹는 생명도 살 수 있다.

만약에 어느 날 갑자기 모기가 완전히 사라져 버린다면, 곤충을 잡아먹는 새들이 먹을 것이 부족해져서 굶어 죽을지도 모른다. 그러면 그런 새들이 없어진 틈을 타서 하루살이나 나방 같은 다른 곤충들의 숫자가 갑자기 늘어날 가능성이 있다. 사람을 괴롭히는 해충이 증가할지도 모르고, 사람이 애써 가꾸고 있는 나무와 꽃이 그 해충에 희생될 수도 있다. 모기가 갑자기 사라지면 모기들이 꽃 사이를 날아다니면서 꽃가루를 섞어 열매와 씨를 맺게 하는 역할이 비어 문제가 될지도 모른다.

일부 학자들은 설령 모기가 사라진다고 하더라도 다른 곤충들의 숫자가 같이 적당히 불어나기만 한다면, 모기 대신 다른 생물의 먹이를 대신할 수도 있고 꽃가루를 섞는 역할도 할 수 있다고 보기는 한다. 그런 학자 중 일부는 모기 때문에 사람의 목숨이 희생되는 일을 줄이기 위해서라면, 최신 생명공학 기술을 이용해서 적어도 특정한 경우에 한해서는 모기를 아예 전멸시켜 버릴 필요가 있다고 주장하기도 한다.

조금 다른 관점에서 바라보면, 미래에는 모기 덕택에 목숨을 구하는 사람이 나올 수도 있다는 생각을 나는 가끔 해 본다. 그것은 모기의 몸속에 신기하고 이상한 쓸모 있는 물질이 들어 있기 때문이다.

사람 피부에 작은 상처가 생겨서 피가 흐르면 얼마 지나지 않아 그 피는 굳어져 멎는다. 사람 피는 그런 성질을 갖고 있다. 만약 이런 성질이 없다면 상처가 아물 때까지 피가 계속 뚝뚝 떨어질 것이다. 그런데 사람 피의 이런 성질은 모기 입장에서는 성가신 문제가 된다. 모기는 여섯 개의 가닥으로 이루어져 있는 아주 섬세한 입을 사람 피부에 교묘하게 찔러 넣어서 피를 빨아 먹는다. 그런데 피를 먹으려는 순간 그 주변이 갑자기 굳어 버리면 모기는 더 이상 피를 빨 수 없게 된다. 심지어 모기 입이 굳은 피로 막혀 버릴 위험도 있다. 그래서 모기는 사람을 물 때 피가 굳지 않게 만드는 물질을 내뿜는다. 그러면 모기는 흘러나오는 피를 꿀꺽꿀꺽 상쾌하게 마실 수 있다. 이때 나오는 여러 물질들이 사람 몸속에서 약간의 면역반응을 일으키는데, 이것이 바로 모기 물린 자리가 간지러워지는 이유다.

여기까지 봐도 모기는 역시 사람을 귀찮게만 하는 것 같다. 그런데 피가 굳는 현상은 상처가 났을 때 도움이 되기도 하지만 가끔 건강상의 문제를 일으키기도 한다. 피가 굳어서 생긴 덩어리를 혈전blood clot이라고 하는데, 만약 쓸데없이 몸에 혈전이 생겨서 이 덩어리가 핏속을 돌아다니면 건강에 좋지 않다. 특히 혈액순환이 잘되지 않는 사람에게 혈전은 위험하다. 갑자기 혈전이 혈관을 틀어막으면 몸 한쪽이 망가질 수도 있고, 목숨을 잃을 위험도 있다. 노인이나 한 자세로 오래 앉아 있는 사람들에게 혈전은 특히 심각한 문제다. 혈전 때문에 위험을 겪는 사람의 숫자가 적지 않다. 만약 혈전이 생기지 않도록 해 주는 약이 있다면, 혈전이 문제가 될 때 그 약을 써서 치명적인 위기를 벗어날 수 있을 것이다.

피가 굳지 않도록 모기가 뿜는 물질을 바로 이런 목적으로 활용할 수 있다. 그중 최근 많은 연구가 이루어진 물질로는 아노펠린anophelin이라는 것이 있는데, 얼룩날개모기속 학명인 아노펠레스*Anopheles*에서 따온 것이다. 아노펠린은 수소, 산소, 탄소, 질소 등의 원자 수천 개가 같이 붙어 있는 꽤 복잡한 형태의 물질이다. 이 물질은 사람 핏속에 있는 트롬빈thrombin이라는 물질에 의해 피가 굳는 화학반응을 방해한다. 트롬빈은 핏속의 물질들을 빨아들인 뒤에 그것들을 실처럼 엮어서 피를 덩어리지게 하는 재료를 만들어 내는데, 생물학자 아나 피게이레두Ana Figueiredo의 연구에 따르면, 아노펠린은 트롬빈이 주변 물질을 빨아들이는 입구를 찾아 들어가 그곳을 틀어막아 버린다.

그러니 만약 아노펠린의 원리를 사람이 더 정확히 알아내서 피가 굳지 않도록 만드는 물질을 대량 생산할 수 있게 된다면, 곧 혈전을 방지하는 좋은 약을 만들 수 있다. 그렇다면 혈전 때문에 목숨을 잃는 사람들을 더 쉽게 구해 낼 수 있을지도 모른다. 원래 아노펠레스라는 이름은 사람들이 모기를 싫어했기 때문인지 쓸모없다는 뜻을 가진 고대 그리스어를 따다가 붙인 것이다. 그러므로 아노펠린은 '쓸모없는 물질'이라는 뜻이 되는데, 그런 이름을 가진 물질치고는 언젠가 모기가 사람에게 줄 수 있는 가장 소중한 선물이 될지도 모른다.

애집개미

Monomorium pharaonis

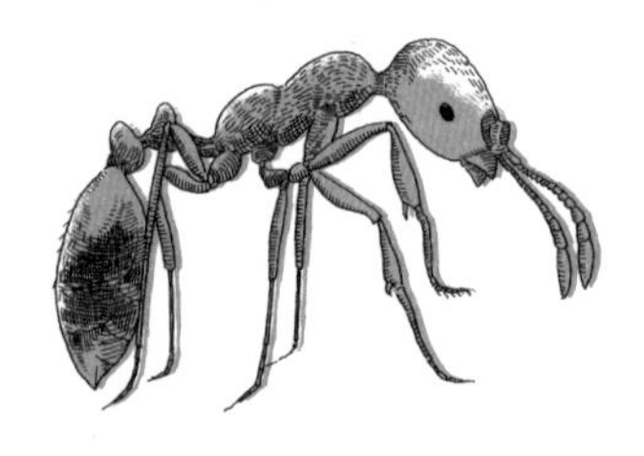

2015년 10월, 경기도 안양 시내 한복판의 공원에서 개미들이 모여 사는 거대한 집단이 발견되었다. 이 소식은 여러 매체를 통해 보도되었다. KBS 보도에 따르면, 보통 이 정도 개미집 하나에는 2만~3만 마리의 개미들이 사는 경우가 많은데, 이 공원에는 1,000만 마리 이상이 하나의 집단을 이루었다고 한다. 이 정도면 일반 개미집의 300~500배에 달하는 거대한 규모로 개미제국이라고 불러도 부족함이 없을 정도다.

안양의 개미제국이 발견된 사연도 이야기해 볼 만하다. 한국에서 오랫동안 개미를 연구해 온 학자이면서 그에 대한 대중적인 글을 쓴

경력으로 유명한 분이라면, 당시 국립생태원 원장이었던 최재천을 빼놓을 수 없다. 바로 그 최재천 원장이 이 개미제국을 직접 발견했다.

MBC 라디오 인터뷰 내용을 보면, 마침 최 원장은 당시 국립생태원에서 개미에 관한 특별 전시를 진행하고 있었다. 그런데 이 전시에 열대지방에 사는 외국 개미를 들여와서 보여 주고 싶다는 생각에 검역본부의 허락을 얻고자 안양으로 향한 것이다. 이 시기 안양에는 농림축산검역본부가 있었는데, 이곳은 외국에서 들어온 생물이 삽시간에 퍼져서 한반도의 생물을 괴롭히거나 병을 옮기는 일이 없도록 다양한 검사와 관리 활동을 하는 기관이었다. 지금은 정부 정책에 따라 경상북도 김천으로 옮겼지만, 1942년 가축위생연구소 지소로 출발하여 80년가량 한자리에서 비슷한 업무를 해 온 기관이기도 했다.

최 원장은 약속 시간보다 조금 더 이르게 농림축산검역본부에 도착했다. 기다리기가 심심했던 그는 주변을 산책하며 본부를 돌아보았다. 그런데 개미를 오래 연구해 온 그의 눈에는 검역본부의 정원 주변에 개미들이 괴상할 정도로 너무 많다는 것이 바로 눈에 띄었다. 신기하게 생각한 최 원장은 그 자리에서 간단한 실험을 몇 가지 해 보았다. 예를 들어 한 개미를 집어서 다른 개미들 가운데에 내려놓으면, 같은 개미집에 사는 개미끼리는 다투지 않지만 다른 개미집에 사는 개미들끼리는 다투는 경우가 생긴다. 최 원장은 그런 식으로 몇 가지 간단한 조사를 한 결과, 그곳에 사는 모든 개미들이 한 집단을 이루고 있을 가능성이 크다는 점을 발견했다.

이후 최 원장과 국립생태원 연구 팀은 유전자 조사를 비롯한 후속 연구를 진행해서 실제로 그곳에 1,000만 마리 규모의 거대한 개미집이 있다는 사실을 알게 되었다. KBS 보도에서 노푸름 연구위원은 이 정도면 국내에서 발견된 개미굴 중 최대 규모라고 이야기했다. 검역본부 정원 근처를 지나다니는 시민들은 예전부터 이곳에 개미들이 유독 많다고 생각하기는 했지만, 그 정도로 거대한 집단을 이루고 있을 것이라고는 짐작하지 못했다고 한다. 개미집은 땅속에서 이리저리 뻗어 나간 형태이기 때문에, 땅 위에서만 봐서는 그 규모가 어느 정도인지 알아차리기 어렵다. 그렇다 보니 도시 한복판의 크지도 않은 정원에 이 정도로 어마어마한 개미집이 숨어 있는 경우도 생긴 듯하다.

집단을 이루고 사는 개미들을 보면 개미 하나하나가 판단하는 것은 단순하다. 그런데 그 하나의 판단들이 모여서 전체 집단이 행동하는 모습은 상당히 지혜로운 것처럼 보이기도 한다. 이런 방식으로 지능이 나타나는 몇몇 경우를 '군집지능swarm Intelligence'이라고 부른다. 개미는 집단의 일부로 살아가면서도 하나로 단결하는 습성이 무척 강하다. 개미 한 마리, 한 마리가 뇌의 부분 역할을 하는 것이라면, 개미들이 모인 집단이 하나로 연결된 거대한 군집지능을 가진 거대한 뇌와 같은 역할을 한다고 볼 수도 있다.

단순한 덧셈으로 두뇌 수준을 따질 수야 없겠지만, 개미 1,000만 마리가 하나의 두뇌와 같은 역할을 하고 있다고 가정해 보자. 보통 개미 한 마리는 25만 개 정도의 뇌세포를 갖고 있다고 하므로 1,000만 마리의 개미가 있다면 전체 뇌세포의 개수는 총 2조 5,000억 개가 된다. 사람의 뇌세포 숫자는 1,000억 개 정도로 보기 때문에, 안양의 한 정원에 살고 있는 개미 집단의 뇌세포 수는 사람보다도 20배나 더 많다고 볼 수 있다.

그렇다면, 지하의 개미집에 살고 있는 이 집단이 사람보다도 훨씬 더 깊은 생각을 할 수 있으며, 나아가 한 단계 높은 경지에 이르러 어떤 깨달음을 얻었다고 상상해 보면 어떨까? 바쁜 시민들이 주변을 오가는 동안 지하에는 그 모든 것을 통찰하고 있는 개미 현자가 살고 있었다고 생각해 볼 수 있을까? 사람이 개미 집단에 말을 거는 방법을 알아내서, 안양 시내의 지하에서 살아온 개미 집단에게 우주의 본질이나 인생의 의미에 대해 물어본다면 무어라고 대답해 줄까?

가장 빠른 길을 찾는 현명한 방법

1,000만 마리의 개미가 모인 덩어리가 사람보다 더 심오한 생각을 할 수 있다는 것은 그야말로 환상적인 상상일 뿐이다. 그렇지만 이런 상상은 매혹적이다. 2019년 김초엽, 문목하 작가가 화려하게 등장하기 전까지 한국 SF 문학을 지배하던 사람은 프랑스의 작가 베르나르 베르베르였다. 그는 바로 개미에 대한 이런 상상을 이야기로 꾸민 소설 『개미』로 처음 그 자리에 올랐다. 베르베르는 『개미』의 대성공 이후 20년 이상 한국 SF 문학 시장에서 흔들림 없는 최강자로 군림했다.

실제로 개미의 지능은 어느 정도라고 봐야 할까? 개미 중에는 뇌가 상당히 큰 종류도 있다. 컴퓨터 공학자 하산 무스타파Hassan Mustafa 등이 쓴 논문에 따르면, 크기가 작은 개미들은 덩치에 비해 더 큰 뇌를 갖고 있는 경향이 있다고 한다.

아파트에서 흔히 볼 수 있는 대표적인 개미가 바로 애집개미*Monomorium pharaonis*라는 종류다. 애집개미도 크기가 작은 편에 속하니까 무스타파의 논문대로라면 아마 덩치에 비해 커다란 뇌를 갖고 있을 가능성이 높다. 이런 개미들의 뇌 무게는 1만 분의 1g 단위로 헤아려야 하는 수준이다. 이렇게 말하면 뇌가 너무 작아서 있는 둥 마는 둥 할 것 같지만, 사실 애집개미는 몸집 자체가 너무나 작기 때문에 이 정도면 뇌가 차지하는 비율이 아주 큰 셈이다. 만약 애집개미의 크기를 사람 정도로 확대해 놓는다면, 애집개미의 뇌 무게는 얼추 사람 뇌 무게의 5배, 6배가 넘을지도 모른다.

이렇게 생각하면 개미들은 온갖 깊은 사고를 할 수 있는 커다란 두뇌를 갖고 돌아다니는 동물인 것 같다. 사람은 여러 동물 중에 몸집에 비해 상당히 무거운 뇌를 갖고 있는 축에 속한다. 그런데 그런 사람보다도 몸집에서 뇌가 차지하는 비율이 훨씬 크게 나타나는 개미들이 있다는 뜻이다. 물론 세상에는 굉장히 다양한 종류의 개미들이 있고, 뇌가 별로 무겁지 않은 것들도 분명히 존재한다. 그렇지만 뇌가 유독 발달한 것 같은 인상을 주는 개미들이 있는 것은 사실이고, 그런 개미들을 우리 주변에서 어렵지 않게 볼 수 있는 것도 사실이다.

그리고 가끔씩 그런 개미들이 어려운 문제를 풀이하는 학자들을 홀릴 수 있을 정도로 지능적인 모습을 보일 때가 있다. 가장 대표적인 예시를 꼽아 보면 '개미군집최적화Ant Colony Optimization'라는 기술을 이야기할 만하다. 기술이라고 하기에는 실제 개미들의 행동을 보고 개발해 낸 방법이니 어떻게 보면 원숭이의 움직임을 보고 원숭이 권법을 개발했다거나 사마귀의 움직임을 보고 사마귀 권법을 개발한 것과 비슷하다는 생각도 해 본다. 그렇다고 개미에 심취한 무슨 이상한 가문에서만 대대로 내려오는 비장의 수법 같은 것은 아니다. 개미군집최적화는 수학, 컴퓨터 프로그래밍, 데이터 기술 등등에서 자주 언급되는 기술이며, 약자로 ACO라고 표기하는 잘 알려진 방법이다.

어느 아파트에 사는 개미 떼들이 먹이를 구하기 위해 주변을 살피러 나섰다고 생각해 보자. 먼지 부스러기, 문 사이의 틈, 가구, 신발, 옷가지, 그릇 등 온갖 장애물이 이리저리 널려 있는 모습은 개미 입장에서 보면 광활하게 펼쳐진 미로와 같을 것이다. 그리고 그 미로 어느 한가운데에 사람이 먹다가 흘린 달짝지근한 오징어채 양념 같은 것이 묻어 있다. 이것이 개미 떼가 찾아야 하는 사냥감이자 식량이다. 개미 입장에서는 미로를 샅샅이 탐색해서 귀중한 사냥감이 있는 위치를 알아내야 하고, 일단 사냥감을 찾게 되면 그 사냥감을 들고 다시 개미집으로 돌아올 수 있어야 한다. 그리고 그중 가장 빠른 길로 돌아오는 편이 유리하고 안전하다.

그런데 이렇게 미로를 수색하고 목표물을 찾은 뒤에 수많은 갈림

길 중 가장 빠른 길을 알아내는 것은 쉬운 일이 아니다. 사람의 경우라고 생각해 보면, 퇴근길에 도시의 복잡하게 얽힌 도로 가운데에서 가장 빨리 집에 갈 수 있는 길을 찾는 고민을 하는 것과 비슷하다. 고성능 반도체를 달아 놓은 최신 컴퓨터를 이용해서 열심히 길을 탐색하는 내비게이션 장치는 그나마 제법 괜찮은 길을 알려 주지만, 그래도 가끔씩 "왜 내비게이션이 이런 이상한 길로 가라고 하지?"라고 불평을 터뜨리게 된다. 이런 부류의 문제를 풀이하는 수학 분야를 살펴본 사람이라면, 그래프 탐색 기법이나 외판원 문제traveling salesman problem에 대한 연구가 쉽지 않다는 이야기를 들어 보았을지도 모르겠다.

그런데 하찮것없어 보이는 개미들은 놀랍게도 집 안에 떨어져 있는 음식물 부스러기 따위를 요령 있게 발견해서 어느새 그 위치로 모여든다. 그리고 그곳에서 개미집으로 돌아가는 빠르고 좋은 길을 찾아내 줄줄이 되돌아간다. 개미는 길을 잘 찾는다는 뜻이다. 과자 부스러기 하나를 흘리면, 과자 부스러기와 개미집 사이에 긴 개미 행렬이 생겨나고, 개미들은 쉴 새 없이 먹잇감과 개미집 사이를 오간다. 개미는 워낙 쉽게 볼 수 있는 곤충인 만큼, 누구나 한 번쯤 이런 모습을 본 적이 있을 것이다.

도대체 개미는 어떻게 이렇게 길을 잘 찾는 것일까? 미로 같은 넓은 집 안에서 어떻게 빠르게 다닐 수 있는 길을 정해 모두가 그 길로 줄지어 다니는 걸까? 최신 프로그램을 장착한 고성능 내비게이션 장치도 아니고 더군다나 그래프 탐색에 관한 어려운 이론을 이해하고 있지도 않을 텐데, 개미는 누군가 집 전체를 내려다보고 가장 좋은 방향을 지시해서 알려 주기라도 하는 듯이 행동한다. 개미집에서 가장 중요한 여왕개미가 뛰어난 지도력으로 모든 것을 판단해 개미들에게 가장 좋은 길을 지시해 준 걸까? 다들 일제히 그 명령에 따른다고 얼핏 상상해 볼 수 있을지도 모르겠다.

그러나 사실 대부분의 개미 집단에서 여왕개미는 그런 역할을 하지 않는다. 여왕개미는 개미집의 중심에 있기 때문에 얼핏 임금님 같아 보일 뿐이지, 사실 직접 사냥을 한다거나 다른 개미들을 지휘하고 무슨 명령을 내리는 경우는 많지 않다. 여왕개미는 다른 일을 거의 하지 않는 대신에 그저 계속해서 알을 낳는다. 어찌 보면 여왕개미의 신세란 지하 깊숙한 개미집 구석에 갇힌 채 주는 음식만 계속 먹으면서 끝없이 알을 낳고 또 낳는 것만 반복하는 삶과 같다. 이런 알들이 여왕개미 옆에서 오손도손 커 가는 것도 아니다. 여왕개미의 알은 다른 개미들이 돌보며 다른 개미들의 손에 의해 자라난다.

여왕개미가 위대한 지도자가 되어 전체 무리를 이끌지 않는데도 개미들이 길을 잘 찾을 수 있는 까닭은 개미 한 마리, 한 마리가 조금씩 자기 역할을 수행하기 때문이다. 그리고 그 작은 역할을 하는 개미들이 동시에 움직일 때, 그 행동의 결과는 뛰어난 지능을 가진 대단한 누군가가 판단을 내린 것처럼 훌륭해진다.

개미군집최적화 이론에 따르면, 개미들 각각은 그저 이리저리 돌아다니면서 음식을 찾고, 음식을 찾으면 되돌아가려고 하는 동작밖에

할 줄 모른다. 이렇게 해서는 작은 개미 한 마리가 볼 수 있는 아주 짧은 거리 내에서만 움직일 수 있다. 도저히 넓은 집 안에서 길을 찾을 수 없을 것만 같다. 그렇지만 개미 무리들은 여기에 한 가지 재주를 더 갖고 있다. 바로 서로 의견을 주고받는다는 것이다.

개미들이 근엄하게 앉아서 서로 토론을 한다는 뜻은 아니다. 개미는 페로몬pheromon이라고 하는 화학물질을 내뿜는다. 그리고 개미의 몸은 상대방의 페로몬을 감지하면 그에 따라 반응한다. 베르나르 베르베르는 자신의 소설에서 이것을 두고 개미들이 여러 가지 냄새를 이용해서 서로 대화를 한다고 표현했다. 사람의 높고 낮은 발음과 다른 여러 소리가 더해지면 단어와 문장을 이루는 것처럼, 개미들은 다양한 종류의 냄새를 이용해서 서로 대화한다고 상상했다.

베르베르의 소설처럼 멋진 모습은 아니겠지만, 한 개미가 뿜어내는 화학물질이 다른 개미들의 몸에 영향을 주는 것은 사실이다. 사냥감을 찾고 집으로 돌아오는 길을 찾는 개미들은 페로몬을 뿜어내며 다닌다. 그러므로 한 개미가 지나간 길에는 페로몬이 묻어 있게 마련이다. 개미들은 페로몬 냄새가 솔솔 피어오르는 길에 좀 더 이끌리는 습성을 갖고 있다. 베르베르의 상상대로라면, 이 페로몬 냄새는 "나는 이쪽 길로 갔어. 너도 이쪽 길로 와 봐."라고 사람이 속삭이는 것과 비슷하다. 게다가 소리와 달리 냄새는 그 자리에 한동안 남아 있기 때문에 이후로도 대화 내용이 흩어지지 않고 그곳에서 감돌게 된다. 한 개미가 떠난 자리의 근처에 온 개미가 앞선 개미가 남긴 메모를 보면서 지나가는 느낌이라고 말해 볼 수 있겠다.

이렇게 되면 개미들이 많이 지나다니는 길일수록 점점 페로몬 냄새가 강해진다. 힘들고 먼 길과 쉽고 빠르게 지나갈 수 있는 지름길이 있다고 가정해 보자. 이 중에 지름길로 다니는 개미들은 짧은 시간 내에 사냥감과 개미집 사이를 오갈 수 있으므로 더 자주 길을 지나게 된다. 그러면 개미들의 페로몬 냄새가 더욱 진하게 묻을 것이다. 이렇게 페로몬 냄새가 강해지면 강해질수록 더 많은 개미들이 그 길로 모여든다. 즉 쉽게 지나갈 수 있는 길에 개미들이 많이 몰리는 것이다. 나중에는 제일 쉬운 지름길로만 모여들어서 개미들은 일렬로 지름길을 지나갈 수 있게 된다.

이것은 어처구니없을 정도로 간단한 방법이다. 첫째, 수많은 개미들이 동시에 적당히 괜찮아 보이는 길로 걸어간다. 둘째, 주변 개미에게 내가 간 길이 좋아 보인다고 신호를 보낸다. 이 두 가지 원칙만으로 개미들은 길을 찾아낸다는 이야기다.

개미들이 이런 방식으로 찾아낸 지름길이 가장 완벽한 길이라는 것은 아니다. 그렇지만 이 정도만 해도 웬만큼 좋은 지름길을 찾아낼 수 있다. 어차피 드넓은 집 안을 샅샅이 헤집어서 모든 길 중에 더할 나위 없이 최고로 편한 길을 찾아내야 한다면, 길을 찾는 데 시간이 오래 걸릴 수밖에 없다. 그에 비해 개미군집최적화 방식으로는 그럭저럭 괜찮은 지름길을 찾는 수준이기는 하지만 대신 시간이 별로 오래 걸리지 않는다. 이만하면 들이는 시간에 비해 쓸 만할 정도로 좋은 길을 찾았다고 할 수 있다.

완벽한 답은 아니더라도 얼추 괜찮은 답을 쉽게 구할 수 있다는 이런 특징은 쓸모 있을 때가 많다. 그 때문에 개미가 길을 찾는 이런 방식을 다른 문제를 푸는 데 활용하는 연구를 진행하는 학자들도 있다. 예를 들어 인터넷으로 연결되어 있는 여러 컴퓨터 사이에서 한 자료를 전달하고 또 전달해 최종 목적지인 컴퓨터까지 전해야 하는 상황이 있다고 해 보자. 이 중에서 가장 빠른 전달 경로를 알아내야 한다면, 바로 개미가 길을 찾는 방식을 활용할 수 있다.

물론 다른 방법으로 모든 경우의 수를 따져 보며 길을 찾아낼 수도 있다. 그렇지만 이런 작업 자체에 시간을 너무 많이 소모해 버리면 딱히 자료를 빨리 전달했다고 할 수 없다. 그보다는 개미군집최적화 방식 같은 것을 이용해서 가장 빠르지는 않더라도 적당히 빠른 길을 후다닥 찾아낸 다음, 바로 그 길로 자료를 보내는 편이 낫다. 통신망 상황에 따라 한 컴퓨터에서 다른 컴퓨터로 자료를 전하는 속도는 계속 변하게 마련인지라 빠른 길을 쉽게 찾는 것은 중요한 문제가 된다. 이런 이유로 개미군집최적화 방식은 많은 관심을 받고 있다.

다른 예로, 컴퓨터 서버에 접속한 사용자가 몰려서 서로 자기가 요청한 작업을 먼저 수행해 달라고 요구할 때 어떤 순서를 거쳐야 가장 효율적으로 작업을 완료할 수 있는지를 따져 계획을 세우는 데에도 개미군집최적화 방식을 적용할 수 있다. 의미 없이 이리저리 돌아다니는 것만 같은 개미들의 지혜가 21세기 과학기술의 가장 최첨단 응용 분야처럼 보이는 컴퓨터와 인터넷에 적용될 수 있다는 점은 재미있다. 그렇게 생각해 보면, 개미 집단이 갖고 있는 지능이 좀 더 신비로워 보인다.

개미군집최적화 방식이나 군집지능 같은 이야기까지 가지 않더라도, 애초에 개미들의 생활 방식은 유독 많은 학자들의 관심을 끌었다. 생물학이나 화학을 연구하는 과학자들이나 컴퓨터 기술을 연구하는 사람에게뿐만 아니라 보다 넓은 영역에서도 개미는 눈에 띄는 동물일 수밖에 없다.

개미들은 서로 모여 살면서 협동한다. 보통 동물적인 본능으로는 먹기 위한 본능과 번식을 위한 본능을 쉽게 떠올리기 마련인데, 개미는 먹을 것을 찾으면 다른 동료들에게 나누어 주기 위해 애쓰고, 몇 안 되는 여왕개미를 제외하면 번식은 아예 포기한 채로 살아간다. 재난이나 전쟁이 벌어지면 집단을 지키기 위해 스스로 목숨을 희생하듯이 움직이는 것처럼 보이기도 한다. 도대체 어떻게 작은 개미들이 이런 모습을 보이는 걸까?

자신의 번식까지 다른 동료에게 맡긴 채 서로 역할을 맡아 단결해서 사는 이런 개미의 습성을 학자들은 '진사회성eusociality'이라고 한다. 사회를 이루고 사는 것은 사람다운 습성이라고 흔히 생각하지만, 사람조차도 진사회성을 갖고 있는 것 같지는 않다. 그런데 개미나 꿀벌 같은 몇몇 작은 동물들은 이런 특징을 선명하게 보인다. 게다가 개미들은 여왕개미의 지배를 받아 통솔되는 것이 아닌데도 서로서로 협동하고 함께 끊임없이 의견을 주고받으며 집단을 키워 나간다. 그리고 이렇게 집단을 키운 개미들은 전 세계 곳곳 어디에나 퍼져 있는 모습으로 계속 번성하고 있다. 이러니 사회학자, 경제학자, 철학자와 사상가들이 모두 개미들의 모습에 관심을 가질 만도 하다.

말이 나와서 말인데, 여왕개미를 제외한 일개미들은 기본적으로 모두 암컷이다. 이 역시 가끔 사람들의 주목을 받는 개미의 특징이다. 개미 군집에서 몇 안 되는 수컷은 번식을 목적으로 여왕개미에게만 잠깐 소용이 있을 뿐 기본적으로는 별 하는 일이 없는 것들이다. 『개미와 베짱이』 이야기를 만화나 애니메이션으로 보면 열심히 일하는 개미를 가끔 남성으로 묘사하는 경우가 있는데, 이것은 과학적으로는 옳지 않다. 개미 세상은 기본적으로 암컷의 세상으로, 먹이를 구하고 집을 짓고 집을 지키고 적과 싸우는 그 모든 일들이 여성 개미에 의해 이루어진다.

작지만 위대한 애집개미

지능 때문인지 위대한 진사회성 때문인지는 모르겠지만, 개미가 세상에 널리 퍼지는 데 성공한 동물인 것만은 확실하다. 개미는 세계 곳곳에 다양한 종류가 퍼져 있어 어디에서나 쉽게 만날 수 있다. 재미 삼아 도는 이야기 중에는 세상의 모든 개미들을 모아 그 무게를 재어 보면, 세상의 모든 사람들을 모아 무게를 잰 것보다 더 무거울 것이라는 말도 있다. 이 말은 지구상에 사는 인간의 무게보다 개미들의 무게가 더 나간다는 뜻으로, 어찌 보면 지구는 사람이 사는 행성이 아니라 개미가 사는 행성이라고 불러야 더 정확한 설명이라는 느낌을 준다.

BBC의 한나 무어Hannah Moore 기자가 쓴 글을 보면, 요즘에는 워낙 인구가 많아졌기 때문에 실제로 지구에 사는 개미들의 무게가 사람보다 더 나갈 가능성은 높지 않다고 한다. 그렇다고 해도 사람의 무게와 비교해 볼 수 있을 정도로 많고 많은 개미들이 이 행성에 살고 있는 것만은 확실하다. 그리고 개미 한 마리의 무게가 아주 미미하다는 점을 고려해 보면, 개미들의 숫자는 정말 어마어마하게 많을 것이라고 짐작할 수 있다. 개미들은 인간 사회 그 자체마저도 자신들이 정착할 터전으로 활용하고 있다. 이런 습성을 보여 주는 개미의 대표 격에 해당하는 것이 바로 애집개미다.

애집개미는 세계 곳곳에서 아주 쉽게 발견할 수 있는 개미다. 그런데 사실 애집개미는 추운 곳에서는 잘 살지 못한다. 이것은 이상한 현상이다. 단순하게 생각해 보면 애집개미는 열대지방에서만 살고 있어야 한다. 추운 날이 빈번한 온대지방이나 냉대지방에서는 애집개미를 잘 찾아볼 수 없어야 정상이다. 애집개미는 영어로 파라오개미pharaoh ant라고 하는데, 아마도 이것 역시 파라오가 다스리던 고대 이집트, 즉 더운 지역에서 사는 개미라는 생각으로 붙인 이름이 아닌가 싶다.

그런데 실제로는 날씨가 춥기로 악명 높은 지역에서도 애집개미가 쉽게 발견된다. 한국에서도 애집개미를 찾기가 어렵지 않다. 서울만 해도 겨울에는 추운 편이며 특히 철원이나 화천은 겨울에 춥기로 악명 높지만 그런 곳에서도 애집개미를 보기란 어렵지 않다. 집 안에서 약간 투명한 듯이 불긋불긋한 갈색을 띤 아주 작은 개미 떼를 발견한다면 일단 애집개미일 가능성이 크다고 보면 된다. 애집개미의 크기는 대략 1mm를 조금 넘는 정도에 지나지 않는다. 눈으로 겨우 형체를 알아볼 수 있을 만한 작은 점 같은 것이 방바닥이나 벽을 줄지어 움직이고 있다면, 그게 바로 애집개미다.

열대에서나 잘 살 수 있는 애집개미가 도대체 어떻게 세계 곳곳에 퍼져 있는 것일까? 그 까닭은 이들이 바로 사람의 집을 자신들의 사회를 건설하기 위한 터전으로 활용한 데서 찾을 수 있다. 애집개미는 사람이 집을 짓고 난방을 한다는 점을 이용해 그 집 속에 들어와 산다. 그러다가 사람이 여행을 하거나 외국에 화물을 보낼 때 그 사이에 우연히 말려들어가 먼 곳으로 퍼져 나가면서 다른 지역으로 이동하기도 한다. 바로 그런 식으로 애집개미는 유럽에서 북아메리카, 아프리카, 아시아 등 사람 사는 집이라면 어디든 퍼져 나가 그 속에서 살 수 있다.

사람의 집은 따뜻하다는 점을 제외하고도 애집개미가 살기에 좋은 점이 있다. 사람 사는 곳에는 음식물 찌꺼기나 과자 부스러기 같은 것이 있기 마련인지라 개미가 먹을 것이 풍부하다. 애집개미는 개미 중에서도 무엇이든 잘 먹는 축에 속하기 때문에 사람이 흘린 음식을 이것저것 집어 먹으며 빠르게 커 나갈 수 있다. 개미가 있는 집에는 바퀴벌레가 없다는 속설이 있는데, 항상 그런 것은 아니지만 실제로 애집개미는 식성이 좋기 때문에 자기 식량을 구하기 위해 바퀴벌레와 경쟁을 벌일 가능성이 있다. 2003년 2월 KBS에서는 애집개미가 바퀴벌레의 알을 먹이로 삼아서 바퀴벌레가 사라졌다는 내용이 방송되기도 했다.

미래의 어느 날 외계인들의 행성을 탐험하다가 어마어마하게 거대한 외계 로봇들이 엉금엉금 기어 다니는 섬을 발견했다고 상상해 보자. 거대한 로봇들은 이상한 방식으로 섬을 개발해서 기온이 따뜻하고 물이 많은 곳으로 만들어 두었다. 게다가 이 로봇들은 가끔 배기가스로 이상한 덩어리를 토해 내고 가는데, 그것이 아주 귀중한 원자력 연료로 쓸 수 있는 우라늄235나 플루토늄 덩어리라면 어떨까. 그러면 그 로봇이 어떤 습성을 가지고 있는지, 얼마나 위험한지 잘 모른다고 하더라도 탐험가들은 기를 쓰고 로봇을 따라다니며 정보를 조사하고 원자력 연료를 챙기려 들 것이다. 애집개미들이 보기에는 사람과 아파트가 바로 그런 행성과 비슷한 느낌일 거라고 생각한다.

애집개미들이 이렇게까지 전 세계에 널리 퍼지기 시작한 시기는 오래되지 않은 것 같다. 이 개미들은 사람의 집을 통해 생활하고 퍼져 나가므로, 사람이 다양한 교류를 이어 가고 풍요롭게 살수록 더 널리 퍼진다고 보면 된다. 한국에 애집개미가 번지기 시작한 것은 20세기 이후인 것 같은데 그 말인즉 20세기부터 한국이 세계와 활발하게 교류했으며 충분히 풍요롭게 사는 집이 많아졌다는 뜻일지도 모른다. 이렇게 보면, 애집개미는 귀찮은 벌레지만 한편으로는 경제 발전을 상징하는 동물이라고 말해 볼 수도 있다.

1998년 2월 인천방송 프로그램에서는 일제강점기인 1920년대에 여행자나 무역을 위한 배가 드나들면서부터 한반도에 애집개미가 들어온 것으로 보인다는 내용을 소개했다. 좀 더 확실해 보이는 기록으로는, 1955년 제주도에서 애집개미가 채집된 적이 있다는 것 같은데 비교적 겨울이 온화한 제주도 지역에서 따뜻한 지역 출신인 애집개미가 먼저 발견되었다는 것은 사리에 맞아 보인다.

시간이 흘러 2000년대 무렵에 이르자 애집개미는 한국 전역에 있는 집들을 자신들의 영토로 삼는 데 성공한다. 벽이나 바닥의 작은 틈새, 벽지 사이 등등을 이용해 생활하는 애집개미는 아파트에도 완벽하게 적응했다.

애집개미의 키가 2mm라고 친다면, 애집개미 입장에서 60m 높이의 아파트 한 동을 바라보는 것은 키가 170cm인 사람이 5만 1,000m 높이의 어마어마하게 거대한 산을 보는 것 같은 느낌일 것이다. 이런 높이의 산이 정말로 있다면, 구름을 가볍게 뚫고 올라가 꼭대기가 보이지도 않을 정도로 하늘에 닿을 듯한 모양일 것이다. 세계에서 가장 높은 에베레스트산의 6배나 되는 높이다. 아파트 단지를 애집개미의 입장에서 본다면 산들이 아파트 동의 숫자만큼 펼쳐져 있는 대륙을 마주하는 셈이다.

애집개미는 한 집에서 옆집으로, 한 층에서 위층으로, 조금씩 조금씩 세력을 넓히면서 아파트 단지를 통째로 정복해 나갈 것이다. 건설한 지 30~40년이 지난 아파트 단지라면 그 세월 동안 입주민들이 열심히 살아가며 아파트에 이런저런 음식을 가져와 먹었을 것이고, 그 부스러기로 집의 어두운 틈새를 차지한 애집개미들까지도 꾸준히 먹여 살렸을 것이라고 추측해 볼 수 있다. 애집개미는 따뜻하게 만든 집 안에서 음식을 먹는 사람의 습성을 이용하고 있다. 그리고 사람들이 아파트라는 연결된 건물에서 사는 특징을 애집개미 떼들이 터전을 개척할 때 활용한다. 모르긴 해도 몇천 세대가 살고 있는 아파트 단지라면 수백만, 수천만의 애집개미가 함께 살고 있을지도 모르고, 또 그런 지역이 전국 곳곳에 있지 않을까 싶다.

최근에는 유령개미*Tapinoma melanocephalum*라는 종류도 아파트에서 흔히 발견되는 편이지만, 아직도 애집개미는 건재하다. 특히 애집개미는 한집에 여러 마리의 여왕개미가 사는 습성이 있어서 한 번에 몰아내기가 까다롭다. 또 해충을 퇴치하는 전문가들의 이야기를 들어 보면, 애집개미 떼가 지나가는 행렬에 해충을 쫓는 약을 별 생각 없이 뿌려 버리는 것은 위험하다고 한다. 해충을 쫓는 약을 애집개미도 싫어하기는 하는데, 그러면 약을 뿌린 곳을 애집개미들이 너무도 꺼린 나머지 그 지역에는 절대 다시 오지 않으려고 해서 그곳을 경계로 무리가 두 개로 쪼개져 버린다. 그렇게 되면, 두 무리가 각각 여왕개미를 두고 커져 나가게 되므로, 오히려 애집개미집이 더 많이 생길 수도 있다.

그나마 최근에는 애집개미가 좋아할 만한 것이면서도 먹고 나서 시간이 좀 지난 후에야 애집개미를 죽게 만드는 미끼가 개발되어 그

것을 약으로 뿌리는 방법이 어느 정도 효과를 보이는 것 같다. 이런 약에 한번 제대로 걸려들면 애집개미는 약이 사냥감이라고 착각하고 개미집으로 가져가서 함께 나눠 먹다가 전멸하게 된다. 그렇지만 이런 약을 개발해서 파는 회사들이 긴 세월 상품을 활발하게 선전하고 있는 것을 보면, 애집개미들은 여전히 전국에 퍼져 사람과 함께 잘 살고 있는 것 같다.

개미는 화학자

개미들은 사람이 사는 집 안에 많이 들어와 있기는 하지만, 다행히 모기 같은 곤충에 비하면 사람에게 크게 피해를 주는 편은 아니다. 개미도 동물인 이상, 아주 작은 세균이나 바이러스 같은 것을 몸에 지니고 살다가 사람에게 퍼뜨리는 일이 없지는 않을 것이다. 그러나 지금까지 알려진 바에 따르면, 모기에 비해 개미가 옮기는 전염병 같은 것이 크게 문제가 된 적은 거의 없었다.

그렇다고 해도 개미가 사람에게 전혀 피해를 입히지 않는다고는 할 수 없다. 먼저, 저장해 놓은 음식에 개미가 잔뜩 모여드는 바람에 음식을 먹지 못하게 되는 일은 종종 있다. 일반 가정집이 아니라 식당이나 식품 공장 같은 곳이라면 이 정도 문제만으로도 상당한 피해를 입을 수 있다.

그리고 개미의 종류에 따라서 물리면 아픈 경우도 있다. 한국 아파트에 사는 개미들 중에는 강력한 독을 갖고 있는 종류가 아주 드문 듯하다. 그러나 사람에 따라서는 개미에게 물려서 피부가 간지러워지는 일 정도는 충분히 생길 수 있다. 좀 더 심각한 경우로는, 개미가 뿜어내는 물질에 알레르기를 일으키는 체질이라든가 면역반응이 일어나는 민감한 사람이라면 별것 아닌 개미 때문에 상당히 골치 아픈 증상을 겪을 수도 있다. 이 역시 도시 아파트에 들어와 사는 애집개미 같은 개미들이 요즘 해충으로 분류되는 이유다.

개미들이 다른 동물을 해하기 위해 뿜는 대표적인 물질은 개미산formic acid이다. 개미산은 말 그대로 산성 물질인데 '폼form산'이라고 하기도 하고, 화학 업계에서는 흔히 '포름산'이라고 부른다. 이 물질은 개미에게서 처음 발견되었기 때문에 라틴어로 개미를 뜻하는 포르미카*Formica*라는 단어에서 글자를 따와 포름산이라는 이름이 붙었다. 개미산은 그 말을 뜻에 따라 번역한 단어라고 보면 된다.

개미산은 피부에 닿으면 선명하게 통증이 느껴질 정도로, 독성이라면 독성이랄 수도 있는 것을 가진 물질이다. 개미산을 뿜는 생물에게 당하면 따끔하거나 아프다는 느낌이 날 수도 있다. 특히 개미나 벌은 개미산을 체내에 품고 있는 생물로 유명하다. 사실 개미는 벌목*Hymenoptera*으로 분류되기에 벌과 어느 정도 가까운 동물이기도 하다. 사람과 원숭이가 모두 영장목*Primates*으로 분류되는 것을 보면, 목이 같은 동물류라는 것은 그 정도의 관계라고 대충 짐작해 볼 수 있을 것이다. 개미들은 적과 싸우며 공격하거나 방어할 때 개미산을 이용하기도 한다.

개미산은 독이라고 할 만한 물질치고는 굉장히 간단한 구조를 가졌다. 사실 포름산 정도면 탄소 원자와 산소 원자가 뭉쳐서 이루어진 산성 물질 중에서는 거의 가장 단순한 축에 속한다. 여러 생물의 몸속에서 저마다 다른 다양한 화학반응이 일어날 때 어쩌다가 생겨나기도 하고 소모되어 사라지기도 하는 물질이다. 개미 외에도 몸속에 개미산을 갖고 있는 곤충이나 세균 따위를 찾아보기란 어렵지 않다.

한편으로는 그런 만큼, 개미산은 공장에서도 유용하게 활용된다. 보존 용도로 뿌리는 약품 등으로 쓰기도 하거니와, 다른 화학물질을 만드는 재료로 쓰는 경우도 많다. 처음 개미산이 발견되었던 과거와는 달리, 현대의 화학 공장에서는 개미산을 만들기 위해 개미를 기른 뒤 개미 몸에서 개미산을 뽑아내는 방식을 쓰지 않는다. 그런 방법 말고도 화학 기술을 이용해서 인공적인 방식으로 훨씬 쉽게 기계로 개미산을 대량 생산할 수 있다. 1990년대 중반만 하더라도 한국의 화학 공장에서는 1년에 7,000~8,000t 분량의 개미산을 만들어 냈다. 대충 따져 보면 매년 거의 전 세계의 개미들 몸에 들어 있는 개미산의 분량과 견주어 볼 만한 정도를 공장에서 만들어 냈다는 느낌이다.

전 세계의 아파트들을 장악한 애집개미는 포름산 이외에도 다른 여러 가지의 정교한 물질들을 뿜어내는 재주를 갖고 있다. 쉽게 꼽을 수 있는 예를 들면, 페로몬에 해당하는 몇 가지 화학물질이 있는데, 이런 물질들은 대개 포름산보다는 만들기가 어렵고 성질도 좀 더 독특하다. 애집개미가 뿜어내는 이런 화학물질 중에는 다른 동료 개미들을 끌어들이는 것도 있고, 반대로 몰아내는 것도 있다. 이런 특징을 잘 활용해서 애집개미 떼들은 서로 복잡하게 얽혀 있는 영향을 주고받으면서 움직인다. 그런 움직임이 마치 수천 마리의 개미가 서로 머리를 맞대고 지혜로운 판단을 내리는 것 같은 모습으로 비칠 수도 있을 것이다.

애집개미들이 화학물질을 뿜어내며 서로 영향을 주고받는 것은 과연 베르베르의 소설처럼 사람이 대화하는 것과 비슷한 느낌일까? 예를 들어, 어떤 화학물질은 "이리 와."라는 의미이고, 다른 화학물질은 "저리 가."라는 의미라서 전하고 싶은 의사에 따라 서로 다른 물질을 뿜어낸다고 생각하면 정확할까? 아니면 그저, 어쩐지 향기롭고 중독성이 있어서 자꾸 그쪽으로 가고 싶은 기분이 드는 달콤한 냄새가 있고, 불쾌하고 가까이 가기 싫은 퀴퀴한 냄새가 있는 것일까? 개미들의 신체 작용에 따라 어떨 때는 달콤한 입냄새가 나고 어떤 때는 퀴퀴한 입냄새가 나서 주변에 다른 개미들이 모이기도 흩어지기도 하는 정도로 상상해 보면 어떨까?

이런 문제에 쉽게 결론을 내리기란 어렵다. 그런데 개미가 무리지어 사는 습성을 보면 사람이 사는 사회가 아무리 쉽게 떠오른다고 하더라도, 개미와 사람은 신체 구조에서부터 크기까지 다른 점이 너무나 많은 동물이다. 어떤 특징이 언뜻 비슷하다고 해서 모든 공통점들을 아무렇게나 함부로 갖다 붙여서 이해하려 드는 태도는 좀 멀리해야 하지 않나 싶다. 그렇다면 연구가 좀 더 빈틈없이 진행될 때까지는 개미들이 화학물질을 이용해서 사람처럼 서로 의사소통한다고 단정해서는 안 될 것 같다.

애집개미의 페로몬에 대해 학자들이 좀 더 샅샅이 연구한 분야는 따로 있다. 애집개미는 '모노모린monomorine'이라는 물질을 뿜어낼 수 있는데, 그중에서도 '모노모린I'은 다른 동료들을 끌어들이는 페로몬 역할을 한다. 만약 애집개미가 모노모린I을 잔뜩 구해서 무슨 미끼처럼 아파트 한구석에 발라 놓는다면, 그 집 개미들이 모두 그곳으로 모여들지도 모른다. 내 짐작에 아마 모노모린이라는 이름은, 애집개미가 꼬마개미속으로 분류되고 꼬마개미를 모노모리움*Monomorium*이라고 부르는 데에서 비롯된 것이 아닌가 싶다.

모노모린I은 탄소 원자 13개, 수소 원자 25개, 질소 원자 1개가 한 덩어리로 구성되어 있다. 아주 복잡한 구조는 아니면서도 좀 교묘한 점이 있는 물질이다. 그렇기 때문에 화학 기술을 연구하는 많은 사람들은 이 물질을 인공적으로 정확히 만들어 내는 과제에 오랫동안 꾸준히 도전해 왔다. 특별히 모노모린I이 굉장히 귀중한 물질이기 때문에 그런 도전에 집착했던 것 같지는 않다. 그보다는 이렇게 생물체의 몸속에서 만들어지면서도 애집개미라는 한 동물의 삶에서 아주 중요한 역할을 하는 물질을 과연 다른 재료를 이용해 사람의 손으로 만들어 낼 수 있는지에 대해서 관심이 모였던 것 같다. 만약 이 기술이 성공한다면, 생물의 몸을 이루고 있는 물질들을 사람 마음대로 만들어

내고 조절하는 일에 좀 더 가까이 다가갈 수 있을지도 모른다. 게다가 모노모린I 정도면 정확하게 만들기가 쉽거나 간단하지 않으면서도 한편으로는 어떻게 잘하면 성공할 수도 있을 것 같은 물질인지라, 여러 가지로 도전해 볼 만한 대상이 되기도 했다.

지금까지 화학 기술자들의 도전 결과는 성공적인 편이다. 모노모린I은 작디작은 애집개미의 몸속에서도 속삭이는 말소리만큼이나 조금씩 만들어지던 물질이다. 이제는 사람이 화학 실험실에서 시험 도구를 이용해 모노모린I을 필요한 대로 만들어 내는 기법들이 여럿 개발되어 있다.

집먼지진드기

Dermatophagoides pteronyssinus

1966년에 나온 SF 영화 〈마이크로 결사대Fantastic Voyage〉는 쓰러진 환자를 구하기 위해 사람을 태운 잠수함을 미생물 크기로 아주 작게 축소해서 몸속에 집어넣는 이야기다. 사람이 작은 크기로 줄어들었으니 줄어든 사람의 시점에서 거대하게 확대된 몸속의 모양을 화면으로 보여 주는데, 이런 장면들이 호기심을 끌어 제법 인기가 있었다. 1960~1970년대를 풍미한 배우 라켈 웰치Raquel Welch를 많은 사람들에게 처음으로 알린 영화이기도 하다.

21년이 지난 1987년에 나온 작품 〈이너스페이스Innerspace〉도 비슷한 내용을 다루었다. 역시 잠수함을 미생물 크기로 아주 작게 축소하는 신기한 기술이 개발되어 잠수함이 몸속을 돌아다니는 가운데 모험과 소동이 벌어지는 내용인데, 이 영화에서는 조연으로 나온 멕 라이언Meg Ryan이 눈길을 끌기도 했다. 그 후에도 이런 식으로 원래 커다란 크기였던 것이 작게 줄어든다는 이야기가 SF물의 소재로 자주 등장했다. 짭짤하게 인기를 끈 영화로 1989년 개봉된 〈애들이 줄었어요Honey, I Shrunk the Kids〉가 그렇고, 〈앤트맨Ant-Man〉 시리즈에서는 아예 주인공이 특수 장치를 이용해 자유자재로 크기를 조절한다. 〈퓨처라마Futurama〉, 〈심슨 가족The Simpsons〉, 〈릭 앤 모티Rick and Morty〉 같은 TV 애니메이션 시리즈에서도 이렇게 한 번씩 눈에 보이지 않을 정도로 사람이 작아지는 이야기를 소재로 다루곤 했다.

크기가 작으면 작은 충격에도 몸이 망가질 수 있으니 위험하지만, 한편으로는 유리한 점도 있다. 〈애들이 줄었어요〉에 나오는 것처럼, 몸이 작아지면 작은 과자 부스러기 같은 것 하나만 있어도 한참 동안 식량으로 삼을 수 있다. 마실 물을 구하는 것도 쉬워지고, 크기가 작으니 몸을 숨기기에도 좋다.

실제로 이렇게 사람의 크기를 아주 작게 줄일 수 있을까? 쉽지만은 않은 이야기다. 큰 물체나 작은 물체나 그 물체를 구성하는 성분이 같다면 같은 크기의 원자로 구성되어 있을 것이므로 물체의 크기를 줄이기 위해서는 원자의 숫자를 줄여야 한다. 사람의 뇌세포나 몸속 단백질을 구성하는 원자의 숫자를 줄여야 하는데, 그러면 단백질이 제 기능을 못하게 되고 뇌세포가 망가져 버릴 수 있다. 어지간히 놀라운 기술이 개발되기 전까지는, 사람의 크기를 눈에 잘 보이지 않을 만큼 줄일 방법을 떠올려 보는 것도 쉽지 않을 것 같다.

그런데 우리 주변에서 흔히 발견할 수 있는 동물 중에 꼭 이런 식으로 크기를 줄인 듯 신비한 기술의 느낌을 생생하게 주는 것이 있다. 얼마나 흔한지, 1999년 보건복지부의 지원으로 수행된 연구에 따르면 서울 지역의 집 200군데 중 85%에서 이 동물이 발견되었다고 한다.

이 동물은 바로 집먼지진드기이다. 집먼지진드기란 집먼지진드기과*Pyroglyphidae*에 속하는 동물을 말하는데, 보통 그중에서도 전 세계의 가정집에서 흔히 발견되는 두어 종류의 동물을 가리킨다.

집먼지진드기의 모양은 거미와 비슷한 점이 많다. 집먼지진드기는 다리 길이가 짤막하기 때문에 언뜻 보면 기다란 다리를 가진 거미와 달라 보인다. 하지만 자세히 보면 볼수록 닮은 점이 분명하다. 일단 다리 개수가 8개라는 점이라든가 배가 몸집의 상당한 부분을 차지한다는 점이 같다. 분류상으로도 집먼지진드기는 거미강*Arachnida*에 속한다. 집먼지진드기는 언뜻 비슷해 보이는 벌레류보다 거미와 좀 더 가까운 친척이라고 할 수 있다.

집먼지진드기가 흔한 거미들과 결정적으로 다른 점은 그 크기가 매우 작다는 것이다. 한반도에서 발견되는 거미는 큰 것은 농발거미*Heteropoda*처럼 거의 어린이 손바닥만 한 것도 있고, 그렇게 크지 않더라도 대부분 언뜻 봐도 그게 거미인 줄 쉽게 알아볼 수 있을 정도로 눈에 띄는 크기로 자라는 것이 많다. 그런데 집먼지진드기는 그 크기가

0.3~0.4mm 정도밖에 되지 않는다. 그래서 맨눈으로는 잘 볼 수도 없다. 그게 집먼지진드기인 줄 알고 봐야 겨우 거기에 뭔가 있는지 없는지 알 수 있을 정도다.

세균은 사람들이 보통 아예 눈으로 볼 수 없다고 단정하는 미생물이다. 세균은 세포 하나로 이루어진 단순한 구조를 갖고 있다. 그런데 세균 중에서도 가장 큰 티오마르가리타 나미비엔시스*Thiomargarita namibiensis* 같은 것은 0.3mm 정도로 자라는 경우가 있어 집먼지진드기와 크기가 거의 비슷하다. 즉 집먼지진드기는 너무 작아서 세포 하나로 이루어진 세균과 비슷할 정도지만, 그러면서도 거미와 닮은 모양을 하고 있고, 소화기관과 호흡기관을 모두 착실히 갖추고 살아가는 전형적인 동물다운 동물이다. 심지어 암컷과 수컷이 서로 다른 신체 구조를 가지고 있어 때가 되면 성숙하여 서로 짝짓기를 하기도 한다.

당연히 집먼지진드기는 세균처럼 세포 한 개로 이루어진 동물이 아니라 헤아릴 수 없이 많은 세포가 연결된 채로 움직이는 동물이다. 어떻게 보면 개미, 모기 같은 곤충뿐만 아니라 고양이나 사람 같은 동물과도 비슷한 점이 많다. 입과 다리가 움직이고, 음식을 먹으면 소화기관으로 소화시키고, 세포가 자라나면 몸이 커져서 성장하고, 사춘기라고 할 만한 시기를 지나며 성숙하고, 자식을 낳는다. 세균은 너무 단순해서 이 중 대부분을 결코 수행해 낼 수 없다. 이만하면 집먼지진드기는 사람이 공감할 만한 동물이 아닌가? 그러면서도 그 크기는 세균과 비교할 수 있을 정도로 굉장히 작은 동물이라는 점에서, 나는 알아볼수록 집먼지진드기가 신기해 보인다.

0.3mm짜리 동물의 일생

도대체 집먼지진드기는 왜 이렇게 작을까? 작은 동물은 연약하고 힘이 부족하기 마련이다. 이래서는 살아남기도 어렵지 않을까? 작고 보잘것없다는 표현이 있는데, 집먼지진드기는 정말로 맨눈으로 잘 보이지 않을 정도이므로 작고 보잘것없다는 말이 더없이 어울린다. 그렇지만 작은 동물은 작기 때문에 갖고 있는 그 나름대로의 장점도 있다. 작고 보잘것없는 집먼지진드기는 바로 그 장점을 최대한 이용해서 살아남는다.

작은 동물이 갖고 있는 가장 큰 장점은 우선 몸을 유지하는 데 드는 영양분의 양이 적어도 된다는 점이다. 2016년 서울대공원이 발표한 자료에 따르면 이 동물원의 코끼리는 매일 102.3kg의 음식을 먹어치운다고 한다. 웬만한 사람 2명분의 몸무게에 해당하는 무게를 매일 먹는다는 뜻이다. 당연히 이 많은 음식을 구하려면 적잖은 비용이 들고, 음식을 먹는 데 시간도 오래 걸린다. 그렇지만 코끼리에 비할 바 없이 작은 집먼지진드기는 그보다 비할 바 없이 적은 음식으로도 충분히 살아갈 수 있다.

그렇기 때문에 집먼지진드기는 힘겹게 다른 짐승을 사냥하거나 뜯어 먹을 풀이 있는 곳을 찾아다닐 필요가 없다. 아파트 같은 집 안에서 살기는 하지만 모기처럼 사람 피를 빤다거나 하는 식으로 식량을 구하지 않는다. 작고 별것 아닌 먹을 것도 집먼지진드기에게는 충분한 식량이 된다. 개미가 음식 부스러기 따위를 먹으면서 산다면, 개미보다도 더욱더 작은 집먼지진드기는 사람이 흘린 음식 부스러기조차 없다고 하더라도 잘 먹고 잘 살 수 있다. 왜냐하면 집먼지진드기가 주로 먹는 것은, 사람이 사는 집이라면 반드시 있을 수밖에 없는 사람의 살갗이기 때문이다.

집먼지진드기가 사람 몸에 달라붙어서 몸을 깨문다는 뜻은 아니다. 만약 집먼지진드기가 그 정도로 사람을 성가시게 했다면 사람은 모기를 쫓듯이 집먼지진드기를 쫓아내는 다양한 방법을 개발했을 것이다. 만약 집먼지진드기의 조상이 강하고 억센 생물로 진화해서 사람을 직접 공격했다면 사람은 집먼지진드기를 진즉에 눈치채고 살충제를 개발하거나 다른 약을 개발하는 방식으로 집먼지진드기를 전멸시켰을 것이라는 이야기다. 그게 아니더라도, 그렇게 짜증 나는 집먼지진드기가 사는 곳에는 사람이 살려고 들지 않을 것이다. 그러면 집먼지진드기가 사람 곁에서 같이 번성해 나갈 기회가 줄어든다. 지금처럼 집먼지진드기가 지구의 어느 집에서나 쉽게 발견될 정도로 퍼져 나가지 못했을 것이다.

집먼지진드기는 눈에 안 띄는 생물이기 때문에 살아남아 널리 퍼질 수 있었다. 살갗을 먹는다고는 하지만, 사실 사람의 피부에서 떨어진 때라든가 부스러기로 나온 피부 세포의 조각 따위를 먹고 살 뿐이다. 집 안에 있는 먼지의 상당량은 사람 몸에서 떨어져 나온 이런 저런 부스러기들인데, 그렇게 보면 집먼지진드기는 그냥 먼지를 먹고 사는 생물이라고 할 수도 있다. 그 이름에 어울리는 삶이라고 할 수도 있겠다.

그렇게 있는 듯 없는 듯 사는 습성에 걸맞게, 집먼지진드기는 따로 옹달샘 같은 곳을 찾아가지 않더라도 그저 공기 중의 습기를 적당히 흡수하는 방식으로 물을 마실 수 있다. 아무것도 없을 때 "먼지만 날렸다."라는 표현을 쓰는데, 집먼지진드기는 그런 먼지와 공기 중의 습기 정도만 있으면 먹고살 수 있는 동물이라는 이야기다. 연세대 용태순 교수의 논문에 따르면, 집먼지진드기는 오히려 눈에 보이는 형태로 물이 고여 있으면 그렇게 뻔히 보이는 물은 직접 마시기 어려워한다고 한다.

그런 덕분에 집먼지진드기는 사람들이 모르는 사이에 집 안 구석구석, 아파트 곳곳으로 침투하게 되었다. 앞서 서울 집들의 85%에서 집먼지진드기가 채집되었다고 했는데, 집먼지진드기는 크기가 너무나 작아 집에 있는지 없는지를 철저히 확인할 수가 없다. 채집할 때 온 집 안을 다 살펴본 것도 아니었을 가능성이 크다는 점을 감안하면 조사된 85%보다도 더 많은 집에서 집먼지진드기가 살고 있다고 추측해 볼 만하다. 그러니까 한국의 아파트에서 침대나 이불, 베개나 방바닥의 먼지를 쓸어 어느 정도 모았을 때 어지간하면 그 안에 먼지를 먹고 사는 집먼지진드기가 있을 가능성이 크다는 것이다. 실제로 집먼지진드기를 확인할 때에도 이런 방식으로 먼지를 모아서 현미경으로 관찰하곤 한다.

집먼지진드기가 작고 보잘것없다고는 했지만, 작은 것도 이 정도까지 작아지면 그 자체로 놀라운 능력이라고 봐야 한다. 집먼지진드기는 먼지와 습기를 먹고, 먹은 것을 재료로 자신의 몸을 만들어 내는 동물이다. 고작 그것으로 걷고 돌아다니고 먹고 번식할 수 있는 살아 움직이는 몸을 만들어 낸다는 뜻이다.

만약 공장에서 인공적으로 비슷한 일을 한다고 가정해 보자. 철광석이 나오는 산에 철광석을 캐내 철을 추출하는 자동 로봇을 배치해 두었다고 치자. 그리고 그곳에서 나온 철 덩어리를 구부리고 녹이고 자르고 조립해서 새로운 로봇을 만들어 내는 공장을 세운다면, 동물이 먹이를 먹고 새끼를 치는 방식과 비슷하다고 할 수 있다. 그런데 이런 공장을 계속 돌리기란 쉽지 않다. 직접 캐낸 철광석만으로는 로봇을 만드는 재료를 충당할 수 없다. 로봇에 필요한 반도체, 윤활유는 다른 곳에서 따로 구해 와야 하기 때문이다. 게다가 철을 녹이는 용광로에 필요한 연료나 전기도 어디에선가 따로 계속 받아 와야 한다.

그런데 집먼지진드기가 새끼를 칠 때는 거대한 용광로와 공장을 필요로 하지는 않는다. 집먼지진드기는 0.3mm 크기의 작은 몸속에서 그 모든 것을 다 해낸다. 더군다나 집먼지진드기가 번식에 성공해서 알을 하나 낳고 거기에서 새로운 집먼지진드기가 태어나 자라면 완전한 집먼지진드기가 하나 더 생겨날 뿐 아니라, 그렇게 새로 자라난 집먼지진드기가 또 다른 집먼지진드기를 낳을 수 있다. 앞의 로봇 공장과 비교해 보자면, 자동으로 철광석을 캐내서 로봇을 만들기만 하는 것이 아니라 생산 작업에 필요한 용광로와 다른 재료까지 모두 다 완비해서 복제해 내고 있는 셈이다. 심지어 집먼지진드기는 그냥 대충 자기 몸을 키우고 그대로 번식하기만 하는 것도 아니다. 좀 더 살펴보면 집먼지진드기의 삶도 나름대로 복잡다단하다.

집먼지진드기는 알에서 깨어날 때 어른 집먼지진드기와는 다른 애벌레의 모습이다. 어른 집먼지진드기는 다리가 8개지만 애벌레 상태일 때는 다리가 6개다. 애벌레는 이 상태에서 5~6일 정도를 살다가 모습을 바꾸기 시작한다. 3일 정도 활동을 멈추고 껍질을 벗어 던지면서 애벌레와 어른 집먼지진드기의 중간 단계에 해당하는 모습으로 변신한다. 이 단계를 약충이라고 한다. 사람에 빗대자면 청소년 시기라고 할 수도 있겠다.

앞서 언급한 용태순 교수의 논문에 따르면, 집먼지진드기의 약충 시절에는 다시 한번 껍질을 벗으며 변신하는 단계가 있어서 이를 전약충 시기와 후약충 시기로 나눌 수 있다. 각각 5~6일, 4~5일 정도를 보낸다. 사람으로 치면 중학교와 고등학교 시절을 보내는 느낌인데, 그렇다면 집먼지진드기의 중학교 시절은 5일이면 모두 끝난다고 할 수 있다.

이렇게 해서 집먼지진드기는 총 네 가지 모습으로 일생을 살고, 마지막 네 번째 모습인 어른 집먼지진드기가 될 때까지는 약 1개월의 시간이 걸린다. 집먼지진드기의 수명이 석 달 정도라고 하므로, 어른이 될 때까지 보내는 시간이 인생의 3분의 1에 해당한다. 대략 20세 정도면 어른이 되었다고 보는 사람과 비교해 보면, 집먼지진드기는 60세, 환갑 정도까지 산다는 느낌으로 일생을 보내는 셈이다.

0.3mm짜리 동물의 사랑

이렇게 작은 동물인데도 집먼지진드기는 암수가 나뉘어서 짝짓기를 하며 살아간다. 암수의 모습도 꽤나 다르다. 수컷보다 암컷이 좀 더 크고, 신체 구조의 면면도 현미경으로 보면 구분할 수 있을 만큼 다르다.

번식을 위해 짝짓기를 할 때 집먼지진드기는 서로 가까이 붙는다. 끌어안는다고 해도 좋겠다. 사람이 끌어안는다고 하면 서로 마주 보고 안는 모습을 먼저 떠올리겠지만, 영국 왕립농업대학 B. J. 하트B. J. Hart의 논문에 따르면 집먼지진드기는 서로 반대 방향을 보며 밀착한다. 더 괴상한 것은 그 상태로 상당히 오래 지낸다. 하루, 이틀 정도 그렇게 지내는 경우도 있다고 한다. 암컷의 크기가 더 크기 때문에 암컷은 마치 수컷을 업은 것과 같은 모양으로 돌아다니며 일상생활을 하기도 한다. 이틀이라 해도 일생이 석 달인 집먼지진드기 입장에서는 삶의 3%를 그렇게 암컷이 수컷을 업은 채로 사는 셈이다. 100세 시대를 사는 사람에 굳이 비유해 보자면, 사랑에 빠진 남녀 한 쌍이 있는

데 여성이 남성을 3년 동안 업고 다니는 것과 같다.

이렇게 이야기하면 암수가 굉장히 가깝게 지내는 것 같지만, 집먼지진드기의 삶에서 암수가 필요한 것은 짝짓기를 하는 그 3%의 시간이 전부다. 암컷은 그 기간 동안 짝짓기를 하고 나면 이후로는 남은 평생 더 이상 수컷이 가까이 있지 않아도 혼자서 계속 알을 낳을 수 있다. 100세 시대를 사는 사람에 또다시 비유해 본다면 100년의 인생 중 3년만 같이 살면 충분하다는 이야기다.

암컷 집먼지진드기는 하루에 1~3개 정도의 알을 낳는다. 평생 그렇게 알을 낳을 수 있기 때문에 단순히 계산해 보면 일생에 100개 이상의 알을 낳는 것도 가능하다. 집먼지진드기가 먹고살 수 있을 정도로 습기와 먼지가 풍성한 집이라면, 몇 달 만에 집먼지진드기의 숫자가 어마어마하게 불어날 수 있다는 뜻이기도 하다.

눈에 잘 띄지 않아서 있는지 없는지도 모르겠는 생물이 이렇게까지 복잡한 삶을 산다는 점은 어찌 보면 좀 의아스럽기도 하다. 진공청소기를 이용해 바닥의 먼지를 빨아들이면, 그 먼지 속에 몇 마리, 또는 몇십 마리의 집먼지진드기가 모르는 사이에 같이 빨려 들어서 쓰레기통으로 들어가게 될 것이다. 고작 그 정도인 동물 하나가 이 만큼의 사연을 갖고 산다는 점을 생각해 보면 나는 기분이 이상해질 때도 있다. 그도 그럴 것이, 커다란 세균은 집먼지진드기보다 조금 작은 수준이지만, 집먼지진드기에 비할 바 없이 단순한 방식으로 살아간다. 이런 세균들은 그냥 세포 하나가 그대로 두 배 크기로 자라난 뒤에 갈라져서 분열하면 그게 번식의 끝이다. 짝을 찾지도 않고 붙어 지내다가 헤어지지도 않으며 알에서 태어나 청소년기를 보내고 어른으로 자라나면서 몸의 모양이 단계별로 바뀌는 과정도 없다.

그러고 보면 집먼지진드기뿐만 아니라 개미, 모기, 황조롱이, 고양이, 사람까지 암수가 구별된 동물들은 왜 굳이 암컷과 수컷이 나뉜 방식으로 복잡하게 사는 것일까? 세균처럼 그냥 암수 구분 없이 그대로 분열한다면 편리하고 간단해서 더 쉽게 번식할 것이고 그러면 더 널리 번성할 수 있을 것이다. 그렇다면 가장 적합한 것이 살아남는다는 적자생존의 원리에서도, 암수가 나뉘어 있는 귀찮은 방식을 택하지 않는 것이 더 유리할 듯하다. 그런데 귀찮고 불리할 것만 같은 이 방식으로 암수가 나뉜 동물들이 아주 많다. 이것은 진화론의 원리에도 어긋나는 게 아닐까?

그러나 암수가 나뉘어 있다는 점은 여전히 진화론에 어긋나지 않는다. 여기에 대해 우리가 내놓을 수 있는 가장 간단한 대답은 암수가 나뉘어 있으면 다양해지기에 유리하다는 것이다.

상상 속의 예를 들어 보자. 만약 암수 구분 없이 그냥 혼자서 자손을 낳을 수 있는 황조롱이가 있다면 어떨까? 여러 황조롱이 중에서도 유독 빨리 날 수 있는 황조롱이의 자손들은 대대손손 그 부모를 그냥 닮아서 빨리 날 수 있는 황조롱이로 태어날 것이고, 발톱이 유독 날카로운 황조롱이의 자손들은 대대손손 그냥 그 부모를 닮아서 발톱이 날카로운 황조롱이로 태어날 것이다. 그런데 만약 암수가 나뉘어 있는 상태로 서로 짝을 지어서 자식이 태어난다면 꼭 그렇게 되지는 않는다. 유독 빨리 날 수 있는 수컷 황조롱이와 유독 발톱이 날카로운 암컷 황조롱이 사이에서는 빨리 날 수 있으면서도 발톱이 날카로운 무적의 황조롱이가 태어날 가능성이 생긴다. 자손들이 더 다양한 특징을 골고루 갖춰 태어날 수 있다는 이야기다. 암수가 나뉘어 있기 때문에 다른 특징을 가진 부모가 서로 만나 두 유전자가 섞인 자식이 태어나 그 자손들은 다양해진다.

물론 짝을 찾아야 한다는 번거로움이 있기 때문에 더 빨리 번성하기가 어려울 수도 있다. 게다가 빨리 날 수 있으면서 발톱도 날카로운 무적의 황조롱이가 탄생할 가능성도 있지만, 정반대로 빨리 날지도 못하고 발톱도 날카롭지 않은 황조롱이가 탄생할 수도 있다. 이렇게 보면, 과연 암수로 나뉜 덕에 다양한 자손이 태어난다는 점이 그렇게 유리한 것이 맞는가 싶기도 하다.

그런데 이런 다양함은 예상치 못한 재난이 발생했을 때 그 위력을 톡톡히 발휘한다. 황조롱이가 살고 있던 산에 갑자기 아파트 단지가 들어섰다고 해 보자. 그렇게 해서 그 산에 살던 산짐승들이 갑자기 줄어들고 새들이 살아남기가 훨씬 어려워지면서 상황이 급격하게 변해 버렸다고 치자. 이런 혹독한 환경에서는 빨리 나는 재주나 날카로운 발톱, 둘 중에 하나만 갖고서는 도저히 살아남을 수 없다. 쉽게 번식할 수 있다고 해도 소용이 없다. 그 정도 재주로는 전멸해 버린다. 빨리 나는 재주와 날카로운 발톱을 둘 다 갖고 있을 정도로 탁월한 황조롱이가 되어야만 부족한 사냥감을 겨우 구해 생존할 수 있다. 즉 암수가 나뉘어 있어서 다양한 자손이 생긴다면 그중 하나는 모두가 전멸할 혹독한 상황 속에서도 요행으로 적응해 살아남을 수 있다. 그러면 후손을 남기고 번성할 수 있다.

예측할 수 없는 자연의 험난한 과정 속에서는 이런 혹독한 위기가 수시로 일어날 수 있다. 그렇다면 암수가 나뉘어 다양한 자손이 있을 때 전멸하지 않고 살아남을 수 있다는 점은 진화론의 이치에 잘 들어맞는다.

진화 과정에서 더 다양해질 수 있다면 생존에 대단히 유리하다. 언뜻 보았을 때 불리한 조건처럼 보이는, 발톱도 무디고 빨리 날지도 못하는 황조롱이가 살아남는 상황도 충분히 생길 수 있다. 예를 들어 황조롱이들을 몽땅 감염시키는 이상한 바이러스 전염병이 유행한다고 해 보자. 그렇다면 황조롱이 보호 단체에서 주사하는 바이러스 예방 백신을 맞을 수 있는 황조롱이들이 살아남기에 유리할 것이다. 발톱이 무디고 빨리 못 나는 황조롱이가 사람에게 안전하게 잘 붙잡힐 것이고, 도리어 전염병의 위기를 헤치고 살아남는 종족이 될 수 있다.

이렇듯 서로 조금씩 다른 암컷과 수컷이 짝을 지어 후손을 만들어 내는 방식은 진화를 더욱 풍성하게 한다. 집먼지진드기들이 0.3mm밖에 안 되는 크기로 고작 먼지와 습기만 있으면 살아갈 수 있는 신비로운 능력을 갖게 된 것도 따지고 보면 서로 다른 암컷과 수컷 조상 사이에서 다양한 자손들이 태어났기 때문일 것이다. 그리고 그렇게 태어난 자손들 중에서 다시 서로 다른 암컷과 수컷이 만나 더욱더 다양한 자손을 낳는 삶을 반복했을 것이다. 그러던 끝에, 결국 온갖 다양한 후손들 중에 사람의 아파트에 흘러들어와 먼지 몇 톨을 먹고 살 수 있는 희한한 종류가 살아남아 지금처럼 번성했다.

0.3mm짜리 동물 때문에 골치 아픈 사람들

집먼지진드기는 눈에 띄지 않고 사람을 물지도 않기 때문에 많은 사람들이 집에 집먼지진드기가 사는지, 그렇다면 얼마만큼이 있는지 알지 못한 채로 지낸다. 모기나 개미는 눈에 띄면 집에 그런 벌레가 있다는 것을 알게 되지만, 집먼지진드기는 그렇게 쉽게 알아챌 수 있는 동물이 아니다. 어찌 보면 이 역시 집먼지진드기가 작기 때문에 가질 수 있는 장점이라고 볼 수 있다. 작아서 사람의 신경을 거스르지 않았고, 작은 덕택에 살아남았다. 개미 한 마리만 보여도 왜 집에 벌레가 있느냐고 짜증을 내는 깔끔한 사람이라도 집먼지진드기가 수백, 수천 마리 살고 있는 것은 전혀 알지 못할 수도 있다.

그런데 하찮아 보이는 동물인 집먼지진드기가 최근 들어 점점 더 많은 사람들의 건강을 위협해 심각한 문제로 부각되고 있다. 바로 알레르기 때문이다. 작디작은 집먼지진드기는 산 채로 바람에 날려 다닐 수 있다. 죽은 집먼지진드기의 시체와 부스러진 조각도 바람이 불면 공기 중을 한참 떠다닌다. 그 외에도 집먼지진드기가 살면서 자연스레 뿜어내는 여러 가지 물질들도 보이지 않을 정도로 작은 입자가 되어 공기 속을 떠다닌다. 그러면 사람이 숨을 쉴 때 이런 것들이 코나 입 속으로 들어갈 수 있고, 사람에 따라서는 이 집먼지진드기 가루에 알레르기 반응을 일으킬 수 있다는 이야기다.

미국 켄터키대학의 곤충·해충 자료를 보면, 집 안에서 사람이 알레르기를 일으킬 수 있는 아주 흔한 원인으로 집먼지진드기를 지적한다. 그러면서 이런 알레르기 증상들이 천식이나 아토피성 피부염과도 일부 관련이 있다고 설명한다. 나는 유난히 콧물을 많이 흘려서 내가 감기에 너무 약한 체질이 아닌가 짐작하는데, 사실 그것은 눈에 보이지 않을 정도로 작은 거미 비슷한 동물인 집먼지진드기의 조각이 바람에 날려 떠돌다가 코로 들어왔기 때문일 수도 있다.

생태 과학자 래리 아를리안Larry Arlian의 논문에서는 피부 시험 결과, 사람 10명 중 3명가량은 집먼지진드기와 비슷한 부류의 동물에 알레르기 반응을 나타내는 듯하다고 언급하고 있다. 집먼지진드기가 먼지와 습기만 있으면 살 수 있다는 점을 고려하면, 굉장히 많은 사람들이 집먼지진드기와 마주쳐서 자기도 모르는 사이에 알레르기로 고생하고 있다는 상상도 충분히 해 볼 수 있다. 먼지가 1~2g 정도만 있더라도 그것을 먹고 살 수 있는 집먼지진드기는 수십, 수백 마리가 될 수도 있다. 바닥 청소를 하느라 구석진 곳에 끼어 있는 먼지를 한 움큼 쓸었는데, 그 안에 집먼지진드기들이 모여 사는 마을 몇 개가 있어 날마다 파티를 벌이며 살아왔을지도 모른다.

집먼지진드기가 사는 곳으로 학자들이 특히 주목하는 곳은 침대와 베개다. 사람은 잠자는 동안 항상 침대와 베개에 몸을 대는데, 자연히 이런 곳에는 사람 몸에서 떨어진 먼지 부스러기 같은 것들이 많이 있을 수밖에 없다. 이런 것들은 집먼지진드기가 가장 좋아하는 훌륭한 음식이다. 게다가 침구류는 천으로 되어 있어 틈새에 먼지가 잘 끼게 마련이고 그것들이 쉽게 떨어지지도 않는다. 집먼지진드기들이 걸어 다니면서 쌓여 있는 먼지를 발라 먹기에도 무척 좋다. 게다가 먼지가 사람 몸에서 나온 땀 때문에 축축하기까지 하다면, 집먼지진드기가 밥을 다 먹고 입가심으로 한잔 시원하게 마실 수 있는 습기까지 풍부한 셈이다. 어쩌면 내가 매일 밤 홀로 잠드는 침대 위에서 집먼지진드기 암컷과 수컷 들은 날마다 즐겁게 놀며 단란한 신혼 생활을 즐기고, 그러면서 많은 자손을 거느리고 있을지도 모른다.

그렇다 보니 아토피성 피부염, 천식, 알레르기 증상으로 고민하는 사람들을 위해 집먼지진드기를 쫓아내는 방법을 연구하는 사람들이 많다. 어떤 제품을 쓰면 효과를 볼 수 있다고 광고하는 경우도 있다. 집 안의 습도를 50% 이하로 낮추면 집먼지진드기가 살기 어렵다는 이야기도 있고, 식품의약품안전처가 발표한 「생활 속 식의학」이라는 자료에서는 집먼지진드기로 인한 알레르기를 막아야 한다면 매트리스, 카펫, 천으로 된 인형이나 소파는 되도록 사용하지 말라고 권하고 있기도 하다.

집먼지진드기는 공기 중의 습기를 마시면서 살아가니까 습도를 낮추면 당장 사는 데 방해가 될 것이고, 먼지가 끼는 천은 집먼지진드기에게 좋은 삶의 터전이므로 없앤다면 역시 집먼지진드기를 쫓아내는 데 유리한 점이 있을 것이다. 이런 예방법에는 침구류를 매주 한 번 이상 아주 뜨거운 물로 세탁해서 그곳에 살고 있는 집먼지진드기를 모두 저승으로 보내 버리라는 조언이 적혀 있는 경우도 많다.

그렇지만 긴 세월 동안 암컷과 수컷이 서로 만나며 다양한 방식으로 적응해 온 집먼지진드기를 완전히 쫓아내는 것은 결코 쉬운 일이 아니다. 집먼지진드기는 꽤 낮은 습도에서도 어지간히 버텨 내기도 하며, 또한 습도를 너무 낮게 유지하려고만 하면 오히려 다른 부작용이 생길 위험도 있다. 게다가 천으로 된 물건을 사용하지 않거나 매주 뜨거운 물로 침구를 세탁하는 것도 사실 상당히 귀찮은 일이다. 심지어 20세기 초에는 먼지가 끼기 딱 좋은 일본식 다다미가 한반도에 많이 퍼지기도 했다. 그나마 다행히 최근 한국의 아파트 바닥에 많이 깔리고 있는 비닐, 플라스틱 계통의 장판은 훨씬 먼지가 덜 낀다. 또 천으로 만든 소파 못지않게 비닐이나 합성 인조가죽으로 만든 소파가 자주 눈에 띄는데, 이 역시 먼지가 덜 끼는 데 유리하다.

습도가 너무 높지 않도록 조절하고 먼지가 많이 생기지 않도록 최대한 애쓰는 방법 외에, 집먼지진드기의 위험에서 벗어날 좀 더 근본적인 방법을 연구하는 사람들도 있다. 이 사람들은 도대체 집먼지진드기 몸에서 나온 어떤 성분이 사람에게 알레르기를 일으키는 것인지 그 화학적 성질을 연구한다. 학자들은 집먼지진드기에서 나온 온갖 물질을 분리하고, 분리된 물질들을 따로 모으거나 새로 만들어서 각각 실험해 본다. 그래서 집먼지진드기의 몸속에 들어 있는 수많은 성분 중 정확히 어떤 물질이 어떠한 원리로 알레르기를 일으키는지 알아낸다. 만약 그 모든 것을 파악하는 데 성공한다면, 알레르기를 일으키는 화학반응을 차단하는 약을 개발할 수 있을 것이다. 그런 약을 만들면 집먼지진드기를 전멸시키지 않고도 알레르기를 피할 수 있을지 모른다.

그러나 이 또한 쉬운 일은 아니었다. 한 가지 특정 성분이 집먼지진드기 알레르기의 원인이라는 결정적 단서가 금방 발견되지 않았다. 대신에 여러 성분이 알레르기와 관련 있을 것으로 파악됐다. 집먼지진드기가 일으키는 알레르기의 원인으로 주목받은 물질은 20가지가 훌쩍 넘는다. 그런 물질들은 구분하거나 기억하기에 딱히 좋지도 않은 Der p 1, Der f 1, Der p 2, Der f 2 같은 이름을 달고 있다. 이 암호 같은 이름을 가진 물질들을 이리저리 뒤적거리면서 인간에게 해를 끼치는 것을 막을 수 있을지 따지는 것은 무척 막막하고 피곤한 일이다.

그렇지만 세상에는 막막하고 피곤한 일에 꾸준히 도전하는 사람도 있는 법이어서, 그 정체가 조금씩 밝혀지고 있는 중이다. 그나마 Der p 1 이나 Der p 3 같은 물질에 대해서는 좀 더 이야기를 풀 만한 내용이 밝혀졌다.

뉴턴 같은 학자의 연구에 따르면, 집먼지진드기 알레르기를 일으키는 물질 중에는 집먼지진드기의 몸에 있던 것으로 보이는 단백질 분해 효소protease 종류가 있다고 한다. 이런 물질들은 본래 동물의 구성 성분인 단백질을 분해해서 소화시키는 역할을 한다. 그러니까 아마도 집먼지진드기가 먼지를 씹어 먹으면, 집먼지진드기의 배 속에 들어 있던 단백질 분해 효소가 그 먼지를 잘게 분해하여 집먼지진드기의 몸을 이루는 재료로 쓸 수 있게 만들어 줬을 것이다.

효소enzyme는 왠지 건강하고 몸에 좋은 것처럼 TV 광고에 자주 등장하는 물질이다. 그런데 보통 생물의 몸속에는 셀 수 없이 많고도 다양한 효소 물질이 들어 있다. 효소들은 끊임없이 화학반응을 일으켜 한 물질을 다른 물질로 바꾸는 일을 한다. 이런 일은 단순한 세균의 몸속뿐만 아니라 동식물이나 사람 몸속에서도 언제나 일어난다. 막말로, 생물의 삶이란 결국 무슨 생물이든 간에 그 생물 속에 있는 여러 효소들이 생물 바깥에 존재하는 물질을 자기 몸을 이루는 물질로 계속 바꾸어 나가는 과정이라고 요약할 수 있다.

예를 들어 사람이 밥을 먹으면 그 밥 속에 들어 있는 물질이 배 속에 있는 갖가지 효소와 섞여 화학반응을 일으킨다. 그 화학반응의 결과로 밥을 이루는 성분은 지방으로 바뀌어 배에 살을 찌운다. 이런 것이 생물이 살아가는 전형적인 모습이다. 단백질 분해 효소 역시 그런 생물의 몸에 필요한 온갖 화학반응을 일으키는 효소 중 하나다. 사람도 고기나 콩을 먹으면 단백질을 분해해 소화하여 흡수해야 하기 때문에 몸속에 단백질 분해 효소를 갖고 있다. 예를 들어, 펩신pepsin은 가장 잘 알려진 단백질 분해 효소다. 한국에서 흔히 답답한 속을 뚫어 주는 것을 두고 '사이다'라고 하는데, 이렇듯 소화를 돕는다는 느낌을 주기 위해 펩신에서 이름을 따와서 탄산음료 상표인 '펩시'를 만들었다는 이야기가 있다.

한 가지 재미있는 점은 효소라는 물질은 그 재질 자체가 단백질 성분이라는 것이다. 그러니까 단백질 분해 효소는 단백질을 분해하는 단백질인 셈이다. 칼을 잘라 내기 위한 목적으로 개발된 칼이라든가 미사일을 격추하기 위해 발사하는 미사일 같은 느낌인데, 그런 재미난 느낌 때문인지 단백질 분해 효소는 비교적 연구가 많이 이루어진 편이고 다른 특징도 쉽게 찾아볼 수 있다.

집먼지진드기의 크기는 0.3mm 정도다. 그러니까 집먼지진드기의 배는 그보다도 작을 것이다. 그 배 속에 들어 있는 장기는 더더욱 작을 것이다. 그렇다면 집먼지진드기가 뜯어 먹은 단백질 음식을 소화시키기 위해서 조금씩 흘러나오는 단백질 분해 효소의 양은 더욱더 적을 것이다. 그런데, 그렇게도 적은 양의 물질이 어쩌다 집먼지진드기의 몸 바깥으로 빠져나와서 바람을 타고 집 안의 공기 사이를 떠돌다가 집주인인 사람의 콧속으로 들어갈 수 있다. 그러면 집주인은 콧물을 흘리며 알레르기로 고생하게 된다.

이렇게 집먼지진드기의 배 속에 들어 있던 단백질 분해 효소가 왜 사람에게 콧물을 일으키는지, 왜 어떤 사람은 콧물이 안 나는지, 콧물이 안 나게 하려면 어떤 방법으로 예방하면 좋을지에 대해서는 아직도 꾸준히 연구가 이루어지고 있다.

돌아보면, 집먼지진드기는 공교롭게도 다름 아닌 사람의 살갗 부스러기를 먹고 사는 짐승이다. 집먼지진드기가 사람 살을 녹여서 소화시킬 때 쓰는 물질이 이 짐승의 몸속에 있는 단백질 분해 효소다. 상상으로 이야기를 꾸며 보자면, 그런 물질이 콧속으로 들어오면 살갗을 녹이려는 물질이 나타났다고 느낀 사람의 몸이 과민 반응을 하는 것이다. 그래서 온갖 격렬한 방법으로 물리치려 들다 보니 알레르기 현상이 나타난다. 이런 것은 정확한 설명이라기보다는 막연히 갖다 붙인 이야기에 지나지 않지만, 집먼지진드기의 단백질 분해 효소가 사람에게 알레르기를 일으킬 수 있다는 사실을 기억하는 데에는 도움이 될 만하다.

아파트는 습도를 조절하기도 쉽고 주변을 더 청결히 유지할 수도 있다. 그러니 집먼지진드기 알레르기를 해결하는 기술이 개발될 그때까지는 아파트를 잘 가꾸어 나가는 것이 사람에게 유리할지도 모른다. 하다못해 물이 잘 내려가는 배수구에 세탁기가 가지런히 설치되어 있는 아파트라면 뜨거운 물로 침구를 세탁하기에도 편리하다. 한국식 아파트에서 비닐 장판, 비닐 인조가죽 소파를 이용하며 돌침대에서 잠을 자는 한국인이라면 다른 나라 사람들보다는 집먼지진드기에서 벗어나기 쉬울 것 같다는 생각도 든다.

그런데 2007년 발표된 순천향대 박재석 교수의 연구에는 아파트 생활이 도리어 집먼지진드기 알레르기와의 싸움에 방해가 될 가능성이 있다는 의견도 보인다. 그 역시 말이 되는 면이 있다. 마당이 딸린 시골집에 비해 아파트는 집 밖으로 나가기가 불편한 구조로 되어 있다. 30층짜리 아파트의 꼭대기에 산다면, 엘리베이터를 타고 30층을 내려가야만 한다. 집 밖으로 나가는 일이 그만큼 어려워지고 귀찮아진다. 자연히 집 안에서 생활하는 시간이 길어진다. 또 아래위로 집들이 붙어 있는 아파트이니만큼, 옆집에서 들려오는 소음을 막으려면 문과 창문을 더욱 꼭꼭 닫아 놓는 수밖에 없다.

이렇게 아파트 속에 갇혀 있는 상황이라면 환기를 자주 하고 야외 생활이 많은 삶의 방식에 비해서는 우리 몰래 침대 위에서, 소파 위에서 같이 뛰어놀고 있던 다리 8개 달린 짐승들과 더 자주, 더 많이 부딪칠 수밖에 없다. 그러고 보면 역시 쉽지 않은 문제는 풀기 어려울 수밖에 없는 법인가 보다.

지의류

Lichens

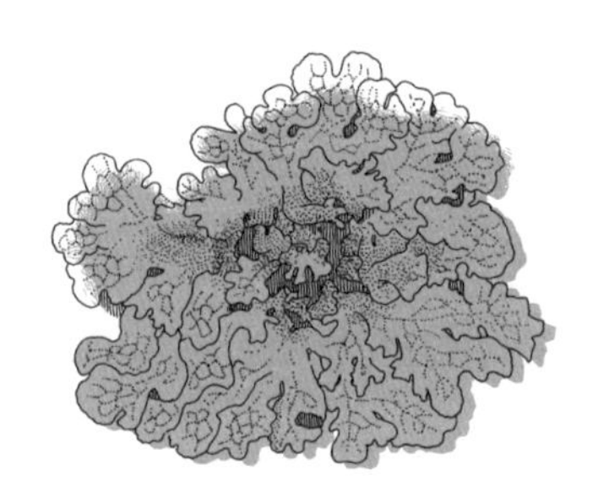

1990년대에 발표된 듀나 작가의 SF 단편소설 중에는, 우주전쟁을 벌이다가 도망친 외계인 나라의 높은 사람이 한국에 들어와 있다는 이야기가 있다. 이 외계인은 몸을 숨길 곳을 고민하다가 어떤 한국인의 뇌 안에 스며들듯이 들어간다. 그 후 이 사람은 평소에는 그냥 평범하게 생활하다가 가끔 자신의 뇌에 스며들어온 외계인의 영향을 받게 된다. 다른 외계인을 우연히 마주치거나 우주전쟁에 대한 외계인들의 지식이 꼭 필요한 위기 상황이 오면, 머릿속에 숨어 있던 외계인이 깨어나 이 사람의 몸을 움직이고 이 사람의 입을 통해 외계인의 말을 한다. 사람과 외계인이 합체된 형태의 등장인물이다.

1986년 발표된 중저예산 할리우드 SF 영화 〈엘리미네이터Eliminators〉에는 맨드로이드mandroid라고 불리는 사이보그가 등장한다. 맨드로이드는 사람이면서 몸 이곳저곳이 기계장치로 개조되어 있는데, 위급한 상황이면 작은 탱크처럼 생긴 기계와 합체한다. 그러면 상체는 사람, 하체는 탱크인 형태로 변해 훨씬 더 빠르게 움직이면서 강력한 무기를 사용할 수 있다. 이 영화는 후반에 가면 좀 엉성해지는 대목도 있고, 제목도 〈터미네이터〉를 모방한 아류작 느낌이라 크게 좋은 평가를 받지는 못했다. 그렇지만 적어도 이 영화를 본 사람이라면 상반신은 사람, 하반신은 탱크로 변신해 합체하는 그 장면만은 대부분 똑똑히 기억할 것이다.

두 이야기에는 서로 다른 두 생물이 합체한 상태에서 강력한 힘을 발휘한다는 공통점이 보인다. SF물 중에는 이런 소재가 등장하는 이야기들이 왕왕 있다. 환상소설에도 비슷한 이야기가 소재로 쓰이곤 한다. 예를 들어 이런 부류의 이야기를 떠올려 보면 되겠다. 주인공은 어렸을 적 무슨 마법에 걸려서 한쪽 팔을 잃는다. 그 자리에는 사라진 팔을 대신해 검은색 용이 붙는데, 이후로 주인공은 용을 숨긴 채 항상 장갑을 끼고 살아가게 된다. 그러다가 주인공이 위기에 처해 장갑을 벗으면, 손이 있어야 할 자리에 검은 용의 머리가 나타나 그 용이 불을 뿜으면서 주위의 악당들을 물리친다.

현실 세계에 이런 생물이 있을까? 공생하는 생물은 어느 정도는 이런 식으로 살아간다. 말미잘과 흰동가리는 가까이에서 함께 살며 서로에게 도움을 준다. 그렇지만 아무리 그래도 한 몸처럼 완전히 붙어서 사는 것은 아니다. 새끼를 낳는 일은 각자 알아서 하며, 두 생물이 따로 떨어져서 다른 일을 하기도 한다.

그런데 서로 다른 두 가지 생물이 붙어 지내면서 항상 같이 움직이고 정말 하나로 합체된 것처럼 살아가는 사례도 있다. 이렇게 이야기하면 굉장히 기괴한 괴물일 듯싶지만, 개중에는 의외로 주변에서 쉽게 찾아볼 수 있는 것들도 있다. 만약 아파트나 도시에서 눈에 띄는 생물 중에 찾아보라면, 나는 지의류에 대해 이야기해 보고 싶다.

변신 합체 생물, 지의류

지의류라는 이름을 처음 접하는 사람도 있을 것이다. 하지만 지의류는 누구나 한 번쯤 본 적이 있을 만큼 흔한 생물이다. 오래된 돌이나 바위에서 꼭 무슨 얼룩이 묻은 것 같은 둥그런 무늬를 발견할 때가 있는데, 얼핏 보면 이끼 비슷하게 생긴 그것이 바로 지의류다.

돌 위에 자라나는 식물 비슷한 느낌의 생물이기 때문에 사람들이 종종 이끼 종류로 착각하곤 하는데 사실 따지고 보면 지의류는 이끼와는 굉장히 다른 생물이다. 이끼는 어쨌거나 식물의 일종이지만, 지의류는 식물보다는 곰팡이에 더 가깝다. 정확히 말하면 곰팡이와 식물성 미생물이 결합하여 한 덩어리의 생명체처럼 살아가는 상태가 지의류다.

그러니까 지의류는 바위나 돌덩이 같은 곳에 곰팡이가 피어나는 것과 일면 비슷하다. 곰팡이는 썩어 가는 다른 생물의 잔해를 먹고 사는 생물로, 다른 생물이 일생을 살면서 몸에 저장해 둔 영양분을 분해하고 빨아 먹는다. 떨어진 낙엽이나 썩어 가는 과일이 있다면 그곳에 곰팡이가 피어날 수 있다.

그런데 지의류가 피어나는 바윗덩어리 같은 곳에는 곰팡이가 빨아 먹을 만한 영양분이 부족하다. 도대체 지의류는 뭘 먹고 살길래 그런 곳에서도 피어날 수 있는 것일까? 간혹 아주 강인한 지의류가 태어나 희귀하게 살아남는 것일까? 그렇지도 않다. 지의류는 지구 곳곳에 널려 있다. 바위뿐만 아니라 아파트 단지의 축대나 옹벽, 화단의 바위나 보도블록 같은 곳에서도 쉽게 찾아볼 수 있다.

지의류가 먹을 것도 없는 축대 같은 곳에 붙어서도 잘만 살 수 있는 까닭은 몸속에 광합성을 할 수 있는 생물을 품고 있기 때문이다. 보통 조류algae라고 부르는 초록색 미생물을 품고 있는 경우가 많은데, 바로 이 조류가 광합성을 한다. 조류 대신 세균을 품고 있는 경우도 있다. 어느 쪽이든 지의류가 몸속에 품고 있는 미생물은 물과 공기 중의 이산화탄소를 이용하는 광합성 반응으로 스스로 영양분을 만들어 낸다. 풀과 나무가 햇빛을 받고 자라나는 것과 같은 원리다.

즉 지의류는 영양분이 부족한 곳에 서식하며 스스로 영양분을 만들어 낼 수 있는 생물을 품고 산다. 이와 비슷하게 식물성 생물과 합체해서 사는 생물이 지의류 말고도 없지는 않다. 예를 들어 나무늘보는 너무 느릿하고 여유롭게 살다 보니 털에 식물성 생물이 피어나기도 한다. 심한 경우에는 나무늘보의 털이 온통 식물성 생물로 뒤덮여서 초록색으로 보이기도 한다. 그런데 이런 상황은 나무늘보에게 도움이 된다. 숲속 나무 위에서 살아가는 나무늘보의 입장에서는 식물성 생물로 뒤덮인 초록색은 보호색이 되어 다른 맹수들의 눈에 잘 띄지 않을 수 있다. 즉 자기 몸에 식물성 생물을 자라나게 한 덕분에 목숨을 지키는 데 유리해진다. 이렇게 몸에 붙어 사는 식물성 생물의 도움을 얻는다는 점은 지의류와 나무늘보의 공통점이다.

그렇지만 나무늘보의 경우보다, 먹고 살기 위한 주식을 아예 조류에게서 얻는 지의류의 경우가 한결 더 깊은 협력 관계로 보인다. 아이작 아시모프Isaac Asimov가 쓴 SF물 중에는 어느 이상한 외계 종족이 광합성 능력을 갖고 있다는 이야기가 있다. 이 종족은 그냥 햇빛만 쬐면 몸속에 저절로 영양분이 생겨나기 때문에 따로 음식을 먹을 필요가 없다. 지의류는 이런 SF 속의 신비한 종족과 거의 비슷한 수준으로 살아간다고 해야 할 듯싶다.

내디딜 땅을 만들어 가는 생물

이끼는 대부분 아주 짧은 풀처럼 생겼고 색깔 역시 풀과 비슷하게 선명한 초록색인 경우가 많다. 낱낱을 뜯어 보면 뿌리 부분, 줄기 또는 잎 부분으로 대충 구분할 수도 있다. 그렇지만 이끼와 달리 지의류는 모양도 색깔도 다양하다. 버섯 비슷하게 생긴 종류도 있고, 식물 잎사

귀와 닮은 모양도 있으며, 별달리 모양이랄 것도 없어서 그냥 돌 위에 페인트를 떨어뜨린 자국처럼 생긴 것도 있다. 그러니 이끼가 자랄 것 같은 돌이나 나무껍질 위에 무언가 있는데 전형적인 이끼 모양이 아닌 데다 회색, 연한 초록색 등을 띠어 흔한 이끼 색깔과 다르다면 지의류일 가능성이 크다고 보면 된다. 비석이나 석상 같은 오래된 문화재를 보면 방울방울 떨어진 페인트 모양처럼 허여멀건 자국 같은 것이 군데군데 얼룩져 있는 경우가 흔한데, 바로 그런 자국도 지의류인 경우가 많다.

아닌 게 아니라 문화재를 보존하기 위해 애쓰는 사람들은 문화재에 지의류가 피어나는 것을 걱정한다. 2020년 12월, 문화재청은 태조 이성계의 무덤인 건원릉에 있는 조선 시대 석상에 자라난 지의류를 없애는 작업을 했다고 발표했다. 그대로 두면 석상이 상할 수 있다고 판단해 지의류를 떼 내거나 씻어 내는 식으로 인위적으로 제거한 것이다.

지의류가 돌로 된 옛 유물에 자리를 잡아 퍼지게 되면 우선 겉모습이 얼룩덜룩해진다. 돌로 된 계단이나 난간 같은 유물이라면 색이 조금 얼룩덜룩해지는 정도는 큰 문제가 되지 않겠지만, 글자를 새긴 비석 같은 것은 아무래도 지의류가 피면 그 색깔 때문에 잘 보이지 않게 되므로 거슬릴 때가 많다. 얼굴 표정이 섬세하게 조각된 석상 역시 지의류가 자라나서 엉뚱한 색깔이 더해지면 세부 모습이 잘 보이지 않게 된다.

더 본격적인 피해로는 지의류가 조금씩 뿜어내는 산성 물질로 인한 것도 있다. 지의류가 무시무시한 독액을 마구 분출하는 것은 아니다. 하지만 지의류가 하루 24시간 내내 그 자리에 붙어서 움직이지 않는다는 점을 고려하면, 별달리 큰 위험이 없더라도 꾸준히 닿는 것 자체가 문제 될 수 있다. 만약 수백 년 동안 석상이나 비석 위에서 계속 산성 물질을 뿜어낸다면 문화재가 조금씩 상할 것이다. 설령 지의류 때문에 돌이 그대로 녹아내리지는 않는다고 해도 오랫동안 지의류에 상해서 약해진 돌은 나중에 강한 비바람이 몰아치거나 했을 때 파손될 가능성이 더 높아진다.

또한 지의류는 돌 사이의 아주 작은 틈을 파고들어 몸을 뻗치곤 한다. 동시에 비가 오거나 습기 찬 날씨에는 몸이 젖어 부풀어 오르고, 날씨가 건조해지면 다시 말라서 줄어든 상태로 변한다. 이렇게 돌 사이에 빡빡하게 낀 상태에서 지의류의 몸이 부풀어 올랐다가 마르는 일이 반복되면, 틈의 크기 역시 늘었다가 줄었다가를 반복할 것이다. 이렇게 되면 돌은 지의류 때문에 점차 약해진다. 지의류가 핀 돌은 더 잘 부서질 가능성이 생긴다는 뜻이다.

지의류가 직접 피해를 입히지 않더라도 문제를 일으킬 가능성은 남아 있다. 지의류는 이렇게 돌에 쉽게 생겨나기 때문에 자리를 잘 잡아 번성하게 되면 그것이 다른 생물의 밑거름 역할을 할 수 있다. 예를 들어 지의류가 일종의 풀밭이나 덤불처럼 자라난 곳이 있다면, 아무래도 맨 돌바닥보다는 그런 곳에서 이끼 같은 다른 생물이 더 살기 쉬울 것이다. 이끼, 버섯, 곰팡이 따위가 그렇게 자리를 잡으면 곧이어 각종 잡초도 끼어들어 살 수 있으니 문화재는 점차 잡다한 생물로 뒤덮이게 된다. 잡초의 풀뿌리가 돌 틈을 서서히 파고들기라도 하면 결국 언젠가 석상이 쪼개지고 비석이 무너질지도 모른다.

지의류가 척박한 곳에서도 잘 살아남는다는 점 역시 깊은 고민을 더하는 이유다. 농작물을 재배하기 어려운 질 나쁜 밭을 흔히 '돌밭'이나 '자갈밭'이라고 부르는데, 지의류는 아예 바위 위에서 피어나니 얼핏 생각해 봐도 얼마나 혹독한 환경을 잘 버티는 생물인지 알 수 있다. 과연 지의류는 지구상의 온갖 곳에서 꿋꿋이 퍼져 나가기로 유명하다. 짠 소금물이 튀어서 다른 식물들은 도무지 살지 못하는 바닷가 근처의 땅에서도 유독 잘 버텨 내는가 하면, 생물이라고는 찾아볼 수 없는 황무지 같은 곳에서 아주 조금씩 느릿느릿 자라고 있는 경우도 많다.

지의류는 딱히 비가 오지 않아도 적당한 습기만 있으면 그 습기를 이용해 살 수 있고, 날이 건조해지면 그냥 활동을 멈추고 다시 물이 생길 때까지 오랜 시간 동안 꿋꿋이 버틸 수도 있다. 사람에 비유하면, 물도 밥도 먹지 않으면서 이슬만 마시고 햇빛만 쬐며 살아가는 신선 같은 모습이다. 옛 이야기 속 신선은 세상이 너무 혼란스러워지면, 다시 좋은 시절이 올 때까지 깊은 산속에서 그저 아무것도 하지 않고 가만히 누워 잠자면서 수십 년이고 수백 년이고 세월을 보낼 수도 있다. 지의류와 신선은 비슷하다.

이런 습성 때문에 지의류 중에는 사막에서 자라는 종류도 있으며, 생물이 버티기 어렵기로 악명 높은 남극에서도 꽤 널리 퍼져 사는 것들이 있다. 특히 남극은 너무 춥고 황량해서 별다른 생물이 없기에 지의류가 자란다는 점이 유독 눈에 띈다.

우주에서 다른 행성을 개척할 때에 지의류를 이용하자는 의견도 있다. 예를 들어 화성은 춥고 물이 부족하며 황량한 곳이다. 이런 곳에는 산소 기체도 부족하고 별다른 영양분도 없다. 사람이 힘들여 거대 로켓을 타고 화성까지 간다고 해도, 먹고 살 음식을 구하기도 어렵고 호흡에 필요한 산소를 얻기도 쉽지 않다. 이때 남극처럼 추운 곳에서도 잘 버티는 지의류를 화성에 먼저 보내 살게 한다면 황량한 화성에서도 서서히 퍼져 나가는 것이 있을지도 모른다. 설령 맨땅에서는 도저히 살아남기 어렵다고 하더라도 따뜻하고 습기가 있는 곳을 조금만 마련해 주면, 지의류가 살아남을 만할지도 모른다. 혹은 간단한 온실 같은 것을 만들 로봇을 같이 보내서 지의류가 견딜 수 있는 공간을 만들어 주는 방법도 고려해 볼 만하다.

강인한 지의류는 화성의 바위 위에 달라붙을 수 있을 것이다. 지의류가 화성에 정착하는 데 성공한다면 광합성을 통해 스스로 이산화탄소에서 산소 기체를 만들어 낼 수도 있다. 그렇게 해서 지의류가 화성 땅 위에 널리 퍼진다면 점차 지의류가 만들어 내는 산소가 피어오르고, 지의류의 몸은 다른 생물이 자라나는 영양분이 될 수 있다. 필요하다면 유전자조작 기술을 이용해서 지의류를 더욱 강인하게 개량해 화성에 보내는 방법을 생각해 볼 수도 있다.

유적지의 비석과 석상에 피어나 그것을 서서히 망가뜨리는 재주를 가진 지의류지만, 멀리 5,000만 km 떨어진 화성의 황량한 돌밭에서 퍼져 나갈 수 있다면 지의류는 그 행성을 조금씩 지구와 비슷하게 만들어 갈 것이다.

시간을 복원하는 마법사

'지의地衣'라는 말이 '땅이 입은 옷'이라는 뜻인 것처럼, 지의류는 세상의 땅을 지금과 같은 모습으로 유지해 나가는 데 큰 역할을 하고 있다. 오랜 세월 동안 바위와 돌이 비바람에 조금씩 부서져서 자갈과 모래로 변하면 생물이 사는 땅이 생기게 마련인데, 이 과정에 지의류가 하는 역할이 적지 않다. 흔히 아무것도 없이 살기 어렵다는 이야기를 할 때 "땅 파서 먹고사냐?"라는 말을 쓰는데, 지의류는 그런 땅조차도 없는 곳에서 다른 생물이 살아갈 터전을 만들어 주는 역할을 한다고 봐도 좋다.

다른 한편으로, 한 생물을 연구하는 학자들의 발상이 생각지도 못했던 다른 영역으로 얼마든지 뻗어 나갈 수 있다는 교훈을 주는 이야기라는 생각도 든다. 지의류를 연구한다고 하면, 별 대단찮아 보이는 돌에 생기는 얼룩 같은 것을 조사한다고 생각할 수도 있겠지만 사실 그 연구 과정에서 얻은 지식을 역사적인 유물을 보존하는 데 활용할 수 있고, 화성을 개척하고 다른 행성에 우주기지를 건설하는 일에도 활용할 수 있다. 나는 이런 식으로 한 영역의 연구 결과에 대해 다른 여러 영역에서 자유롭게 응용 분야를 구상하고 활용할 수 있도록 권장하는 것이 학자들을 위해서도, 사회를 위해서도 좋은 일이라고 생각한다.

다른 이야기로, 막연한 생각이기는 하지만 나는 문화재 연구나 전통문화 분야에서 지의류를 없애는 방법뿐만 아니라 반대로 지의류를 자라나게 하는 기술에 대해서도 연구해 볼 필요가 있지 않을까 싶다. 가끔 새로 복원한 문화재를 보면 도무지 옛 모습을 되살렸다는 느낌이 들지 않아 아쉬울 때가 있다. 조선 시대의 성문이나 성벽을 복원했다고 선전하는 관광지에 가 보면, 새하얗게 잘 갈아 놓은 돌들이 반듯반듯하고 깨끗하게 잘 쌓인 채 깔끔한 형태로 완성되어 있는 경우가 많다. 튼튼하고 새것 같아 보이기는 하지만, 반대로 너무 새것 같아서 옛것의 느낌에는 어울리지 않는다.

이렇게 새로 만들어 놓은 성벽이나 석상에 일부러 지의류를 자라나게 하고 이끼를 살게 한다면 오래된 느낌이 나면서 오히려 운치 있지 않을까? 특히 공원이나 문화 단지 같은 곳에 이렇게 건물과 조각상을 낡아 보이게 만드는 기술을 개발하여 잘 활용할 수 있다면 유용할 것이다. 그럴듯한 느낌을 주는 지의류를 자라게 하는 기술이 있다면, 훌륭한 장인들이 조선 시대 모습 그대로 복원하는 것 못지않게 문화재를 꾸미는 데 도움이 될 거라고 생각한다.

도시에서 사라지고 다시 피어나고

화성을 정복할 우주의 개척자처럼 지의류를 묘사했지만, 지의류는 좀 어이없다 싶은 약점도 갖고 있다. 사막에서 남극에 이르기까지 지구의 온갖 혹독한 곳에서도 버티는 지의류지만, 괴상하게도 이 생물은 사람이 가장 많이 모여 살고 있으며 어느 곳보다도 풍요로워 보이는 도시에서 버텨 내지 못할 때가 적지 않다. 지의류는 대기오염에 약하기 때문이다.

지의류의 몸에는 딱딱한 껍데기 같은 것이 별로 없다. 몸 바깥의 모든 성분이 몸 안으로 거의 그대로 파고든다. 아마도 지의류의 몸속에서 광합성을 하는 식물성 생물에게 필요한 수분, 햇빛, 이산화탄소를 잘 전달해야 한다는 점 때문에 유독 이런 특성이 나타나는 것이 아닌가 싶다.

그렇기 때문에 대기 중에 해로운 물질이 있다면, 그 물질은 거칠 것 없이 그대로 지의류 몸속 곳곳으로 스며든다. 예로부터 공기 중에 존재하던 물질이라면 지의류도 이래저래 버틸 방법을 갖고 있어서 견뎌 낼 수 있겠지만, 도시 사람들이 갑자기 새롭게 만들어 낸 특이한 물질이라면 지의류가 처음 경험하는 생소한 물질이어서 견디기 어려울 것이다. 만약 그런 물질 중 하나가 지의류 몸속에서 이루어지는 화학반응을 방해한다면 지의류는 살 수 없게 된다. 영양분을 만들고 분해하며, 그 영양분을 이용해서 자기 몸의 성분을 이루고, 필요할 때는 새끼를 치는 그 모든 활동에서 일어나는 갖가지 화학반응 중에 어느 중요한 한 가지가 도시 사람들이 뿜어내는 생소한 물질 때문에 멈춘다면, 그 때문에 지의류가 죽을 수 있다.

흔히 볼 수 있는 지의류 중에는 황sulfur화합물이나 질소nitrogen화합물에 약한 것들이 꽤 있다. 이런 화학물질들은 석유나 석탄을 태울 때 발생하는데, 자동차가 달리고 발전소가 가동되면서 연기를 내뿜으면 그 안에 황화합물과 질소화합물이 섞여 나온다. 이 물질들이 공기 중에 퍼져서 몸속으로 쑥쑥 스며들면 연약한 지의류는 견디지 못하고 몰살당할 것이다. 자동차가 다니기 전에는 동네 이곳저곳에 흔하게 붙어 있던 지의류지만 공기오염이 발생하면서 전멸해 사라질 수 있다는 뜻이다.

물론 지의류는 워낙 종류가 다양하므로, 공기오염에 제법 잘 견디는 것도 있기는 할 것이다. 그렇지만 사람은 느끼지도 못할 정도로 미약한 수준의 공기오염 때문에 어느 한 종류가 먼저 멸망해 버리는 일도 일어날 수 있다. 다시 말해서, 다양한 지의류가 살지 못하는 지역이라면 공기오염이 심해지고 있을 가능성이 있다고 봐야 한다. 따라서 우리는 지의류가 얼마나 잘 살고 있는지를 지켜보면서, 공기가 깨끗하고 더러운 정도를 가늠할 수 있다. 그래서 지의류를 대기오염의 '지표종indicator species'이라고 부르기도 한다.

지의류와 공기오염의 관계에 대한 이런 연구는 1970~1990년대 사이에 특히 유행했던 것 같다. 이 무렵에는 도시 중심 지역의 공기가 많이 오염되어서 지의류들이 아예 살지 못하는 '지의류 사막'이 생겼다는 식의 표현도 자주 들을 수 있었다. 특히 1990년대에는 공기 중의 황화합물이 빗물을 산성비로 바꾼다고 지적한 학자들이 많았는데, 지의류가 바로 그 황화합물에 약하므로 도시에서 죽어 나간다는 문제도 함께 주목을 받았다.

이런 변화는 1980년대 이후로 급증한 전국의 아파트 단지 지역에서도 관찰할 수 있는 문제였다. 그 전까지는 논밭이나 작은 마을이 있는 곳이면 분명히 담벼락이나 나무껍질에 다양한 지의류들이 잔뜩 살고 있었을 것이다. 그런데 그런 지역이 아파트 단지로 개발되면서부터는 전보다 훨씬 더 많은 사람들이 층층이 쌓인 고층 건물 속에 모여 살게 되었다. 원래 들판이었던 곳이 아스팔트가 덮인 단지 내 주차장으로 바뀌었고, 그곳에 사는 사람들은 자동차를 타고 주변을 드나들기 시작했다. 공기 중에 자동차가 뿜어내는 황화합물이나 질소화합물도 늘어났다.

만약 자동차들이 매연을 뿜어낸다고 해도 그 정도가 심하지 않다면 생물들이 견뎌 낼 수 있을지도 모른다. 그렇지만 일정 수준을 넘어가게 되면 이런 물질에 약한 지의류부터 먼저 사라진다. 만약 아파트 주변의 지의류를 유심히 지켜본 사람이 있다면, 이 지역의 공기가 얼마나 변하고 있는지를 짐작할 수 있을 것이다.

예를 들어 지의류 중에는 매화나무이끼*Parmelia tinctorum*라는 것이 있다. 이름과는 달리 이끼가 아니라 지의류이며, 황화합물에 약한 것으로 알려져 있다. 이 지의류는 나무껍질에 붙어 살며 작은 나뭇잎 또는 상추 비슷한 모양으로 나타난다. 아파트 주변을 산책할 때 평소 매화나무이끼가 잘 보이던 곳에서 점차 매화나무이끼가 보이지 않는다면, 혹시 대기오염이 심해지고 있기 때문이 아닌지 의심해 볼 만하다.

다행히 황화합물이나 질소화합물로 인한 대기오염 문제는 과거보다 상황이 좀 나아지고 있다. 석유에서 황 성분을 제거하는 기술이 개발되어 널리 퍼졌고, 황이 적은 연료를 더 잘 활용할 수 있는 기술이 함께 개발되면서 공기 중의 황화합물은 대체로 줄어들고 있는 추세다. 질소화합물을 줄이는 기술이 개발되어 자동차에 장착되면서 이 역시 공기를 좀 더 깨끗하게 만드는 데 도움이 되고 있다. 실제로 환경부 자료를 보면 2011~2018년 동안 서울, 부산, 대구 지역의 산성비 문제는 꾸준히 개선되어 온 편이다.

이런 식으로 공기 질이 좋아지면 도시 곳곳에 다시 다양한 지의류들이 피어날지도 모른다. 2019년 생태학자 제나 도리Jenna Dorey가 발표한 글에 따르면, 뉴욕에서는 사라졌던 지의류 하나가 200년 만에 다시 나타난 사례도 있었다.

미래를 지배할 지의류

지의류가 많아지고 있다는 이야기가 누구에게나 환영할 기쁜 소식인 것만은 아니다. 남극에서 연구 중인 학자들에게는 지의류가 걱정거리가 될 때도 있다.

기후변화 때문에 남극이 점차 따뜻해지면 자연히 남극은 점점 더 생물이 살기 좋은 곳으로 변한다. 그렇다면 가장 척박한 곳에서 가장 먼저 번성하게 마련인 지의류가 왕성하게 자라날 것이라고 예상할 수 있다. 여기까지는 큰 문제가 아니다. 남극 생물학자 중에는 지의류를 연구하는 사람들이 많으므로 어쩌면 연구거리가 많아졌다고 즐거워할지도 모른다.

그런데 기후변화가 점점 심해지고 남극이 더 따뜻해져서 지의류가 남극 곳곳으로 빠르게 퍼져 나갈 정도가 된다고 해 보자. 이때 지의류의 색깔이 어두침침해서 햇빛을 잘 흡수하게 되면, 지의류는 남극을 더 따뜻하게 만들 수 있다. 여름철 까만색 자동차 범퍼가 햇빛을 받으면 아주 뜨거워지곤 하는데, 그와 마찬가지로 어두운 색깔의 지의류가 남극에서 번성하기 시작하면 남극을 뜨끈하게 덮어 버릴 수도 있다는 이야기다.

만약 이런 일이 실제로 벌어진다면 어떻게 될까? 남극이 따뜻해져서 특정 지의류가 번성하고, 그 지의류가 번지는 바람에 남극은 더 따뜻해지고, 그 때문에 지의류는 더 널리 퍼지고 남극은 더욱 뜨거워지는 악순환이 벌어질지도 모른다. 그러면 남극의 얼음이 모두 녹고 바닷물이 넘쳐나서 세계의 기후는 더욱 심각한 위기에 이르게 될 수도 있다.

이런 상상은 아직까지는 그저 SF 작가가 지어낸 이야기 속에서 한

번 다룰 법한 내용인 듯싶다. 그러나 만약 이런 일이 실제로 벌어진다면, 혹독해진 기후 때문에 수많은 사람이 더 큰 고난에 시달리게 될 것이다. 도시에 빠른 속도로 몰려든 사람들이 자동차 연료를 잔뜩 태워서 공기 성분을 바꾸는 바람에 지의류를 몰살했는데, 멀리 남극에서 자라나는 동족 지의류들이 남극의 얼음을 녹이는 방법으로 사람들에게 복수한다는 내용의 소설을 써 볼 수 있을지도 모르겠다.

미래에 무슨 일이 벌어지건 간에 문명이 쇠퇴하여 도시에 가득 찬 아파트들이 버려지는 날이 온다고 생각해 보자. 아무도 살지 않는 아파트라는 거대한 콘크리트 덩어리가 가만히 방치되는 세월이 찾아온다. 그러면 그 돌덩어리 건물에는 다시 여러 종류의 지의류가 퍼져 살기 시작할 것이다. 사람이 없으니 자동차 매연도 없을 것이고, 그러면 지의류들은 아마 더 쉽게 자라날 수 있을 것이다. 이윽고 지의류들은 건물을 온통 뒤덮기 시작할 것이고, 그 상태로 1,000년이고 2,000년이고 개의치 않고 살면서 아주 서서히 아파트의 콘크리트들을 녹여 나갈 것이다.

까마득한 세월이 지나면, 우뚝 솟은 아파트들이 모두 이지러진 돌더미와 모래가루로 되돌아갈 것이다. 푸르스름하게 돋아난 지의류로 얼룩진 채로.

지의류는 노화를 막을 수 있을까

지의류와 사람이 서로 싸우는 관계인 양 이야기한 듯한데, 사실 지의류 중에는 사람이 먹는 것도 있다. 인도에는 지의류로 만든 향신료를 쓰는 지역도 있고, 한국은 석이버섯이라는 것을 식재료로 사용하기도 한다.

석이버섯은 이름과는 달리 사실 버섯이 아니라 지의류인데, 한식문화 사전을 보면 조선 시대에 석이버섯을 떡에 넣어 먹었다는 이야기가 나와 있다. 석이버섯은 어두운 색깔이 돌면서 쫄깃하고 고소한 맛이 나기 때문에 검은색을 내는 식재료로 이용하기에 알맞다. 17세기에 안동 장씨 부인이 쓴 『음식디미방』이나 19세기에 이빙허각이 쓴 『규합총서』 같은 조선 시대의 요리책을 보면, 석이버섯을 찹쌀과 섞어 떡을 만드는 방법이 소개되어 있다. 그 외에도 한식에는 온갖 나물 요리가 많은 만큼, 석이버섯처럼 먹을 수 있는 지의류를 재료로 전을 부쳐 먹거나 볶아 먹기도 했다.

동물들 역시 지의류의 도움을 얻는 경우가 적지 않다. 지의류 틈에 살면서 공생하는 곤충도 있고, 지의류를 뜯어 먹고 사는 초식동물도 있다. 특히 추운 곳에 사는 사슴류는 겨울에 다른 식물들이 모두 시들거나 낙엽이 얼어 버리면 먹을 것을 구하기가 난처해질 수밖에 없는데, 이럴 때 추위에도 꿋꿋이 견디는 지의류를 찾아서 뜯어 먹는 경우가 있다고 한다.

오늘날에는 지의류를 이용해 돈을 버는 기술이 개발되고 있기도 하다. 그 대표적인 예로 지의류에서 특수한 성질을 가진 성분을 찾아내려는 연구를 꼽을 수 있다. 조선 시대에 석이버섯을 약재로 썼던 사례가 기록되어 있는 것을 보면, 지의류에서 약으로 쓸 수 있는 성분을 뽑아낸다고 해도 특별히 이상할 것은 없어 보인다. 지의류는 온갖 혹독한 환경에 적응해 서로 다른 두 가지 이상의 생물이 연결되어 자라나는 이상한 삶을 산다. 그 과정에서 다른 생물에게는 없는 특이한 습성을 갖게 되었다. 그렇게 살아가는 동안 몸속에서 특별한 화학반응을 일으키기도 하고, 또 이를 위해 특별한 화학물질을 만들어 내기도 한다.

이런 화학물질 중에서 '라말린*ramalin*'이라는 물질이 한때 한국에서 주목을 받았다. 라말린은 흔히 라말리나*Ramalina*라고 부르는 지의류에서 뽑아낸 물질이다. 라말리나는 대개 말라비틀어진 잡초 비슷하게 생겼고, 주로 돌 위에서 자라난다. 한국극지연구소는 남극에서 자라는 라말리나를 연구하는 과정에서 지의류의 몸속에 라말린이라는 화학물질이 들어 있다는 사실을 발견했다. 나중에는 이 물질을 다른 실험 등을 통해 그대로 만들어 낼 수도 있게 되었다.

라말린은 탄소 원자 11개, 산소 원자 4개, 질소 원자 3개, 수소 원자 10여 개가 들러붙은 형태다. 극지연구소의 학자들은 몸속에서 일어나는 특정한 화학반응을 막는 데 이 물질을 요긴하게 쓸 수 있다는 사실을 알아냈다.

우리 몸속을 제멋대로 돌아다니는 산소 원자는 불필요한 화학반응을 일으켜서 체내 성분을 조금씩 바꿀 수 있는데, 그 때문에 몸이 상하기도 한다. 이것을 활성산소reactive oxygen 이론이라고 한다. 이런 현상 때문에 사람이 더 빨리 늙는다고 보는 사람들도 있다. 만약 이런 부류와 비슷한 화학반응들이 일어나지 않도록 막을 수 있다면, 어쩌면 사람이 늙는 것을 조금은 늦출 수 있을지도 모른다. 그래서 광고 등에서 사람의 노화를 방지하는 목적으로 쓰이는 물질을 흔히 '항산화물질antioxidant'이라고 한다. 학자들은 남극의 라말리나 지의류에서 추출한 라말린을 항산화물질로 활용할 수 있을 것으로 보고 있다.

라말린에 대한 연구는 어느 정도 진행된 편이다. 2010년대 초에는 아예 라말린으로 만든 성분을 넣은 화장품이 개발되어 판매된 적도 있다. 이 화장품을 사용하면 지의류가 뿜어내는 특이한 물질의 힘으로 피부 노화를 늦출 수 있다는 희망을 담은 셈이다. 2010년대 후반에는 라말린을 이용한 암 치료법에 대한 연구도 어느 정도 가능성을 보였다.

방치된 돌이나 나무껍질에서 천천히 살아가는 지의류는 어디에나 퍼져 있다. 그렇지만 과학이 발전하기 전까지 오랜 세월 동안 주목받지 못했다. 그러다가 20세기에 도시 전성시대를 맞으면서 갑자기 몰살당하기도 했고, 한편으로는 우주를 개척할 수 있는 방편으로 관심을 받기도 했다. 하지만 여전히 이에 대해서 더 알아 가야 할 것이 많아 보인다.

그저 얼룩이라고 생각하고 지나치던 아파트 돌바닥 위의 지의류가 젊음을 되찾는 비밀과 우주로 가는 길을 품고 있다. 그렇게 생각하면 삭막한 콘크리트 아파트가 조금은 덜 삭막해 보이는 듯한 느낌이 들 것이다.

3장

보이지 않는 것들이 만든 세계

곰팡이

Filamentous fungi

신현동 선생이 쓴 멋진 책, 『곰팡이가 없으면 지구도 없다』에는 1963년의 보리 흉년 이야기가 실려 있다. 나는 이 이야기가 곰곰이 생각해 볼 만한 사연이라고 생각한다.

'보릿고개'라는 말이 있다. 가을에 추수한 농작물을 다 먹고 나서 봄에 보리를 추수할 때까지 기다리는 시기를 말하는데, 식량이 부족해서 고생을 겪는 것을 비유하는 단어다. 굶주리며 이 시기를 견디는 게 힘든 고비를 넘듯 괴롭다는 뜻이다. 산업 개발이 본격적으로 이루어지기 전에 한국의 경제 사정이 얼마나 어려웠는지를 상징하는 말로 흔히 사용된다.

요즘 산업화 세대라고 부르는 1940~1950년대생 인구는 특히 이 시기에 대한 기억이 각별하다. '우리가 어렸을 때만 해도 정말로 보릿고개 때문에 힘든 시기가 있었다'는 생각을 강하게 품고 있는 경우도 있다. 이런 기억은 가난을 반드시 탈출해야만 한다는 생각, 그리고 산업 발전으로 결국 그 가난을 극복했다는 생각으로 이어진다. 다시 말해서 보릿고개에 대한 기억은 산업화 세대가 그 세대를 대표하는 사상을 갖게 된 밑바탕이다.

그 보릿고개의 기억 중에 가장 대표적으로 자리 잡았다고 할 만한 사건이 1963년의 보리 흉년이다. 1963년은 계묘년이었는데, 공교롭게도 60년 전의 계묘년인 1903년에도 보리 흉년이 있었다. 그래서 흔히 '계묘년 보리 흉년'이라고도 부른다. 1963년이면 1940~1950년대생 세대가 어린 시절을 보낸 시기다. 그러니 이때 경험한 흉년은 어린 시절의 강렬한 기억으로 남아 모두가 공감대를 갖고 비슷한 생각을 품을 만했다. 다시 말해서, 1963년 보리 흉년은 한국인이 마지막으로 겪은 심각한 보릿고개였다고 할 수 있다.

그런데 신현동 선생은 저서에서 이때 일어난 보리 흉년의 원인을 곰팡이로 지목했다. 농촌진흥청 등의 자료를 보아도 이해에 일어난 보리 흉년의 주원인은 붉은곰팡이병이었다고 기록되어 있다. 말 그대로 붉은색을 띠는 곰팡이가 밀과 보리에 피어나서 농사를 망치는 병인데, 전국 보리밭의 3분의 1 정도가 붉은곰팡이병의 습격을 받아 사람들이 먹을 수 있는 보리의 양이 크게 줄어들었다. 경상남도 지역에서는 붉은곰팡이병이 퍼진 비율이 85%를 넘었다는 통계도 있다. 이 정도면 농사짓는 사람 입장에서는 당장 먹고 살아야 할 보리들이 아주 전멸해 가는 것 같다는 공포를 느낄 만한 충격이었을 것이다.

곰팡이는 다른 생물이 만들어 놓은 영양분과 습기를 빨아 먹는다. 1963년에는 5월 전후로 유독 비가 많이 왔는데 아마 이 때문에 보리밭에 유난히 습기가 많아졌던 것 같다. 여기에 붉은곰팡이병을 일으키는 곰팡이들이 빨아 먹을 만한 영양분이 보리에 많이 생겨나는 시기가 맞아떨어지면서, 곰팡이들이 삽시간에 전국으로 퍼져 나가며 창궐한 것으로 보인다. 그 곰팡이들이 보리를 해쳤고, 그해 한국의 어린이와 청소년 들은 평생 마음에 상처로 남을 굶주림과 가난의 기억을 갖게 되었다.

세대 간 갈등이 심해지는 요즘, 세대별로 한국인이 왜 이런 사고방식을 갖게 되었는지를 따질 때 옛날 어떤 정치인이나 사상가가 중요한 영향을 끼쳤다고 설명하는 이야기를 흔히 들을 수 있다. 혹은 어떤 정책이 한국인들의 생각을 바꾸어 놓았다는 식의 해석이나 무슨 외교나 전쟁의 결과 때문이라는 주장도 자주 볼 수 있다. 그런데 정치인이나 사상가 못지않게 1963년에 들판을 뒤덮은 곰팡이 무리가 지금의 한국과 한국인을 만드는 데 가장 막대한 영향을 끼쳤을지도 모른다. 혹시 그 곰팡이의 정확한 이름이 궁금하다면, 푸사리움 그라미네아룸 *Fusarium graminearum*이라는 학명을 기억해 두어도 좋겠다.

죽은 것은 흙으로, 흙은 다시 새것으로

세상에는 균류 또는 진균류fungus로 불리는 생물들이 있다. '진균'에 해당하는 말을 번역해서 '곰팡이'라고 이르기도 하므로, 진균류에 속하는 생물들을 보통 곰팡이라고 생각해도 크게 틀리지는 않는다. 그러니까 아파트 벽면에 거뭇거뭇한 곰팡이가 보인다면 거기에는 진균류가 살고 있다고 말할 수 있다.

그런데 이렇게 보면 버섯들도 모두 진균류에 속하기 때문에 버섯도 곰팡이의 일종이라고 해도 된다. 그렇지만 대체로 일상에서는 곰팡이와 버섯은 서로 다른 것으로 보기 때문에 좀 헷갈리더라도 세상에는 진균류라는 것이 있고, 그중에 버섯도 곰팡이도 있다는 식으로 말해 볼 수 있겠다. 버섯, 곰팡이 이외에 빵이나 술을 만들 때 발효를 일으키는 미생물인 효모 역시 진균류에 속한다. 참고로 균류, 진균류에 쓰이는 '균菌' 자는 대개 버섯 균이라고 부른다. 이 글자에 집중한다면 오히려 버섯류라는 것을 먼저 생각하고, 곰팡이와 효모는 모두 버섯의 일종이라고 이야기해야 할 것 같기도 하다.

여기에 세균bacteria이라는 이름을 더하면 더욱 헷갈릴 만하다. 세균이라는 말에는 '균' 자가 들어가기는 하지만 세균은 곰팡이나 버섯과는 전혀 다른 생물이다. 당연히 진균류에 속하지도 않는다. 흔히 미생물로 인한 병에 걸렸을 때 "균에 감염되어 병에 걸렸다.", "균이 몸에 퍼져서 병이 났다." 하는 식으로 병균 또는 균이라는 말을 쓰는데, 이것은 막연하게 진균류와 세균은 물론 바이러스까지 뭉뚱그려 애매하게 부르는 경우일 때가 많다. 참고로 바이러스는 세균보다도 더더욱 곰팡이와 다른 것이다.

정리해 보자면, 효모는 맨눈으로 볼 수 없는 아주 작은 미생물이고, 곰팡이는 어쨌든 피어나면 눈으로 확인할 수 있는 것, 버섯은 식물 비슷한 모양으로 대와 삿갓이 자라나는 큼직한 것이라서 굉장히 달라 보이지만 셋은 사실 모두 진균류에 속하는 것들로 가까운 관계에 있는 친척 생물들이다. 그에 비해 대충 병균, 균 같은 말로 뭉뚱그려 부르는 세균, 바이러스는 진균류와는 굉장히 다른 생물이다.

세상에는 여러 종류의 곰팡이가 있다. 버섯과 효모도 진균류에 속하니 넓게 보아 곰팡이의 일종이라고 친다면 곰팡이의 종류는 더욱더 다양해진다. 거기까지 가지 않더라도 곰팡이의 다양함은 알아 갈수록 더 굉장하다. 언뜻 생각하면 습기 찬 축축한 벽에 피는 곰팡이, 상한 음식에 허옇게 피는 곰팡이, 그런 식으로 몇 종류나 헤아릴 수 있을까 싶지만, 정리해 보기 시작하면 곰팡이의 세계는 동물 전체의 세계와 견줄 수 있을 정도다.

모든 동물은 동물계라고 하는 하나의 '계kingdom' 단위로 구분된다. 고양이부터 개미까지 모든 형태의 동물은 다 동물계에 속한다. 그런데 진균류라는 분류도 그 자체로 하나의 계 단위를 이룬다. 그러니까 언뜻 거기서 거기인 것처럼 보이지만, 한 곰팡이와 다른 곰팡이는 고양이와 개미만큼 다를 수도 있다는 이야기다.

이렇게 따져 보면, 우리가 흔히 접하는 생물들을 크게 세 가지 계로 나누어 볼 수 있다. 모든 동물이 속하는 동물계, 모든 식물이 속하는 식물계, 그리고 곰팡이들이 속한 진균류의 계, 즉 균계Fungi다.

보통 생물들의 세계를 쉽게 설명할 때 이 세 가지 계의 역할을 나누어 이야기하기도 한다. 식물계에 속하는 생물들은 광합성을 할 수 있다. 흙에서 빨아들인 성분과 태양의 힘을 이용해 스스로 필요한 영양분을 생산해 낼 수 있다. 그래서 식물계 생물들을 '생태계의 생산자'라고 부른다. 한편 동물계에 속하는 생물들은 다른 생물을 먹고 산다. 개미를 예로 들면, 나무 열매를 갉아 먹고 열매 속에 저장되어 있는 영양분을 소비하는 식이다. 그래서 동물계 생물들을 '생태계의 소비자'라고 한다.

그런데 이렇게만 나뉜다면, 생태계의 물질은 생산자에서 소비자로 계속 이동하기만 한다. 식물은 흙과 태양을 이용해 영양분을 만들고, 동물은 그 영양분을 소비한다. 과정이 이것뿐이라면 언젠가 식물이 사용하는 흙 속 성분이 바닥나면 더 이상 식물이 살 수 없을 것이다. 그러면 식물을 먹고 사는 동물도 사라지고, 지구의 모든 생물은 멸망해 버릴지도 모른다. 이런 식이었다면 지구 생물들은 지금처럼 온갖 곳에 번성하며 수십억 년 동안 지구를 차지하지 못했을 것이다.

그래서 여기에 더해 '생태계의 분해자decomposer'라는 역할이 필요하다. 생물이 삶을 끝내면 그 생물의 몸체를 분해해서 다시 다른 생물이 자라날 수 있는 원료로 되돌리는 것이 이 분해자들의 역할이다. 진균류에 속하는 생물, 즉 곰팡이들이 바로 이런 생태계의 분해자 역할을 하는 경우가 많다.

사람이 목숨을 다해서 죽음에 이르는 것을 흔히 "흙으로 돌아갔다."라고 표현하는데, 말 그대로 동물이나 식물이 목숨을 다하여 분해되면 흙을 비옥하게 만들고 다른 식물을 자라나게 하는 원료가 된다. 보통 무엇인가가 '썩는다'고 하는 것도 바로 이 과정을 말하는 경우가 많다. 이처럼 무언가를 썩게 하고, 목숨을 다한 것을 흙으로 돌아가게 하는 것이 바로 분해자의 일이다.

이렇게 보면, 곰팡이의 역할은 옛날 신화 속에 등장하는 저승의 역할과 비슷해 보이는 것 같기도 하다. 어떤 사람이 불쌍하게 살다가 생을 다하여 저승에 갔더니 꽃으로 다시 피어나게 되었다는 옛이야기를 떠올려 보자. 실제로 생명을 다한 사람의 몸 성분을 꽃이 피어날 수 있는 흙으로 바꾸어 주는 일을 균류와 같은 분해자가 하고 있다.

엄밀히 따져 보면 곰팡이만 분해자 역할을 하는 것은 아니다. 어떤 물질이 썩는 현상의 주범은 세균인 경우도 많다. 그렇지만 특히 곰팡이가 분해자 역할을 하는 솜씨는 대단히 탁월하다. 자주 거론되는 예로 곰팡이가 나무를 분해하는 재주를 들 수 있다.

식물을 이루는 성분 중에 많은 양을 차지하는 것으로 섬유소cellulose가 있다. 섬유소라는 물질을 확대해 보면 탄소 원자를 중심으로 산소, 수소 원자 등이 쇠사슬 비슷하게 줄줄이 붙어 기나긴 실처럼 이어져 있다. 섬유소는 질긴 만큼 쉽게 부서지지 않는다. 그래서 섬유소를 먹더라도 그것을 소화해서 힘을 낼 수 있는 동물은 흔하지 않다. 사람 또한 섬유소를 많이 먹는 것만으로는 힘을 내기가 어렵다. 채소를 많이 먹는 것이 체중 조절에 유리하다고 하는 이유도 그 때문이다. 그런데 곰팡이들은 대부분 섬유소를 가볍게 분해한다. 사람으로 치면 섬유소를 소화시켜서 그대로 흡수한다고 비유해도 될 정도다.

심지어 곰팡이는 한층 더 소화해 내기 어려운 리그닌lignin이라는 성분도 분해해 버린다. 리그닌은 섬유소보다도 더 낯설게 들리는데, 대개 리그닌은 먹는 것조차도 어렵기 때문이 아닐까 싶다. 리그닌은 나무를 튼튼하고 강하게 만드는 데 큰 역할을 하는 물질이다. 크게 확대해 보면 여러 가지 기름, 방향제 성분 같은 것들이 그물망 모양으로 어지럽게 붙어 있는 구조로 되어 있다.

리그닌을 소화하는 것은 매우 어려운 일이다. 식물의 몸 중에서 가장 잘 썩지 않고 오래가는 성분을 골라 보라면 높은 순위에 들 만큼 리그닌은 아주 끈질긴 물질이다. 리그닌을 소화시킨다고 할 수 있는 곰팡이들이 이 세상에 없다면, 세상은 보드라운 흙 대신 나뭇가지와 나무토막으로 뒤덮일 것이다. 대체로 리그닌은 마른 나무의 4분의 1 정도를 차지하므로, 곰팡이들이 리그닌을 녹여 내지 않는다면 세상은 리그닌만 넘쳐 나게 된다.

그러면 그 위에서 다른 식물이 자라나기도 어렵다. 흙 속에서 한 가지 화학물질을 다른 화학물질로 바꿔 온갖 생물에게 필요한 성분을 만들어 내는 다양한 종류의 세균들도 먹고 살 것이 부족해질 테니, 흙

위에서 생물은 지금처럼 번성하지 못한다. 그저 딱딱하고 텁텁한 리그닌만 남아 땅 위에 자꾸 쌓이게 될 것이다. 가끔 산불이라도 일어나 리그닌이 불타서 아예 재로 바뀐다면 모를까, 이 골칫덩어리 물질을 분해할 수 있는 생물을 찾기란 쉽지 않다. 만약 곰팡이들이 세상에 없다면 리그닌만 자꾸 쌓여 가는 문제가 너무 골치 아픈 나머지, 세상의 모든 생물이 오히려 산불이 일어나기만을 간절히 기다리게 될지도 모른다.

그러나 다행히 곰팡이들 덕분에 그런 일은 일어나지 않고 있다. 한 발 더 나아가 요즘에는 곰팡이의 이런 뛰어난 분해 능력을 적극적으로 활용해, 풀이나 나무 부스러기를 분해하여 필요한 물질을 뽑아내려는 연구가 이루어지고 있다.

예전부터 사람들은 식물에서 기름을 짜내거나 곡식으로 술을 담가 왔다. 참기름, 들기름은 각각 참깨, 들깨에서 짠 것이고, 막걸리는 쌀로, 맥주는 보리로 만든다. 그런데 어떤 생물이라도 녹일 수 있는 곰팡이의 성질을 잘 이용한다면, 쓸모없어 보이는 풀이나 잡초 더미에서 기름을 뽑아낸다거나 나무조각 더미에서 알코올을 뽑아내는 기술을 개발해 낼 수 있을지도 모른다. 사실 이런 연구는 이미 꽤 오래전부터 실험실에서 활발히 이루어지고 있다. 만약 커다란 공장에서 대규모로 잡초의 기름을 짜낼 수 있는 기술을 개발해 낸다면, 그 기름으로 자동차를 움직이고 비행기를 띄울 수 있는 날이 올지도 모른다. 석유를 찾아 사막의 지하와 바닷속을 탐사하는 대신 곰팡이를 연구하다가 막대한 양의 기름을 얻을 수도 있다는 이야기다.

인류를 구한 곰팡이

미래 자원을 위해서 곰팡이를 연구하는 것까지 가지 않더라도 이미 오랜 세월 동안 사람들은 곰팡이를 산업에 활용해 왔다. 가깝게는 사람이 마시는 술을 만드는 데에도 곰팡이를 활용했다.

고려 시대의 대문호, 이규보의 『국선생전麴先生傳』은 술을 사람인 것처럼 묘사하여 술의 일대기를 전기처럼 써낸 풍자소설이다. 소설 후반부에는 제臍 마을과 격膈 마을(각각 배꼽과 가슴을 비유한 것) 사이에 난리가 일어나는데, 그 상황을 진정시킬 수가 없어 사람들이 당황할 무렵 술을 상징하는 '국선생'이 출동해 이를 제압했다는 대목이 나온다. 마음이 답답한 일이 있을 때는 술 한잔 생각나게 마련이라는 것을 비유한 이야기다.

이야기의 주인공을 '국'선생이라고 한 것은 술의 원료가 되는 누룩을 한자로 '국麴'이라고 쓰기 때문이다. 그러니까 국선생은 누룩선생이다. 누룩은 쌀을 발효시켜 누렇게 만들어 놓은 덩어리를 이르는데, 쌀을 누룩으로 바꾸는 발효 과정에서 활약하는 것이 바로 누룩곰팡이류*Aspergillus*이다. 조금 더 자세하게 말하면, 먼저 누룩곰팡이는 쌀을 갉아먹으면서 탄수화물을 분해하는 화학반응을 일으켜 효모가 먹기 좋은 형태로 가공해 준다. 그러면 효모가 그것을 다시 갉아 먹어 알코올을 뿜어내는 화학반응이 일어난다. 쌀을 그냥 썩히는 대신 이 화학반응이 잘 일어나도록 조절해 주면 막걸리로 바꿀 수 있다.

사실 누룩곰팡이뿐만 아니라 알코올을 만드는 데 결정적인 역할을 하는 효모 역시 진균류의 일종으로, 곰팡이와 멀지 않은 곰팡이류 생물이다. 보통 곰팡이들이 실 같은 모양으로 길게 붙어 자라나서 이리저리 둥그렇게 핀 모양으로 덩어리지는 것이 특징이라면, 효모는 뭉쳐서 자라나기보다는 주로 수백분의 1mm, 수천분의 1mm밖에 되지 않는 크기로 한 마리, 한 마리가 따로 돌아다니는 형태인 경우가 많다. 이러한 효모 역시 곰팡이의 일종이라고 친다면, 세상 사람들이 지난 수천 년간 마셔 온 그 많은 술들은 어찌 되었건 대개 곰팡이가 뿜어 놓은 찌꺼기라고 할 수 있다. 사람들이 문명을 건설한 이래로 기쁠 때 마신 술, 슬플 때 마신 술, 술 먹고 실수할 때 마신 술, 큰 행사를 벌이거나 축제를 열기 위해 마신 술, 그 모든 것들이 다 곰팡이가 만들어 준 것이라는 이야기다.

누룩을 만들 때 사용하는 특정한 누룩곰팡이 외에도 같은 누룩곰팡이속으로 분류되는 곰팡이들은 집 주변에 굉장히 많다. 아파트 같은 건물 안에서도 누룩곰팡이는 쉽게 자라난다. 그러므로 일상생활에서 마주치는 곰팡이의 대표로 누룩곰팡이를 빼놓을 수 없다.

누룩곰팡이 못지않게 친근한 곰팡이로는 푸른곰팡이*Penicillium*가 있다. 푸른곰팡이속으로 분류되는 곰팡이도 주변에서 쉽게 볼 수 있다. 음식이 상했거나 어딘가에 피어난 곰팡이를 발견했다면 그 곰팡이 중 몇몇이 푸른곰팡이로 분류될 가능성은 충분하다.

곰팡이들은 대체로 무언가가 썩는 과정에 참여하는 경우가 많기 때문에 따지고 보면 세균과 경쟁 관계에 있다. 사람들은 세균이 무엇인가를 갉아 먹으면서 다른 물질을 내뿜는 과정을 보고도 흔히 '상했다'거나 '썩었다'고 말한다. 바로 그 때문인지 곰팡이 종류 중에는 경쟁 관계에 있는 세균을 공격할 수 있는 성질을 가진 것들이 왕왕 있다. 잘 분해되지 않는 물질도 거침없이 분해해서 녹여 버리는 곰팡이의 다재다능한 능력을 떠올려 보면, 세균을 공격하는 특이한 물질을 뿜는다고 해도 충분히 그럴 수 있겠다는 생각이 든다.

바로 그런 이유로 사람들은 세균만 골라서 없앨 수 있는 약을 곰팡이에서 처음 발견했다. 푸른곰팡이속으로 분류되는 곰팡이들은 현미경으로 그 모양을 살펴보면 실처럼 자라난 끄트머리가 대부분 빗자루나 붓 같은 모양으로 퍼져 있는 걸 확인할 수 있다. 그래서 푸른곰팡이를 라틴어로 붓이라는 뜻으로 '페니실리움'이라고 부르는데, 이 푸른곰팡이로 분류되는 곰팡이 중에 페니실리움 크리소게눔*Penicillium chrysogenum*이라는 곰팡이가 뿜어내는 물질이 세균을 없앤다는 사실이 확인되었다. 이것을 페니실리움 곰팡이에서 얻은 약이라고 하여 '페니실린penicillin'이라고 한다. 이후 이 약은 최초의 항생제antibiotics로 자리잡게 되었다.

사람이 세균에 감염되어 병에 걸렸을 때 항생제를 먹으면 항생제는 몸의 다른 부분은 건드리지 않고 세균만 골라서 없앨 수 있다. 세균을 말끔히 없애는 것을 보면 굉장히 독한 약 같지만, 세균 이외의 다른 부분은 건드리지 않는 것을 보면 또 굉장히 순한 약 같기도 하다. 이런 신비로운 약은 과거에는 찾아보기 어려웠고, 그런 만큼 항생제가 개발된 이후로는 수많은 사람이 덕분에 목숨을 구할 수 있었다.

항생제가 갖고 있는 이런 신비로운 힘은 곰팡이가 세균과 함께 썩어 가는 음식물에 붙어서 복작거리는 가운데 어떻게든 버텨 보려고 애쓰며 수억 년 동안 발버둥 친 결과로 생겨난 것이다. 푸른곰팡이에서 뽑아낸 페니실린을 제외하고도 곰팡이에서 여러 가지 유용한 약품을 추출하려는 연구는 꾸준히 이어져 왔다. 가장 더럽고 하찮아 보이는 썩은 구석에서 피어나는 곰팡이 안에 사람의 고귀한 생명을 구하는 비법이 숨어 있다는 사실은 어찌 보면 좀 감동적이기도 하다.

곰팡이 포자가 사람에게 미치는 영향

누룩곰팡이와 푸른곰팡이 외에도 집 안에서 자주 볼 수 있는 곰팡이 종류를 하나만 더 꼽아 보라면 나는 클라도스포륨*Cladosporium*속 곰팡이들을 말하고 싶다. 건물 벽이나 바닥, 배관 같은 곳에 거무죽죽하게 피어나는 곰팡이 중에는 클라도스포륨으로 분류되는 것들이 흔하다. 그러니 누룩곰팡이, 푸른곰팡이, 클라도스포륨, 이 세 가지를 아파트에서 접할 수 있는 3대 곰팡이로 꼽아도 큰 오류는 없으리라고 생각한다.

이런 곰팡이들은 자라나면서 포자[spore]라고 하는 작은 세포 하나를 공중에 흩뿌린다. 세포 하나이기 때문에 그 크기는 아주 작은 가루 한 알 정도밖에 되지 않는다. 100분의 1mm, 1,000분의 1mm 수준으로 측정해야 할 정도다. 이런 가루 하나가 바람에 날려 이리저리 떠다니다가 곰팡이가 잘 자라날 수 있는 곳에 앉으면 그곳에 자리를 잡고 성장하게 된다. 이런 것이 보통 곰팡이가 세상에 퍼져 나가는 방식이다.

곰팡이는 어느 구석에서도 자랄 수 있고 그 포자는 공기 중을 얼마든지 떠다닐 수 있을 만큼 작고 가볍기에 특별히 제거 작업을 한 곳이 아니라면 곰팡이 포자는 어디에든 있다고 보면 된다. 환경보건연구원 아타나시오스 다미알리스[Athanasios Damialis]가 2017년 발표한 자료에 따르면 지상 2,000m 높이에도 곰팡이 포자가 떠다니고 있다고 하니, 한국의 어느 아파트에서든 양이 적고 많고의 차이일 뿐 곰팡이 포자가 조금씩은 떠다니고 있다고 보면 된다. 일부러 심어 둔 것도 아닌데 시간이 지나면 음식에 저절로 곰팡이가 피어나는 이유도, 공기 중을 떠다니는 보이지 않는 작디작은 곰팡이 포자 몇 개가 그곳에 들러붙었기 때문이다.

게다가 곰팡이는 분해하기 어려운 물질도 척척 분해해 내는 능력으로 다른 생물은 잘 먹지 못하는 재료도 빨아 먹는다. 앞서 말했듯 곰팡이는 식물의 질긴 섬유소나 나무의 리그닌도 분해하는데, 바로 그 힘으로 나무를 가공해서 만든 종이도 빨아 먹는다. 그래서 오래된 종이나 책에서는 종종 곰팡이가 피어 있는 것을 발견할 수 있다. 아파트 구석의 벽지에 곰팡이가 생기는 것도 종이의 식물 성분을 곰팡이가 분해해서 빨아 먹을 수 있기 때문이다. 비슷한 방식으로 곰팡이는 나무로 된 가구에 생길 수도 있고, 심지어 페인트를 빨아 먹거나 벽에 앉은 먼지를 갉아 먹기 위해 벽면에 피어날 수도 있다.

곰팡이를 없애기 위해서는 무엇보다 습기를 없애는 것이 중요하다. 벽지에 생기는 곰팡이는 벽지 자체를 먹기 때문에 곰팡이가 핀 벽지는 다 뜯어 없애야 한다. 그렇다고 해도 포자가 집 안에 들어오지 않도록 집의 모든 문을 밀봉하지 않는 한 곰팡이를 완벽하게 차단할 수는 없다. 그렇지만 곰팡이도 생물인 이상 물은 먹어야 살 수 있으므로 습기를 줄이면 곰팡이의 번성을 막을 수 있다.

이 말은 반대로 습기가 많은 어지간한 곳이라면 곰팡이가 피어날 수 있다는 이야기다. 건설된 지 오래되어 배관이 낡은 아파트에서는 물이 새는 길을 따라서 그 습기를 먹고 사는 곰팡이가 흔히 피어난다. 20층의 어느 구석에서 몇 방울씩 물이 새기 시작했다면, 물이 스며드는 길을 타고 아파트 벽 안에서 아래층까지 몇십 미터에 걸쳐서 기나긴 곰팡이밭이 이어질 수도 있다는 뜻이다.

곰팡이가 피어나면 우선 보기도 좋지 않거니와 곰팡이가 뿜어내는 특유의 곰팡내 때문에 쾨쾨한 냄새가 집 안에 퍼질 수 있다. 게다가 곰팡이가 피어나면 곰팡이 포자는 더 많아지고 곰팡이 가루도 더 많이 날리게 될 텐데, 이런 것에 민감한 사람은 알레르기나 천식을 일으킬 수도 있다. 그러므로 집 안에 곰팡이가 가득한 것은 아파트 거주

민 대부분이 무척 싫어하는 일이다.

그 때문에 여러 가지 곰팡이 제거제가 시중에 판매되고 있고, 피어난 곰팡이를 지우는 방법을 궁리하는 사람들도 많아지고 있다. 하지만 곰팡이 포자는 언제든 바람을 타고 집 안으로 들어올 수 있으며, 피어난 곰팡이는 별별 것들을 다 먹어 치울 수 있다. 어디선가 물이 새는 아파트라면 언제고 다시 곰팡이가 피어날 수 있다.

미국에서는 한때 '병든집증후군sick building syndrome'이라고 해서 위생 상태가 좋지 않은 낡고 오래된 집에 머문 사람들이 몸이 아파 오는 이상한 증세에 시달리는 현상이 얼마간 화젯거리가 되었다. 미생물학자 데이비드 스트라우스David Straus를 비롯한 몇몇 사람은 이것이 곰팡이 때문일 수도 있다는 추측을 내놓았다.

이들이 주목한 것은 트리코테신trichothecene이라는 물질이다. 트리코테신은 식중독 원인으로 잘 알려진 독으로, 확대해 보면 탄소, 산소, 수소 같은 원자들 수십 개가 네다섯 개의 고리 모양으로 뭉쳐 있는 것이 특징이다. 트리코테신은 하나의 물질만을 일컫지 않으며, 세부 구조의 차이에 따라서 다양한 종류가 나타난다.

트리코테신은 독버섯에서 발견되는 경우도 있어 사람이 먹으면 아파서 쓰러지는 원인이 되기도 한다. 과거 소련에서는 아예 그 독성을 사람을 공격하는 무기로 쓰기 위해 트리코테신을 대량 생산했다. 버섯에서 트리코테신이 발견되는 것처럼, 같은 진균류에 속하는 곰팡이가 트리코테신을 만들어 내는 경우도 있다.

어느 낡은 집에 곰팡이가 가득 피어났다고 가정해 보자. 그 곰팡이 중에 트리코테신을 만들어 내는 것이 섞여 있고, 하필 누군가 그 집에 살면서 트리코테신을 만드는 곰팡이 가루를 계속 들이마셨다면 어떻게 될까? 아직까지는 곰팡이의 트리코테신이 모든 병든집증후군의 주원인이라고 단정하기 어렵지만, 적어도 곰팡이의 양과 병든집증후군의 관계를 의심하는 연구는 지금도 꾸준히 발표되고 있는 듯하다.

아메바

Acanthamoeba

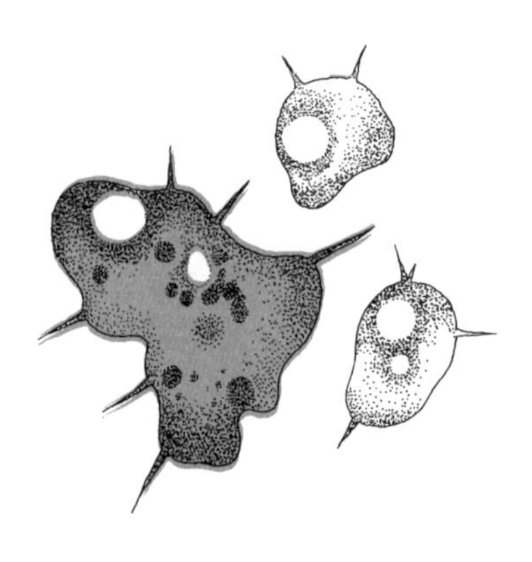

사람의 몸을 크게 확대해 보면 세포cell라고 하는 아주 작은 조각이 보인다. 그런 세포가 잔뜩 붙어 모여 있는 것이 살덩어리고, 곧 사람의 몸이다. 보통 사람의 세포는 그 크기가 아주 작기 때문에 현미경으로 확대해 보지 않으면 하나하나 구분할 수 없다. 세포마다 제각기 크기가 다르기는 하지만, 피부 세포의 경우에는 하나의 길이가 0.03mm 정도라고 하면 적당하다. 그렇다면 가로세로 각 1mm 피부 면적에 1,000~2,000개가량의 세포가 모여 있는 셈이다. 우리가 아름다운 배우의 얼굴을 바라볼 때 우리 눈에 비치는 것은 그 배우의 얼굴을 이루고 있는 수억, 수십억 개의 작은 세포 조각들이 일정한 배열로 잘 줄지어 있는 광경인 것이다.

사람의 몸을 만들기 위해서는 대략 10조 개에서 100조 개의 세포가 필요하다고 한다. 다시 말해서 사람 한 명이 걸어 다니는 것은 10조 개의 세포가 붙어 있는 덩어리가 서로 연결된 채로 움직이는 사건이다. 사람 몸을 이루는 10조 개의 세포는 몇 가지 예외를 제외하고는 대부분 동일한 유전자를 갖고 있다. 그러면서도 몸의 어느 부분에서 어떤 역할을 하느냐에 따라 그 모양과 형태가 조금씩 다르다. 그리고 어떤 모양을 한 세포들이 어디에 모여 있느냐에 따라 사람의 모습이 달라진다. 예를 들어, 물기를 머금고 있는 검은 세포가 덩어리져 모인 곳은 눈동자가 되고, 사람 피는 붉은색이면서 산소 기체와 반응하기 좋아하는 성분을 많이 가진 세포가 핏속에 들어 있어 붉은색을 띠게 된다.

몸집도 대개 세포의 개수에 따라 결정된다. 항상 그런 것은 아니지만 대체로 크기가 작은 동물은 더 적은 수의 세포로 이루어지는 경향이 있다. 예를 들어 어느 정도 자란 사람의 몸에 10조 개의 세포가 모여 있다면, 몸집이 아주 작은 어린아이의 몸에는 5조 개의 세포가 모여 있을 수도 있다. 그러니까 사람의 몸집이 크게 자라는 것은 세포 하나하나의 크기가 커진다기보다는, 세포의 개수가 늘어나고 또 늘어나서 뭉친 덩어리가 들러붙고 또 들러붙기 때문이라는 이야기다. 비슷한 식으로, 아마 사람보다 훨씬 작은 황조롱이 같은 새는 수천억 또는 수백억 개 정도로 적은 숫자의 세포들이 모여 있는 덩어리라고 봐야 하지 않을까 싶다.

이렇게 따져 보면, 작은 동물일수록 그 동물을 이루고 있는 세포의 숫자는 적을 것이라고 예상할 수 있다. 여기에 적당한 예시로 예쁜꼬마선충*Caenorhabditis elegans*이라는 벌레가 있다. 예쁜꼬마선충은 크기가 1mm 정도로 아주 작은 기어 다니는 벌레인데, 이 벌레는 고작 1,000개 정도의 세포로 이루어져 있다. 사람 몸이 10조 개의 세포로 이루어져 있는 것에 비하면 1,000개는 정말 적은 숫자다. 예쁜꼬마선충은 그 몸을 이루는 세포가 얼마 되지 않기 때문에, 학자들은 그 1,000개의 세포들이 각각 어떻게 생겼으며 무슨 일을 하는지 대략적으로 파악하는 데 성공할 수 있었다. 이를테면, 학자들은 이 벌레의 수컷은 1,033개의 보통 세포가 연결되어 있는 덩어리라는 사실을 일일이 헤아려 밝혔다. 다른 성별의 경우에는 959개의 보통 세포가 합쳐져 있다.

심지어 2014년에는 예쁜꼬마선충을 이루고 있는 1,000개의 세포 각각에 신경이 어떤 식으로 연결되어 있는지를 모두 조사한 후, 그 결과를 컴퓨터에 그대로 옮겨서 로봇이 따라 하게 한 실험도 있었다. 그러니까 1,000명 정도의 등장인물이 서로 대화하며 돌아다니는 컴퓨터 게임 같은 것을 만들었는데, 그 등장인물 각각의 인공지능이 예쁜꼬마선충의 세포 하나하나를 따라 하도록 입력한 것과 비슷하다. 어떻게 보면 세포를 연결하고 있는 신경 모두를 그대로 따라 하게 설정해서 마치 살아 있는 벌레처럼 행동하는 로봇을 만든 셈이다.

사람에게뿐만 아니라 하찮은 미물에게도 감정과 정신이 있다는 것은 널리 퍼져 있는 이야기다. 그렇다면 1,000개의 세포로 구성된 예쁜꼬마선충도 어느 정도는 기분이나 감정을 갖고 있지 않을까?

작고 단순한 예쁜꼬마선충은 맨눈으로도 볼 수 있고, 가만히 지켜보고 있으면 정말 흔하고 평범한 벌레 같다. 예쁜꼬마선충은 짝을 찾아다니고 먹잇감을 사냥하며, 얼핏 보면 '이제 나는 어디로 가야 하나' 고민하는 듯이 움직이기도 한다. 그렇다면 이 벌레가 움직이는 방식으로 만들어진 로봇도 생명체처럼 기분이나 감정을 어느 정도 갖고 있다고 봐야 할까? 만약 기술이 발전해서 비슷한 방식으로 사람의 세포 동작을 모두 따라 하는 컴퓨터를 만든다면, 그 컴퓨터는 정신을 갖고 있다고 볼 수 있을까?

이야기할 것이 많은 주제지만, 본론은 그게 아니다. 예쁜꼬마선충이 1,000개 정도의 세포로 구성된 동물이라면, 그보다 더 작고 단순한 동물도 분명히 있을 법하다. 따지고 보면, 예쁜꼬마선충은 맨눈으로 볼 수 있는 정도니까 그만하면 그렇게 작은 생물도 아니다. 그보다 복잡한 구조로 이루어진 집먼지진드기조차도 눈으로 볼 수 없을 만큼 작다. 곰팡이 같은 생물도 크게 피지 않았을 때는 눈에 보이지 않을 정도로 작게 마련이다. 그렇다면 그런 작은 생물 중에는 더 적은 개수의 세포가 붙어 있는 형태로 구성되어, 간단한 구조인데도 나름대로 생명체의 꼴을 한 채 돌아다니는 종류가 있을 것이다.

실제로 세상에는 그런 생물이 있다. 테트라바에나*Tetrabaena*라는 조류algae는 매우 크기가 작은 식물에 가까운 생물이다. 이 생물은 단 4개의 세포가 서로 붙어서 움직이는 형태다. 이 정도면 여러 개의 세포가 붙은 모습으로 살아가는 생물, 그러니까 사람 비슷한 꼴로 사는 생물 중에서는 거의 가장 단순한 구조에 속한다. 그리고 그 단계를 넘어서면, 여러 개의 세포가 붙어 있는 모양이 아니라 단 하나의 세포가 그냥 생물 한 마리로 나타나는 더욱 단순한 생물이 등장한다. 이런 생물을 '단세포생물unicellular organism'이라고 한다. 누구나 들어 보았을 법한, 짚신벌레*Paramecium*나 아메바amoeba 같은 생물이 여기에 속한다. 세상의 온갖 다양한 세균들 역시 단세포생물로 분류된다.

그러나 같은 단세포생물이라고 해도 짚신벌레나 아메바는 세균에 비하면 사람에 굉장히 가까운 생물이다. 눈에 보이지 않을 정도로 작고 세포 딱 한 개로 구성된 생물이라고만 생각하면 사람과는 굉장히 다르다고 느껴질지도 모른다. 그도 그럴 것이 사람은 10조 개의 세포 덩어리가 붙은 모양으로, 대단히 복잡하게 움직이면서 먹고 자고 울고 웃고 생각도 한다. 이에 비하면 세포 하나짜리 생물인 짚신벌레는 세균과 비슷하게 단순한 생물로 느껴질지도 모른다.

그렇지만 세포의 내부를 들여다보면 그 차이점은 크게 두드러진다. 사람의 세포 하나만 떼 놓고 보면, 짚신벌레나 아메바와 닮은 점이 대단히 많다. 세포 중앙에 핵nucleus이 있고, 곳곳에 미토콘드리아mitochondria라는 부위가 있으며, 그 외에도 여러 가지 세포가 복잡한 모양을 이루고 있다. 이런 생물들은 진짜 핵이 있는 생물이라고 해서 '진핵생물eukaryote'이라고 부른다. 그렇지만 세균의 세포 속에는 핵이나 미토콘드리아 같은 복잡한 모양이 없다. 한눈에 보기에도 대단히 단순해 보인다. 그래서 이런 생물을 진정한 핵 구조를 가지기 이전의 원시적인 것이라고 해서 '원핵생물prokaryote'이라고 한다.

세포 구조가 복잡하거나 말거나 그게 무슨 큰 차이인가 싶을지도 모르지만, 진핵생물은 원핵생물과는 대단히 다르다. 여러 개의 세포가 뭉친 채 다양한 형태로 나뉘어 복잡한 덩어리를 이루고 자라는 생물들 절대다수가 진핵생물이다. 소나무, 고양이, 황조롱이, 모기, 집먼지진드기, 곰팡이, 아메바는 모두 진핵생물이라는 공통점을 갖고 있다. 모기, 곰팡이, 사람, 아메바는 그냥 눈으로 봤을 때는 각각 다른 생물처럼 보일 수 있겠지만, 다 같은 진핵생물이라는 점에서는 가깝고도 비슷한 관계에 있다.

세포가 하나이고 그 크기가 작은 것을 보면 아메바는 세균과 비슷해 보일 수 있다. 또 사람과 아메바가 어떻게 비슷한 생물인가 싶을 수도 있겠다. 그렇지만 하나하나 따져 가다 보면 아메바와 사람은 닮은 점이 너무나 많다.

단적으로 말해 우리가 아주 어렸을 적에는 아메바와 크게 다르지 않은 모습이었을 것이다. 지구상의 모든 사람은 누구나 수정란이라는 아주 작은 세포로 시작하여, 여러 개의 세포 덩어리로 분열되고 또 분열되기를 반복한다. 그렇게 더 복잡하고 다양해진 세포 덩어리로 성장하고, 이 덩어리가 자라나 태아가 되는 과정을 거쳐 태어난다. 그리고 그 태아가 자라나면 아기가 된다. 그러므로 우리가 아주 어릴 때,

즉 세포 한두 개였을 시절의 모습은 아메바와 비슷할 수밖에 없다.

다시 말해서 현미경으로 세포 하나만 떼어 내 보면 아메바, 고양이, 황조롱이, 모기, 곰팡이, 사람은 다들 비슷비슷하게 생겼다. 충분한 사전 지식이 없으면 세포 하나의 모양만 보고 그것이 고양이 세포인지 모기 세포인지 구분하기가 쉽지 않다. 그 세포들이 어떻게 불어나서 어떤 모양으로 덩어리지느냐에 따라 어떤 것은 사람이, 어떤 것은 모기가 된다. 세포 하나의 모습만 놓고 보면 진핵생물끼리는 무척 비슷하다는 이야기다.

그와 달리, 핵이 있는 아메바와 핵이 없는 세균은 현미경으로 봤을 때 겉모습부터 확연히 다르다. 만약 어떤 외계인이 실험실의 단순한 물질들을 이용해서 지구 생명체와 똑같은 생물을 시험관 속에 만들고 있다면, 아메바 정도를 만드는 데 성공했을 때 동료 외계인들이 기뻐하며 이렇게 말할 것이다.

"이렇게 복잡한 아메바 같은 것도 만들어 냈으니까 이제 사람이라는 생물도 금방 만들 수 있겠네."

세균 농사를 짓는 아메바

아메바는 주변에서 그렇게 찾기 어렵지 않은 생물이다. 너무 작아서 눈에 보이지 않을 뿐이다. 한국의 웬만한 강물에는 거의 다 아메바가 살고 있다고 봐도 좋다. 게다가 보통 '아메바'라고 하는 것은 다양한 아메바류의 생물들을 모두 뭉뚱그려서 이르는 말이다. 그냥 아메바라고 하지만 그 말에는 조개아메바, 뿔아메바, 별가시아메바, 실가시아메바, 통아메바, 고구마아메바, 콩돌아메바, 꼬마부채살아메바 같은 재미있는 이름을 가진 온갖 아메바들이 모두 포함되어 있다. 그중 몇몇이 도시 아파트의 화단이나 하수구에 살고 있다고 해도 전혀 이상할 것이 없다.

아메바는 쉽게 구할 수 있는 작은 생물이고 기르는 것도 어려운 편은 아니다. 그러면서도 세균 등에 비해서는 사람에 굉장히 가깝다. 그렇기 때문에 생물들의 공통점에 대해서 연구할 때 아메바를 키워서 살펴보는 경우가 왕왕 있다. 세포 하나가 어떻게 활동하고 변해 가는지 관찰할 때도 아메바를 보면서 연구하면 이해하기 쉽기도 하다. 세포 여러 개가 붙어서 움직이는 사람 같은 생물보다 세포 하나로 이루어진 아메바가 더 간단하게 파악되기 때문이다. 사람 세포를 조작하거나 고치는 기술을 개발할 때도 아메바를 이용해서 여러 가지를 실험해 볼 수도 있다.

그렇다 보니 아메바의 삶에서 사람과 비슷한 모습을 꽤 적극적으로 찾아내려는 특이한 연구를 하는 학자들도 나타났다. 2020년 암을 연구하는 루크 트위디Luke Tweedy 연구 팀은 아메바들이 얼마나 미로 찾기를 잘할 수 있는지 실험한 결과를 발표했다. 연구 팀은 정교한 기구를 이용해서 가로 0.04mm, 세로 0.01mm 넓이의 극히 작은 판 위에 미로를 새겨 넣었다. 이 정도면 머리카락 한두 가닥을 잘라 낸 단면이라고 할 만큼 굉장히 작은 크기다. 연구 팀은 좀 더 눈길을 끄는 결과를 보여 주고 싶었는지, 영국의 대표적인 미로 정원으로 잘 알려져 있는 햄프턴코트 미로와 같은 모양을 새겨 넣었다. 그리고 그 속에 아메바들을 집어넣었다. 햄프턴코트 미로를 방문한 관광객들이 그 미로 속을 돌아다니며 길을 찾는 것처럼, 아메바들은 극히 작은 공간 속에서 연구 팀이 새겨 놓은 미로를 돌아다니며 길을 찾게 되었다.

아메바에게는 눈과 귀가 없다. 이대로는 어떻게 해야 미로를 통과할 수 있는지 알 수가 없다. 그래서 연구 팀은 아메바들을 이끌 만한 화학물질인 아데노신일인산adenosine monophosphate을 미로의 반대쪽 끝에 흘려 넣었다. 말하자면 아메바들이 잘 맡을 수 있는 냄새를 한쪽에 피워 놓은 셈이다. 아메바 떼거리를 풀어놓자, 아메바들은 냄새가 나는 쪽을 향해 꾸물거리면서 움직였다. 미로에는 갈림길이 여러 개가 있고 벽으로 막힌 공간도 있다. 이리저리 움직인 끝에 결국 미로를 완전히 탈출하는 데 성공한 아메바들이 한두 마리씩 나타나기 시작했다. 이렇게까지 작고 단순한 생물이 마치 미로를 헤쳐 나가는 것과 같은 행동을 보인 것이다.

연구 팀은 화학물질이 있는 방향을 파악하고 그쪽으로 움직인다는 너무나도 단순한 습성에 보태어 몇 가지 조건이 더해지면, 이렇게 단순한 생물도 목표를 찾아 이리저리 길을 찾는 행동을 할 수 있다고 보았다. 사람들 중에도 간혹 길을 잘 잃어버리고 지리를 너무 몰라서 자신을 '길치'라고 부르는 경우가 있는데, 그와 비교해 보면 아메바의 이런 모습은 더욱 신기하다. 아메바조차도 어찌어찌 길을 잘 찾아다니고 있지 않은가? 이 연구를 보도한 언론 기사에 따르면, 연구 팀은 이 실험에서 단순히 아메바가 얼마나 똑똑한지를 알아보는 것 이상의 지식을 얻을 수 있기를 기대한 듯하다.

생각해 보면, 사람의 핏속에 있는 백혈구 같은 세포는 아메바와 대단히 비슷하다. 백혈구는 정확한 형체 없이 몸을 계속 변화해 가며 꾸물거리는데, 그 모습이 아메바의 겉모습과 닮았다. 백혈구는 그렇게 사람의 몸속을 돌아다니며 제거해야 하는 이물질을 발견하면 잡아먹는다. 그런 식으로 우리 몸을 깨끗하게 유지해 주는 역할을 한다.

그런데 이 백혈구들은 몸 곳곳의 길을 도대체 어떻게 알고 있는 것일까? 몸속에 침입한 이물질을 찾기 위해 순찰하듯이 돌아다닐 때, 혹시 아메바가 미로에서 길을 찾는 것과 비슷한 방식을 사용하는 것이 아닐까? 만약 아메바를 연구해서 그 원리를 짐작해 낼 수 있다면, 사람 몸에서 어떤 병이 어떻게 퍼져 나가는지, 어떻게 추적해서 치료해야 하는지를 알아내는 데 큰 도움이 될지도 모른다. 비슷한 방식으로, 작은 암세포 조각이 몸속을 돌아다니며 이곳저곳에 암을 퍼뜨리는 경우가 있는데, 이런 암세포가 어떻게 길을 찾는지 이해할 수 있다면 암이 퍼지는 것을 막을 수 있을지도 모른다.

이 실험에서 사용한 아메바는 딕티오스텔륨 디스코이데움*Dictyostelium discoideum*이라는 종류다. 이런저런 실험에 유독 자주 사용되는 생물이기 때문에 자료에 따라서는 '딕티Dicty'라는 줄임말로 표기하는 경우도 있다. 딕티는 미로 찾기 실험을 성공적으로 수행했다는 것 이외에도 여러 마리가 모여 사는 습성이 있다는 점으로 유명하다. 그러니까 사람이 사회를 이루고 개미들이 군집을 이루며 사는 습성이 있듯이, 딕티도 서로 모여 협동하며 더 잘 살아 보려는 듯한 습성을 갖고 있다.

아메바가 본디 세포 하나로 이루어진 생물이라는 점을 생각하면, 딕티의 이런 습성은 세포 여러 개가 합쳐진 채로 움직이는 커다란 생물이 어떻게 탄생했는지 짐작하는 데 도움이 될 것이다. 먼 옛날에는 세균이나 아메바와 같이 세포 하나로 구성된 생물만이 지구에 살고 있었을 텐데, 그런 생물 여러 마리가 모여 서로 협동하는 습성을 발전시키다 보니 어느 때인가는 그 세포들이 아예 한 덩어리로 뭉쳐져 전체가 하나의 생물처럼 움직이는 형태도 출현할 수 있었다고 추측해 볼 수 있다. 그 비슷한 일이 일어났으므로 소나무, 모기, 황조롱이, 그리고 사람에 이르기까지 수많은 세포가 연결된 형태를 보이는 커다란 생물들이 세상에 생겨날 수 있었을 것이다.

문명이 오랜 세월을 지나면서 계속 성장하다 보면 언젠가 모든 사람의 정신이 하나의 거대한 정신과 같은 형태로 융합하는 시대가 올 것이라는 상상을 담은 SF 소설들이 있다. 그런데 미래가 아니라 먼 옛날로 거슬러 올라가 보더라도, 우리의 조상이었던 생물은 실제로 딕티와 같이 서로 어울려 사는 아메바 비슷한 생물이 한 덩어리로 결합한 것일지도 모른다.

조금 더 나아가 딕티와 사람의 또 다른 유사점으로, 딕티가 마치 농사를 짓는 듯한 습성을 갖고 있다고 보는 학자들도 있다.

아메바는 자신보다 덩치가 작은 다른 생물들이나 세균 같은 것을 먹고 산다. 실제로 세균 대부분은 아메바보다 훨씬 작아서 아메바의 10분의 1, 100분의 1 크기 정도밖에 되지 않는다. 이 정도면 작은 새를 먹잇감으로 생각하고 공격하는 고양이와 비슷한 수준이다. 아메바가 고양이 입장이고, 세균이 새 입장이다. 반대로 사람이 세균에 감염되어 병에 걸리듯, 아메바도 세균에 감염되어 병에 걸릴 수도 있다.

아메바가 세균을 잡아먹을 때는 몸의 모양을 아가리같이 변형해서 세균을 감싼 이후에 삼키듯이 녹여 먹는다. 이런 식으로 세균을 섭취하는 과정을 '식균작용phagocytosis'이라고 부르기도 한다. 사람 몸속에서 이물질을 잡아먹는 백혈구가 아메바와 비슷하다고 했는데, 백혈구가 사람 몸을 지키기 위해 이물질을 먹어 치울 때도 바로 식균작용이 일어난다.

그런데 가끔 아메바에게 잡아먹힌 세균이 아메바 몸속에서 녹지 않고 그대로 살아남아 버티는 경우가 있다. 심지어 그런 채로 더 자라날 수도 있다. 그렇다면 이런 모습은 사람이 세균에 감염되었을 때 세균이 사람 몸속에서 수를 불리는 것과 비슷해 보이기도 한다. 예를 들면 스타필로코쿠스 에피데르미디스*Staphylococcus epidermidis*, 즉 표피포도상구균은 피부에 여드름이 생기면 그것을 기회로 피부 위에서 숫자를 확불리는 경우가 있다. 그 비슷한 현상이 아메바 몸속에 들어간 세균에게서 일어난다는 이야기다. 이렇게 보면 세균을 먹었지만 소화하는 데에는 실패한 아메바는 마치 세균에게 공격당한 병든 신세인 것 같다. 실제로 아메바가 그런 식으로 세균 때문에 병에 걸리는 경우도 있다.

그렇지만 딕티라는 아메바는 경우에 따라서 이런 상황을 오히려 역이용하기도 한다. 이런 아메바들은 자기가 잡아먹은 세균을 몸속에 품은 채로 그 세균이 더 잘 자라날 수 있는 곳으로 이동한다. 아메바가 지도를 보면서 세균이 잘 자랄 수 있는 땅을 찾아다니지는 못할 테니, 좀 더 정확하게 말하자면 이리저리 휩쓸려 다니면서 세균이 잘 살 수 있을 만한 곳에 도착할 때까지 기다리는 듯한 모습이다. 물속에 사는 아메바라면, 세균이 더 좋아하는 온도의 더러운 물에 흘러들 때까지 기다린다고 보아도 될 것이다.

그러다가 결국 살기 좋은 곳에 도착하면 품고 있던 세균을 다시 바깥에 풀어놓는다. 그러면 그 세균은 그곳에서 왕성하게 자란다. 잡아먹은 세균 한 마리가 그곳에서는 잠깐 사이에 수백, 수억 마리로 불어날 수도 있다. 그렇게 되면 아메바는 푸짐하게 불어난 세균들을 포식할 수 있다. 대개 아메바에 비해 세균은 혹독한 상황에서도 잘 자라나고, 아메바가 잘 먹지 못하는 이상한 성분까지 먹어 치우며 살 수 있다. 아메바 입장에서 보면 자기는 먹을 수 없는 주변의 더러운 물 성분 따위를 이용해 세균을 길러서 그 세균들을 맛있게 먹으며 사는 것이다.

즉 아메바는 아메바가 직접 먹을 수 있는 먹이가 없는 곳에서도 세균 씨앗을 뿌린 뒤에 세균을 추수해서 먹는 듯한 방식으로 살 수 있다는 이야기다. 마치 사람이 풀밭에 소나 염소 같은 가축을 풀어놓고 키우는 것과 비슷해 보이기도 한다. 사람은 풀만 뜯어 먹고 살 수 없지만, 풀을 먹고 사는 다른 짐승을 키워서 잡아먹을 수 있다.

이렇게 보면 아메바가 철저히 세균을 이용하는 것 같은 모양새다. 세균에게 마음이 있다면 '아메바에게 잡아먹혔으니 끝장이다. 잠깐만, 그런데 아메바 배 속에서도 내가 살아 있네. 이렇게 운이 좋다니. 게다가 이렇게 살기 좋은 곳에 도로 나를 풀어 주다니, 이게 웬 횡재냐.'라고 생각할 것이다. 사실은 세균이 그곳에서 번성하게 되면 나중에 아메바가 세균의 자손들을 대거 잡아먹을 텐데 말이다.

그렇지만 세균이 사람처럼 생각할 리 없다. 보기에 따라서 오히려 이런 상황은 세균이 번성하는 데 도움이 되기도 한다. 어찌 되었건 이런 일이 일어나면 세균 입장에서는 숫자를 불릴 수 있다. 그리고 아메바에게 잡아먹힌 채 이동하는 동안, 스스로는 움직일 수 없는 곳까지 건너가서 자손을 퍼뜨릴 수 있으니 더 널리 번성할 수 있다는 장점도 있다. 아메바가 세균을 마지막 한 마리까지 모조리 먹어 없애지는 못할 테니 어찌 되었건 세균의 자손은 멀리 퍼져 나간다. 그렇다면 아메바가 세균을 이용하는 것이 아니라 세균이 아메바를 이용하는 것이라고 볼 수 있을지도 모르겠다. 이런 관점에서는, 사람이 말을 타고 먼 거리를 이동하듯이 세균이 아메바를 타고 돌아다니는 모습이라고 볼 수 있을지도 모른다.

아메바가 세균을 삼킨 뒤에 잘 자랄 듯싶은 곳에 풀어 주는 것이라기보다는, 세균이 일부러 아메바 몸속에 들어간 뒤에 살기 좋은 곳에 도착할 때까지 기다렸다가 다시 아메바의 몸 바깥으로 나오는 것이라고 설명할 수도 있겠다. 이렇듯 세균이 아메바를 통해서 퍼져 나가는 일은 자주 일어난다. 위생과 감염에 대해 연구하는 여러 학자들은 세균이 사람 몸속에 들어올 수 있는 방법이 몇 가지나 있는지를 따지곤 한다. 이때 세균이 아메바 같은 더 큰 미생물에게 먹히거나 감염된 채로 사람 몸속까지 타고 들어올 가능성을 고민하는 연구를 찾아보는 것은 어렵지 않다.

서로 다른 두 생물이 하나로 합쳐진 이유

아메바와 세균이 서로 돕고 지내는 관계라고 생각해 본다면 어떨까? 그렇게 보면, 아메바가 세균을 잡아먹고 그 속에서 세균이 살아남는 모습은 생물의 발전과 탄생 과정을 따지는 데 중요한 근거가 될 수도 있다.

'도대체 핵이 있는 생물의 복잡한 모습이 어떻게 세포 속에 생겨날 수 있는가' 하는 문제는 한동안 굉장히 풀기 어려운 수수께끼였다. 예를 들어 아메바부터 사람에 이르는 진핵생물의 세포 속에는 산소를 이용해 세포가 힘을 낼 수 있도록 돕는 미토콘드리아라는 기관이 여럿 만들어져 있다. 그러나 세균에는 이런 기관이 없다. 세균과 아메바의 차이에 비하면 아메바와 사람의 차이는 크지 않다고 했는데, 그렇다면 세균이라는 아주 단순한 생물이 어떻게 아메바라는 엄청나게 복잡한 생물로 갑자기 진화할 수 있었느냐 하는 점은 풀기 어려운 문제였다는 이야기다. 말하자면 세포 속에 핵다운 핵이 없는 생물, 즉 원핵생물이 핵이 있는 진핵생물로 진화하는 과정은 온갖 다양한 생물이 진화해 온 과정에서 가장 어려운 고비였다고 할 수 있다.

생물학의 혁명가쯤 되는 별명으로 불리는 린 마굴리스Lynn Margulis와 그를 비롯한 여러 학자들의 공헌으로 지금은 생명체가 이 어려운 고비를 어떻게 통과했는지 어느 정도 짐작할 수 있게 되었다. 그 답은 바로 둘 이상의 생물이 서로 합쳐져서 하나의 생물로 결합하는 과정을 통해 아주 복잡한 구조를 지닌 새로운 생물이 갑작스럽게 탄생했다는 것이다. 이를 '세포 내 공생설endosymbiotic theory'이라고 한다.

먼 옛날, 아메바와 비슷하게 식균작용을 통해서 세균을 잡아먹는 생물이 있었다. 이 생물은 미토콘드리아와 비슷한 습성을 가진 채 따로 떨어져 있는 세균을 잡아먹었다. 그런데 어쩌다 보니 그 세균이 소화되지 않고 생물의 몸속에서 살아남았다. 그러다가 이 생물과, 생물에게 먹힌 세균이 서로 도우며 한 몸처럼 살게 되었다. 이런 일은 충분히 일어날 수 있어 보인다. 현재에도 발견되고 있는 지의류 같은 생물을 보면, 곰팡이가 식물성 조류나 광합성을 하는 세균 같은 미생물들을 자기 몸속에 품고 살아간다. 이와 비슷한 일이 아주 먼 옛날에 두 미생물 사이에서 일어났다고 추측해 보자는 이야기다.

두 생물이 한 몸처럼 살다 보니 몸이 섞이게 되었고, 그 결과로 현재의 진핵생물처럼 굉장히 복잡한 세포 구조를 가진 생물이 생겨났다. 이렇듯 복잡한 세포 구조를 갖게 되었으므로 더욱 다양한 습성이 나타난 것이고, 마침내 여러 세포들이 연결되어 커다란 생물로 자라나는 일도 생길 수 있었다.

보통 생물의 진화라는 현상은 보다 더 유리한 생물이 경쟁에서 이기고 살아남는다는 적자생존이 강조되어 비정하고 잔인한 이야기로 보이기 쉽다. 그런데 진화의 가장 어려운 고비인 '원핵생물에서 진핵생물로' 진화하는 과정에서는 오히려 두 생물이 서로 힘을 합쳐 하나로 결합했다는 점에서, 이런 이야기를 과학과 상관없이 좋아하는 사람들도 제법 있는 것 같다.

가시아메바는 어떻게 우리 곁으로 찾아올까

다양한 아메바 종류 가운데 사람들이 많은 관심을 갖는 것으로 가시아메바*Acanthamoeba*속이 있다. 몸 둘레에 가시 비슷한 삐죽삐죽한 모양이 보이는 경우가 많아서 가시아메바라는 이름이 붙은 것 같다.

가시아메바는 대단히 흔한 아메바로 강물에서도 흙 속에서도 발견된다. 한국 여기저기에 널리 퍼져 살고 있다. 2018년에 제출된 한국수자원공사의 연구 보고서 「법적 미규제 미생물 선제적 대응을 위한 분석기술 개발 및 제도화」를 보면, 한국에서 수돗물을 채취하고 있는 곳들 중 반월, 구천, 욕지, 황지, 문산, 고령광역, 구미, 총 7개 지역의 강물을 조사한 결과, 모든 곳에서 가시아메바가 발견되었다고 한다. 그렇다면, 물길이 연결되어 있는 작은 개천과 물가의 축축한 흙에도 가시아메바가 살고 있다고 짐작해 볼 만하다.

가시아메바는 여차하면 '포낭형cyst'으로 변신할 수 있다. 먹고 살고 새끼를 치는 보통 형태를 가리켜 흔히 '영양형trophozoite'이라고 하는데, 아메바가 영양형에서 포낭형으로 변신하면 이 일들을 할 수 없게 되는 대신 몸의 크기가 작아지고 몸 둘레에 단단한 껍질이 생긴다. 가시아메바의 포낭형은 이중 구조로 된 껍질을 갖고 있다는 이야기도 있다. 그렇기 때문에 포낭형으로 변신한 가시아메바는 외부 충격에 강하게 버틸 수 있다. 또한 애초에 포낭형은 먹고 사는 것을 포기한 형태이므로 이 상태에서는 물을 흡수하거나 먹이를 먹지 않아도 살 수 있다.

말하자면 포낭형으로 변한 가시아메바는 겨울잠을 자거나 번데기로 변한 것 같은 모양이 되는 셈이다. 그렇기 때문에 먹고 살기 어려워지면 가시아메바는 포낭형으로 변신해 아무것도 하지 않으면서 다시 살기 좋은 세월이 올 때까지 기다리고 또 기다릴 수 있다. 사람으로 치면, 학교를 졸업하고 일자리를 얻으려고 하는데 경기가 너무 안 좋아서 취직하기가 힘들면 좋은 시절이 올 때까지 이불 속에 들어가서 몸을 웅크린 채 잠만 자면서 몇 년이고 기다리는 셈이다.

가시아메바는 실제로 포낭형 상태로 몇 년이나 있을 수도 있다고 한다. 사람보다 훨씬 빨리 자라고 수명이 짧다는 점을 고려해 보면, 사람이 몇백, 몇천 년 동안 포낭형으로 변신해 있는 것과 같다. 고려 시대의 학자 길재는 고려가 망하고 조선이 들어서자 조선 왕조에 충성할 수 없다고 생각해 벼슬길에 나가지 않고 조용히 숨어 지냈다고 한다. 만약 길재에게 가시아메바 같은 힘이 있었다면, 포낭형으로 변신해 아무것도 하지 않고 잠만 자면서 500년의 세월을 보냈을 것이다. 그러다가 조선이 망하고 대한민국이 시작될 때까지 기다렸다가 깨어났을지도 모른다.

이처럼 가시아메바는 포낭형으로 변신할 수 있기 때문에 살기 어려운 환경에도 이리저리 흘러들어 퍼져 나갈 수 있다. 가시아메바가 살고 있는 곳이 강물이 직접 흐르는 곳이 아니라고 하더라도, 거기에서 튀어나온 포낭형이 이런저런 곳에 묻어 다니다가 살기 좋은 곳에 다다른다면 사람이 사는 곳, 즉 아파트 같은 실내에도 도착할 수 있을 것이다.

다행히 한국의 아파트에는 가시아메바가 그렇게 많지는 않은 것 같다. 한국수자원공사의 보고서를 끝까지 살펴보면, 비록 조사한 강물 7곳에서 가시아메바가 발견되기는 했지만 깨끗이 처리된 수돗물에서는 가시아메바가 발견되지 않았다. 그러니 강물을 직접 길어다가 쓰는 옛날 집이라면 가시아메바가 물을 따라 집으로 찾아올 수 있겠지만, 깨끗하게 걸러 낸 수돗물을 관에 연결해서 사용하는 한국식 아파트라면 수돗물에 가시아메바가 들어 있을 가능성은 낮다고 봐야 한다.

그렇지만 최근까지도 가시아메바 때문에 사람이 병에 걸리는 사례가 드문드문 이어지고 있다. 특히 가시아메바가 콘택트렌즈에 들어오는 바람에 렌즈를 사용하는 과정에서 사람 눈으로 건너가는 경우도 있었다. 이런 일이 발생하면 가시아메바가 눈 속을 돌아다니다가 눈병을 일으키기도 한다. 보통 가시아메바 각막염이라고 부르는 이 병은, 사람들이 흔하게 걸리는 병은 아니지만 그렇다고 간단히 치료되는 병도 아닌지라 콘택트렌즈를 사용할 때는 주의해야 한다는 내용이 언론에 종종 보도되곤 한다.

도대체 이런 가시아메바들은 어떻게 해서 콘택트렌즈까지 들어왔을까? 정확하게 밝혀진 경로는 없다. 그렇지만 정상적으로 공급되는 수돗물이 아닌 다른 물을 사용하는 과정에서 들어왔을 가능성이 높다. 예를 들어 강물에서 수영을 한다거나, 개천가에서 놀다가 물이 묻은 손으로 콘택트렌즈를 만지면 살아 움직이는 가시아메바나 포낭형으로 변신한 가시아메바가 콘택트렌즈로 건너올 수도 있다.

2004년 미생물학자 사이먼 킬빙턴Simon Kilvington 연구 팀이 발표한 논문에 따르면, 영국에서 가시아메바 각막염에 걸린 사람들의 집을 대상으로 이들이 사용하는 물을 살펴보았더니 27곳 중 24곳에서 가시아메바가 발견되었다고 한다. 설치해 둔 물탱크가 더러워져서 가시아메바가 들어와 살게 되었을 수도 있고, 그러다가 가시아메바의 숫자가 불어나는 바람에 가정에서 사용하는 물에 새어 들었을 수도 있다.

그렇다면 모르긴 해도 평범한 아파트에도 하수도나 배수로 쪽에는 가시아메바가 살고 있을 수도 있다고 봐야 한다. 진흙이 묻은 더러운 옷을 세탁하거나 물고기를 손질할 때, 진흙이나 물고기 몸에 붙어 있던 가시아메바가 떨어져 나올 수도 있다. 만약 포낭형으로 변한 가시아메바가 섞여 있다면 그것들은 어지간히 독한 세제나 소독제도 버텨 내면서 물길을 타고 배수관을 따라 흘러 다닐 것이다.

그러다가 주변에 먹을 만한 세균이 가득하고 온도도 적당한 어느 구석진 굽이로 흘러들면 가시아메바는 그곳에서 다시 깨어나 주위를 돌아다니며 살아갈 것이다. 사람들이 버리는 음식찌꺼기와 몸을 씻어 내고 버리는 물 따위가 계속 흘러들 테니 세균들이 먹고 살 재료는 끝없이 널려 있는 세상이다. 그리고 그 세균들은 가시아메바의 사냥감이 된다. 가시아메바는 0.01mm밖에 되지 않는 가냘픈 몸을 갖고 있지만, 그보다도 훨씬 작은 세균 입장에서는 그만하면 온몸에 가시가 잔뜩 달린 호랑이와도 같다. 사람이 버리는 쓰레기가 드넓은 초원의 풀인 셈이고, 세균들은 그 풀을 먹고 사는 토끼 역할을, 가시아메바는 세균을 공격하는 호랑이 역할을 하는 것이다.

어쩌면 사람의 눈에 보일 정도로 큰 생물인 모기의 애벌레 같은 것이 그 아메바를 먹으려 들지도 모르겠다. 장구벌레가 가시아메바를 얼마나 잘 먹는지는 모르겠지만, 그 식성을 생각해 보면 아메바 같은 작은 미생물을 먹는 일도 충분히 있음 직하다. 세균의 입장에서 본다면, 모기 애벌레는 호랑이를 한입에 삼키는 산처럼 거대한 외계 괴물처럼 보일지도 모르겠다. 모기 애벌레는 그 크고 무시무시한 아메바를 끝없이 잡아먹고 어느 날 모기로 변해서 상상도 할 수 없는 하늘 위의 머나먼 세상으로 날아가 버린다. 한평생 더러운 물 구석의 작디작은 세계에서 살아가는 미생물에게 그렇게 이상한 괴물이 또 있을까?

아파트에 사는 사람 대부분은 가시아메바와 세균의 다툼을 크게 신경 쓰지 않을 것이다. 그러거나 말거나 건물에서 더러운 물이 흘러내리는 어느 한 굽이에서는 지금 이 순간에도 이와 같이 먹고 먹히는 자연의 치열한 싸움이 벌어지고 있다. 그렇게 생각하면 아무리 심심하게 생긴 아파트 건물이라고 하더라도 그 속에는 생명에 관한 이야깃거리가 끝없을 정도로 많은 것이다.

미구균

Micrococcus

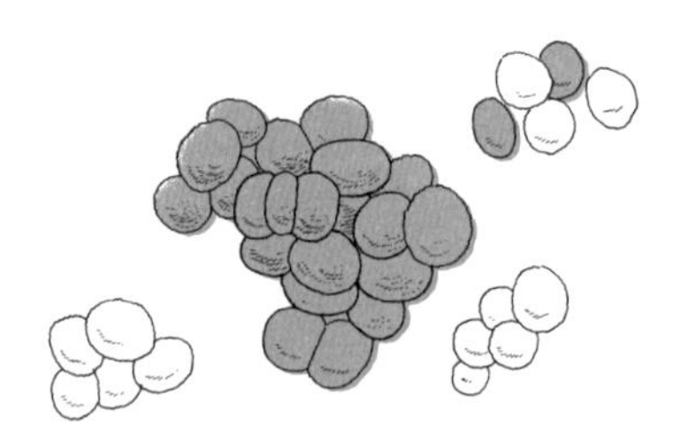

외계인의 우주선이 지구 근처에 나타났다고 해 보자. 아직까지 지구의 모든 모습을 상세하게 탐사해 내지는 못했다. 그러나 지구가 생명이 사는 행성이라는 정도는 짐작하고 있고, 지구가 어떤 행성인지 더 자세히 알아보기 위해 지구 근처를 돌며 지구에 대해 이런저런 정황을 조사하고 있다.

얼마 후 우주선은 지구에 생명체가 살고 있다는 확신을 얻었다. 그리고 그들은 지구 생명체들과 의사소통을 하면서 반응을 살피려고 한다. 우주에 외계인이 산다는 사실을 알려 주려는 것일 수도 있고, 은하계의 이 변두리에 도대체 언제부터 이렇게 생명체가 살고 있었는지 물어보는 것일 수도 있다. 그냥 별 뜻 없이 우주의 거리를 지나다가 누가 있는 것 같아서 잠깐 인사말을 건네는 정도라고 생각해도 된다.

그렇다면 이 외계인들은 누구에게 말을 걸까? 자세히 살펴본다면 지구에 사는 생물 가운데 사람이 가장 재미있는 생물이라고 생각할 수도 있다. 사람은 다양한 문화를 일구어 다채로운 생활양식에 따라 살아가며 지구의 모양을 군데군데 이상하게 바꾸어 놓았다. 지역에 따라서는 거대한 아파트 단지처럼 사람 아닌 다른 생물은 만들기 어려운 커다란 구조물을 잔뜩 지어 놓기도 했다. 세심하게 관찰해 본다면 확실히 사람은 지구 생물 가운데 가장 눈에 띌 만하다.

그러나 나는 지구를 처음 조사하는 외계인들에게는 사람보다 훨씬 더 강렬한 인상을 주는 생물이 따로 있을 것이라고 생각한다. 그것은 바로 지구 곳곳에 가득한 세균, 즉 박테리아들이다. 세균은 박테리아를 번역한 말로 자주 쓰인다. 지구를 처음 본 외계인은 다름 아닌 세균이야말로 진정한 지구의 지배자라고 생각할 확률이 적지 않다.

세균은 지구에서 가장 먼저 나타난 생물에 가깝다. 처음 지구에 생명체가 나타난 시기는 대략 지금으로부터 30억~40억 년 전쯤이라고 한다. 그 후로 이렇게나 오랜 세월이 흘렀으니 지금의 세균이 그 먼 옛날 지구상에 나타난 최초의 생명체와 똑같지는 않을 것이다. 오히려 고세균Archaea이라고 하는, 세균과는 조금 다른 미생물이 지상 최초의 생명체와 더 닮은 느낌이라는 이야기도 있다. 그래도 다른 여러 생물들에 비하면, 지금 세상에 퍼져 있는 세균들은 지구에 처음 생겨난 생명체와 비교적 가깝다고 말할 수 있다. 지상에 최초로 생겨난 생물인 세균 부류가 번성했고, 이후 세균들은 지금까지 30억 년이 넘는 세월 동안 지구에서 계속 살아온 것이라고 해도 크게 틀린 말은 아니다.

그 긴 세월 동안 세균은 멸망하지 않았다. 다른 생물 부류와 비교해 보면 그다지 크게 쇠퇴한 적도 없다. 경상남도 고성에 있는 한 전시관에 가면, 1억 년 전 그 지역에서 살고 있었지만 지금은 멸망해 사라진 공룡 화석을 볼 수 있고, 강원도 태백에 있는 전시관에 가면 5억 년 전 그 지역에서 살고 있었지만 멸망한 삼엽충 화석을 볼 수 있다. 먼 옛날 지구에 살았던 그 멸종생물들은 지금은 찾아볼 수 없다. 그렇지만 온갖 이상한 생물들이 나타났다가 사라진 30억 년의 세월 동안 세균이 사라진 적은 없다. 세균은 멀리 전시관에 가서 볼 필요도 없이 당장 지금 우리 주변만 둘러봐도 얼마든지 불어나고 있음을 확인할 수 있다. 물론 계보를 따져 보면 세균의 종류는 워낙 다양하다 보니 그 많은 세균이 한 번에 망하는 일이 일어나기는 당연히 어렵다. 하지만 어찌 보면 그 다양한 세균들은 비슷비슷한 점이 많아서 한 종류처럼 보이는 것도 사실이다.

그뿐만이 아니다. 세균은 어디에나 퍼져 있고 무엇이든 먹고 살 수 있다. 사람과 세균을 한번 비교해 보자. 지구의 3분의 2는 바다지만 사람은 주로 육지에서만 살고 있다. 그중에서도 농사를 짓거나 집을 짓고 지내는 면적은 대략 육지의 절반 정도라고 봐야 한다. 높은 산지나 시베리아의 깊은 숲, 사막, 남극 같은 지역에는 사람이 거의 살지 않는다. 이렇게 보면 지구에서 사람이 들락날락하는 지역은 전체 넓이의 10~20% 정도라고 보는 편이 맞다.

그렇지만 세균은 바다에서도 살고 바람을 따라 떠다니며 하늘에서도 산다. 심지어 세균은 다른 동물의 피부 표면이나 배 속에서도 살고 있다. 사람들은 유산균 음료를 먹어서 유산균이라는 세균을 일부러 자기 배 속에 넣기도 하는데, 그게 아니더라도 거의 모든 동물의 내장 속에는 많든 적든 세균이 살고 있다. 그렇다 보니, 세균이 먹을 수 있는 대상 또한 굉장히 다양해서 고기나 풀을 먹는 세균이 있는가 하면 돌이나 금속을 분해해서 자신의 몸에 필요한 성분을 뽑아내는 세균도 있다. 보통 세균 때문에 어떤 물질이 변해서 못 쓰게 된 것을 두고 '썩었다'고 하는데, 세상에 무엇이든 썩는 물질이라면 다 세균의 먹잇감이 된다고 봐도 크게 틀리지 않는다. 게다가 플라스틱을 분해하는 세균이 나왔다는 소식이 가끔 기사에 실리듯, 거의 썩지 않는 것 같은 물질조차도 세균의 먹이가 되는 수도 있다.

무엇보다도 세균은 지구의 모습을 크게 바꾸어 놓았다. 사람이 지구를 바꾼 사례라고 해 봐야 산을 깎아 내 아파트를 짓는다든가 하는 정도다. 그렇지만 세균은 지구 성분을 완전히 뒤바꿔 놓았다. 끊임없는 광합성을 통해 공기 중에 산소 기체를 뿜어내어 지구를 산소 기체가 가득한 행성으로 고쳐 버렸다.

지구와 비슷한 행성으로는 지구 가까이에 있는 금성과 화성을 꼽을 때가 많다. 금성과 화성의 대기 성분을 보면, 이산화탄소가 차지하는 비중이 90%로 대단히 높고 산소 기체는 아주 적어서 1%에도 한참 못 미친다. 그렇지만 지구 대기에는 20%가 넘는 산소 기체가 있다. 즉 지구는 산소 기체로 가득 찬 행성이다. 사람을 비롯한 동물이 지금 이 순간에도 숨 쉬며 살아갈 수 있는 것은 바로 산소 기체가 대기 중에 가득하기 때문이다. 오존층이 태양의 강렬한 자외선을 차단할 수 있는 것도 그 오존층을 만들어 주는 산소 기체가 대기에 풍부하기 때문이다. 그래서 산소라고 하면 사람들은 흔히 깨끗하고 순수하고 건강하다는 느낌을 떠올리곤 한다.

그런데 지구에 사는 이 많은 생물에게 반드시 필요한 산소 기체가 원래부터 이렇게 많았던 것은 아니다. 사람들이 산소를 잔뜩 마시며 살 수 있는 이유는 광합성을 할 수 있는 세균들이 수백만, 수천만 년이 넘는 세월 동안 지구에 퍼져서 산소 기체를 끝없이 뿜어 주었기 때문이다. 세균들 중에는 수십억 년이 지난 지금까지도 대를 이어 그 일을 하고 있는 무리가 많다. 아마도 지구가 산소 기체가 많은 행성으로 변하기 이전의 까마득한 과거, 낯선 세상에서 살았던 생물들 중 많은 숫자가 세균이 바꾼 환경을 견디지 못해서 대거 멸망했을 것이다.

SF 영화에서는 화성과 같은 다른 행성을 사람이 살 수 있는 곳으로 개조하는 작업을 '테라포밍terraforming'이라고 하여, 인류의 머나먼 꿈이자 환상 같은 미래의 풍경으로 표현한다. 그런데 지구의 세균들은 이미 오래전부터 우리가 사는 행성을 그런 식으로 살 수 있는 곳으로 꾸며 온 것이다.

이러니 세균을 지구의 지배자라고 생각하는 것이 이상하지 않다. 아직까지도 세균은 대단히 번성하고 있는 생물로, 사람의 곁에서 언제나 함께 어울려 살고 있다. 아파트 단지를 철저하게 관리하여 외부인의 침입을 통제한다 해도, 청결에 공을 들여 모기나 개미가 살지 못하게 막고, 심지어 집먼지진드기까지 깨끗하게 제거한다 해도 세균은 언제나 우리 곁에 머물며, 지금 우리가 사는 집 안에서도 수천억, 수조, 수십조 마리가 함께 지내고 있을 것이다.

세균이 사는 아파트

세균 중에는 아예 사람이 만들어 놓은 집을 적극적으로 이용하는 것들도 있다. 냉장고 속에 치즈나 청국장처럼 세균을 이용해서 만든 발효 음식이 있다면, 이런 것들은 일부러 세균을 키우는 곳이나 마찬가지다. 세균으로 식품을 발효시키는 것은 결국 사람 몸에 별로 해가 되지 않는 세균이 재료를 먹고 자라나면서 맛과 향기가 좋은 성분을 뿜어내 음식을 더 맛있게 바꾸는 과정이다. 사람 입장에서 보면 세균을 이용해 음식을 숙성시켜 맛을 돋우는 것이지만, 세균 입장에서 보면 사람들이 일부러 자신에게 먹고 살 음식을 갖다 바쳐서 편히 살게 해 주는 과정이다.

아파트 같은 실내의 독특한 환경이 어떤 세균에게는 특별한 조건이 되어 종족이 번성할 수 있는 기회가 되기도 한다. 예를 들어, 겨울

철은 대부분의 생물이 살기 어려운 혹독한 계절이기 마련이다. 그러나 아파트 같은 건물의 내부는 따뜻하다. 그렇다면 아파트 내부로 들어오는 데 성공한 세균들은 아파트 바깥에 사는 세균에 비해 훨씬 살기 좋은 날씨를 즐길 수 있다. 사람의 손이나 소지품에 묻어 집 안으로 들어온 세균들은 바로 이런 기회를 잡아챌 수 있다.

반대로 더운 여름이라면 온갖 세균, 아메바, 작은 벌레 들이 모조리 득실거리기 마련이라서 경쟁이 치열해진다. 그런데 그중에 만약 추운 날씨를 잘 견딜 수 있는 세균이 있다면, 냉방 기술을 이용해 한 여름에도 낮은 온도를 유지하는 냉장고 안이나 에어컨 근처에 자리를 잡고 살 수 있다. 그러면 사람이 차가운 냉기를 이용해서 다른 세균들이 자라나지 못하게 막아 주는 가운데, 추위를 잘 견디는 세균은 경쟁을 피해 쉽게 클 수 있을 것이다.

독특한 사례로는 테르무스*Thermus*속으로 분류되는 세균을 이야기해 볼 수 있다. 테르무스는 뜨거운 온천에서 발견되어 화제가 되었다. 이 세균은 섭씨 80도에 가까운 아주 뜨거운 곳에서도 살아갈 수 있다. 반대로, 지구상에 그렇게 뜨거운 물이 있는 곳은 흔치 않기 때문에 온천 근처가 아니라면 널리 퍼져 살기 어려워 보인다.

그런데 사람이 일부러 만든 장소 중에는 그 정도로 뜨거운 온도가 계속 유지되는 곳이 있다. 온수가 흐르는 배관이나 온수기 같은 장치가 그러하다. 수도꼭지만 틀면 바로 뜨거운 물이 콸콸 흘러나오는 건물이라면, 그 수도관 속은 온천 못지않게 아주 뜨겁게 유지되는 세상일 것이다. 이런 곳에서는 테르무스 같은 세균이 살 수 있다. 너무 뜨거워서 다른 생물이 살기에 좋지 않으니 테르무스가 살기에는 오히려 경쟁을 피할 수 있다는 좋은 점도 있다.

2019년 온수 설비를 조사한 레지나 윌피스제스키Regina Wilpiszeski의 연구 팀이 발표한 논문을 보면, 실제로 미국 가정집의 온수기에서 테르무스속으로 분류되는 세균을 어렵지 않게 찾아낼 수 있었다고 한다. 그렇다면 다른 건물의 뜨거운 온수 배관 속에서도 그곳을 자신의 고향으로 삼는 테르무스가 발견된다고 해도 크게 이상할 것은 없을 듯싶다.

이런 이야기를 듣다 보면, 우리가 사는 곳은 세균으로 완전히 뒤덮여 있다는 느낌이 든다. 사실 정말로 그렇기도 하다. 사람에 따라서는 자칫 잘못하면 세균에 감염되어 병에 걸릴 확률도 높아지는 것이 아닌가 싶어 두려울지도 모르겠다. 그러나 우리 주변에 있는 세균 대다수는 보통 사람에게 병을 일으키지 않는다. 오히려 우리 몸을 여러모로 돕는 세균들이 많다는 것이 요즘 학자들의 중론이다. 아파트에 살고 있는 세균들은 물론이고, 우리의 피부 표면이나 몸속에 사는 그 많은 세균들도 대개 그냥 사람과 함께 별 탈 없이 어울려 지낸다.

그렇다면 반대로 사람 몸에 별달리 병을 일으키는 것 같지도 않은 세균을 굳이 열심히 연구할 필요가 없다고 생각할지도 모른다. 그러나 그 역시 오판이다. 세균은 가장 간단한 구조를 가진 생물이기 때문에 세균에 대해 연구하는 것은 생명체의 구조와 동작 원리를 이해하는 데 아주 좋은 방법이 되기 때문이다. 또한 세균이 우리가 사는 행성에 가장 널리 퍼져 살면서 이 행성을 지배하고 있다는 점을 인정한다면, 그에 대해 깊이 연구하는 것은 다양한 생명의 적응 방식을 탐구하는 일이 된다.

이상한 세균을 연구하는 일은 굉장히 유용한 기술로 이어지는 기회가 되기도 한다. 세균은 가지각색의 형태로 지구 곳곳에 퍼져 산다. 온갖 악조건을 버티는 종류가 많은 데다 특이한 물질을 이용해 사는 것들도 많다. 이런 습성을 세심히 관찰하면 세균이 악조건을 버티기 위해 사용하는 화학물질을 뽑아내서 활용할 수도 있고, 세균을 이용해 원하는 물질을 만들어 내는 기술을 개발할 수도 있다.

예를 들어 테르무스는 뜨거운 온도를 버티면서 움직여야 하다 보니, 그런 상황에서도 몸속 화학반응이 오류 없이 깨끗하게 일어나야 한다. 예를 들어 자기 몸속에서 DNA를 만들어 낼 때, 뜨거운 온도를 버티면서 DNA를 만들어 내는 화학물질을 뿜어내야만 한다.

그렇다면 만약 사람이 무슨 실험을 하다가 화학반응을 일으키기 위해 어쩔 수 없이 온도를 뜨겁게 올린 상태에서 DNA를 조작해야 할 때가 생긴다면, 학자들은 이런 세균에서 뽑아낸 화학물질을 활용할 수 있을 것이다. 실제로 이 방식으로 'PCR Polymerase Chain Reaction'이라고 하는 DNA 증폭 기술이 개발되었다. PCR은 DNA를 다루는 온갖 실험에서 대단히 자주 활용되는 대표적인 화학 기술이다. PCR 기술로 실험을 할 때는 온도를 높이는 과정을 거쳐야 하는데, 여기에 사용되는 핵심 물질이 바로 뜨거운 곳에서 사는 세균의 몸에서 뽑아낸 것이다.

2019년 이후 코로나19 바이러스가 대유행한 시기에는 "PCR 검사 결과, 코로나19 양성으로 나타났다."는 소식이 전 세계에서 계속 쏟아져 나왔다. 그러니까 온천에 사는 이상한 세균에서 뽑아낸 약품을 사용하는 PCR 기술이 바이러스의 감염 여부를 알아내는 과정에 가장 믿음직한 기술로서 활용되었다는 이야기다.

아파트 온수 배관에 테르무스가 몇 마리쯤 살고 있다는 사실을 알게 되었다고 해 보자. 그렇다면 세상에 이런 곳에서 사는 기괴한 생물도 있구나 하고 넘어갈 수도 있을 것이고 세균이 살고 있다니 찝찝하다고 생각할 수도 있을 것이다. 또 한편으로는 사람이 코로나19와 싸울 수 있는 가장 소중한 무기를 개발하게 해 준 생명체의 친척이 여기에도 와 있구나 하고 생각해도 될 것이다.

지구 밖의 우주정거장까지 진출한 미구균

지금 가까운 아파트에 분명히 살고 있을 것이라고 거의 확신을 갖고 말할 수 있는 세균은 테르무스 같은 특이한 종류보다는 훨씬 흔하고 평범한 세균들이다. 아파트는 사람이 살기 좋은 곳인 만큼, 세균 역시 사람이 살 만한 곳에 살 수 있고 사람이 먹는 음식이나 사람 주위에 널린 부스러기 같은 것들을 먹고 살 수 있는 종류가 아파트 안에서도 가장 흔할 듯싶다.

예를 들어 미구균Micrococcus속으로 분류되는 세균들은 도시의 아파트 같은 곳에서 아주 쉽게 발견된다. 미구균이라는 이름은 아주 작은 공 모양의 세균이라는 뜻인데, 이름 그대로 그냥 동글동글한 작은 알갱이 같은 모양이다. 세균 중에는 이렇게 간단한 모양을 하고 있는 것들이 적지 않다. 포도상구균Staphylococcus처럼 세균의 이름이 '구균'으로 끝나거나 속 이름에 '코쿠스coccus'라는 말이 들어 있으면 보통 단순한 공 모양인 경우가 많다.

미구균 하나의 크기는 0.001mm 수준인데 그보다 더 작은 것도 흔하다. 이 정도면 작은 생물의 대표 격이라고 할 수 있는 세균 중에서도 작은 축에 속한다는 느낌이다. 현미경으로 확대해서 보면 보통 두세 마리가 뭉쳐서 서로 붙어 있는 모양으로 보일 때가 많다. 미구균이라고 알고 보는 상황이 아니라면, 너무 모양이 단순해서 그냥 봐서는 과연 살아 있는 생물인지 알아보기도 쉽지 않다. 그냥 작고 동그란 알갱이 모양의 고운 가루 같은 게 튀어서 묻은 것처럼 보일 정도다.

그렇게 간단하고 별것 아닌 듯한 모양을 하고 있지만 그래도 미구균은 태어나고 먹고 자라나고 새끼를 치고 죽음을 맞이한다. 미구균의 삶 역시 지극히 생명체답다는 뜻이다. 미구균은 자신이 먹을 수 있는 조그마한 영양분만 있다면 어디든 달라붙어서 번식하며 숫자를 불릴 수 있다. 실내의 공기 중을 떠다니기도 하고, 그러다가 사람 피부에 붙어서 살기도 하고, 음식물에 붙기도 한다. 그런 식으로 미구균은 지금도 계속 집집마다 퍼져 나가고 있다. 2003년 울산대 황광환 연구 팀이 발표한 논문을 보면, 울산 지역 유치원 세 곳의 공기를 살펴보았더니 여러 세균 가운데 가장 흔한 것이 바로 미구균이었다고 한다.

나는 미구균이 이렇게까지 잘 퍼질 수 있었던 까닭은 사람 곁에서 먹이를 잘 찾아내는 습성에 있을 것이라고 추측한다. 미구균의 주식을 꼽아 보라면 아마 단백질 성분, 그러니까 고기 성분이라고 해야 할 것이다. 그렇다고 해서 미구균이 신선하고 육질이 좋은 고기만 찾아 먹는 것은 아니다. 미구균은 좋은 고기건 썩은 고기건 간에 가리지 않고 잘 먹는다. 사실 음식이 썩었다는 것은 세균 같은 미생물이 음식을 먹는 바람에 더 이상 사람이 먹을 수 없는 상태로 바뀌었다는 뜻이므로, 미구균이 고기를 먹고 있다는 것 자체가 고기가 미세하게 썩는 과정이라고 할 수 있다.

그러니 만약 아파트 내에서 식재료인 고기가 상했다거나 고기로 만든 음식이 상했다면 그 원인에 미구균이 섞여 있을 가능성은 충분하다. 먹기 좋게 잘라 놓은 돼지고기 수육 같은 것이 아니라고 하더라도, 고깃국 국물 몇 방울 정도만 해도 미구균 몇 마리가 먹고 살기에 넘쳐날 정도로 충분한 영양분이 들어 있다. 사람 손을 타거나 공기를 떠다니던 미구균이 고기 위에 내려앉아 따뜻한 곳에서 며칠 방치된다면, 미구균은 그 고기를 신나게 먹고 자라나면서 어마어마하게 숫자를 불릴 수 있다. 결국 눈에 띌 정도로 색깔이 변하거나 찐득한 썩은 덩어리 같은 것이 생겨날 텐데, 그런 상태가 되었다면 수없이 많은 미구균들이 자리를 잡은 미구균 대제국이 건설되었다고 봐도 좋다.

특히 미구균 중에는 독특한 색소를 내뿜는 것들이 있다. 만약 썩은 고기가 허옇다거나 시커먼 색깔이 아니라 묘한 색깔을 띠고 있다면, 확신할 수는 없어도 미구균이 색이 보일 정도로 대단히 많이 자라난 것이라고 추측해 볼 수 있다. 몸이 살로 이루어진 동물들이 생명을 잃고 다시 흙으로 돌아갈 때 바로 그런 미구균과 같은 미생물들이 그 몸을 마지막으로 처리한다. 아파트 단지에 깃들어 사는 황조롱이, 개미, 집먼지진드기 등이 최후를 맞이할 때도 마찬가지다.

미구균은 사람이 흘린 음식뿐만 아니라 아예 사람 자체를 먹이로 삼기도 한다. 미구균은 살아 있는 사람에게도 들러붙는다. 실제로 면역이 약해진 사람의 경우 미구균에 감염되어 병을 앓을 수 있다. 그렇지만 대부분 사람 몸에 붙어 있는 미구균은 별 피해를 주지 않고 그저 사람 몸에 달라붙어서 찌꺼기를 먹으며 세월을 보낸다. 살갗의 때, 땀을 흘릴 때 빠져나온 노폐물의 일부가 미구균에게는 훌륭한 식사거리가 된다.

여러 연구에 따르면 사람이 땀으로 뿜어내는 물질 그 자체에는 이상한 냄새가 나는 것이 그다지 많지 않다. 그런데 사람 피부에 사는 세균들이 땀에 섞인 노폐물을 먹고 뿜어내는 물질 가운데에는 이상한 냄새가 나는 것들이 있다. 그리고 그런 물질들이 섞이면 독특한 체취가 생겨난다. 한 세대 전의 옛날 한국 작가들은 '사람 냄새 나는 글'이라든가 '사람 냄새 나는 회사' 같은 표현을 상투적으로 쓰곤 했는데, 사실 그 사람 냄새라는 것은 엄밀히 따지자면 사람 피부 위에 사는 세균들이 살면서 뿜는 냄새다. 미구균 역시 사람 피부에서 흔히 발견되는 세균이므로 이런 냄새를 만드는 역할을 할 수 있다. 그러니까 '사람 냄새'의 주요 성분은 미구균이 사람의 땀을 빨아 먹고 트림을 한 냄새일 수 있다는 이야기다.

2006년 분당서울대병원의 허창훈 교수 연구 팀은 발냄새가 심한 한국인 39명의 발을 조사한 결과, 미구균과 코리네박테륨*Corynebacterium*을 발견했다고 보고했다. 연구 팀은 언론 보도를 통해 이런 세균은 발냄새의 원인으로 흔히 지목되는 것이라고 전했다. 그러면서도 해외에서 발냄새의 원인으로 자주 거론되는 데르마토필루스*Dermatophilus*는 조사에서 거의 발견되지 않았다고 했다. 다시 말해서 다른 나라 사람들의 발에는 어떤 이유로 데르마토필루스가 자리 잡아 발마다 퍼져 나갔는데, 한국인의 발에는 그 대신 미구균 등의 다른 세균이 상대적으로 더 많이 퍼져 있다는 이야기다.

왜 이런 차이가 생겼을까? 미구균이 어느 나라 사람의 발인지 알아보고 한국인 발이면 다른 세균을 쫓아내고 먼저 자리를 잡았기 때문일까? 세균이 법무부 직원도 아니고 사람의 국적을 알아보기란 어려울 테니 그럴 가능성은 낮아 보인다. 그렇다면 한국인만의 독특한 습관과 관련이 있는 걸까? 아파트에 사는 인구가 많다거나 실내에서 신발을 벗고 생활하는 특징이 미구균이나 데르마토필루스와 무슨 관련이 있는 걸까? 미구균에게 직접 물어보면 좋겠지만 그럴 수는 없으니 아직까지는 수수께끼로 남아 있다.

뒤집어 생각해 보면, 만약 미구균 같은 세균이 어떻게 해서 유독 어떤 사람의 몸에 잘 자라나는지를 확실히 알아낼 수 있다면 사람 몸에서 나는 냄새를 줄이는 획기적인 기술을 개발할 수 있을지도 모른다.

사람들이 미구균으로 인한 냄새를 걱정하는 동안, 미구균들은 꾸준히 더 먼 곳으로 퍼져 나갔다. 심지어 지구 바깥의 우주로 진출한 미구균도 있다. 러시아의 우주정거장 미르MIR와, 현재 운영 중인 국제 우주정거장에서 미구균이 발견되었다. 우주정거장에 사람들이 계속 드나드는 이상, 사람 몸에 붙은 미구균은 우주정거장으로 퍼져 갈 수밖에 없었을 것이다. 그게 아니라도 지구에서 보낸 여러 가지 화물에 붙어서 우주까지 왔을 가능성도 있으니 우주정거장에서 미구균이 발견되는 것도 이상한 일은 아니다.

생물 소재를 연구하는 로리 머클레어Laurie Mauclaire가 2010년에 발표한 논문에 따르면, 우주정거장에서 수집한 미구균은 여느 미구균과는 약간 다른 습성을 보인다고 한다. 같은 종으로 분류되는 미구균이라고 하더라도 우주정거장에서 수집한 미구균은 우주에서 태어나고 자라나고 죽는 과정을 대대로 반복하며 다른 종족으로 변한 것처럼 보인다는 이야기다. 세균은 빠르게는 몇십 분 정도면 불어나서 새끼를 칠 수 있다. 그러니 계산해 보면 우주정거장이 몇십 년 정도 운영되었다면, 그곳에 머무는 미구균은 수십 세대에 걸쳐 자손을 퍼뜨렸을 수도 있다. 그렇다면 지구에 사는 조상과는 좀 다른 습성을 갖게 되는 점도 자연스러워 보인다.

연구에 따르면 우주정거장에서 온 미구균은 중력이 약한 곳, 그러니까 우주 같은 곳에서 생물막biofilm을 좀 더 잘 형성하는 습성을 갖고 있다고 한다. 생물막은 물때가 낀 것 같은 모양이나 동물의 이빨에 생기는 충치 모양처럼 생겼는데, 여러 생물이 붙어 자라나면서 끈끈한 물질을 뿜어내 막을 이룬 것을 말한다. 어쩌면 한 무리의 미구균들이 중력이 거의 없는 척박한 우주정거장에 적응해 살면서 우주에서 살기에 적합한 습성으로 점점 변해 간 것인지도 모르겠다.

사나운 늑대를 붙잡아 길들여서 오랜 세월 대대로 사람 곁에 두다 보면 그 후손 중에는 요크셔테리어같이 온순한 개들이 나타난다. 바로 그런 것처럼, 우주에서 사는 데 적합하게 변한 우주 미구균 품종이 우주정거장에 생겨난 느낌이다. 지구와 전혀 다른 행성에서 날아온 외계인 침략자 같은 생물이 나타났다는 소식은 아니지만, 이처럼 과학기술의 발전 때문에 우주에서 태어나 대대로 우주에서 살며 지구 생물과는 다른 습성을 보이게 된 생물들이 출현하고 있다.

지금 이 순간에도 미구균은 우주에서 살고 있고, 우주정거장의 수명이 다해 버려진 후에도 텅 빈 그곳에서 계속 살아갈 것이다. 옛날 소설을 보면 선장은 배가 침몰할 때도 모든 사람들이 다 대피할 때까지 마지막으로 남아 배를 지킨다고 한다. 언젠가 우주정거장이 낡아서 쓰지 못하게 되는 날이 오면, 모든 대원들이 우주선을 타고 지구로 돌아올 것이다. 그러면 어느 날 홀로 불타올라서 별빛이 되어 사라지는 마지막 순간까지 우주정거장을 지키는 생물은 다름 아닌 미구균이 될 것이다.

로봇을 움직이고 자동차를 달리게 하는 기술

만약 누군가 호랑이 가죽이 어떤 특징을 갖고 있는지 알아보기 위해 가죽을 찢고 태우는 실험을 한다고 가정해 보자. 그때마다 가죽 한 장만큼의 호랑이가 희생되기 때문에 실험을 계속하기란 굉장히 어렵다. 호랑이를 구하는 것도 어려운 일이거니와 커다란 동물원 같은 곳에서 호랑이를 먹여 가며 기르는 것도, 무슨 실험을 하겠다고 동물을 희생시키는 것도 도덕적으로 고민스러운 일이다.

그렇지만 미구균 같은 세균의 성질을 이용하는 실험은 모든 면에서 간단하다. 미구균은 구하기 쉽고 키우기도 쉬워서 연구하기가 비교적 편리하다. 당장 내 손 위에도 살고 있고, 적당한 고깃국물 비슷한 것에다가 한 마리를 던져 놓으면 수천, 수만 마리로 단숨에 숫자가 불어나기도 한다. 실험을 한다고 미구균을 만 마리쯤 죽게 만든다고 해도 별로 가슴 아파할 사람이 없다는 점도 장점이다. 정말로 미구균 같은 세균으로 실험을 진행한다면 자기 손에서 미구균을 채취해 키우는 방식이 아니라, 정확하게 비교 가능한 여러 세균들의 표준 형태를 보관하는 세균은행 같은 곳에서 한 마리를 얻어 키워 가며 실험하는 경우가 많기는 하다. 그렇다고 해도 동물을 이용해 실험하는 어려움과는 비교가 되지 않는다.

그렇기 때문에 가정에서 쉽게 구할 수 있는 미구균을 자세히 연구하여 갖가지 용도로 활용하려는 시도는 꾸준히 이어지고 있다. 우선 쉽게 떠올려 볼 수 있는 연구로 단백질 분해 효소를 미구균으로부터 뽑아내는 실험이 있다. 단백질 분해 효소는 단백질 성분을 녹이는 기능이 있으므로 간단하게는 약을 만들 때 사용할 수 있다. 예를 들어 단백질 성분이 많은 고기 음식이 소화가 잘되지 않는다면, 단백질 분해 효소를 먹어서 소화를 돕게 한다는 발상을 해 볼 수 있다.

썩은 고기에서 쉽게 발견되는 미구균은 분명히 고기 성분, 그러니까 단백질을 녹이는 물질을 갖고 있을 것이다. 그러니 미구균에서 단백질 분해 효소를 뽑는다는 발상은 자연스럽다. 사실 고기를 먹는 생물의 몸속에는 다 이런 물질이 있다. 그래야 다른 동물의 몸, 즉 고기를 녹여서 분해한 것을 자신의 몸을 만드는 재료로 조립하는 데 활용할 수 있기 때문이다. 사람만 해도 고기를 소화시킬 수 있는 생물이기 때문에, 사람 내장 속에서도 단백질을 녹일 수 있는 성분이 계속해서 만들어진다.

그렇지만 사람들로부터 일일이 기증받는 방식으로는 많은 양의 단백질 분해 효소를 모을 수 없다. 돼지 같은 가축을 키운 뒤에 그 가축의 몸에서 효소를 뽑아내는 방식도 번거롭다. 그런데 만약 미구균 같은 세균을 키워서 거기에서 단백질 분해 효소를 뽑을 수 있다면, 작업은 너무나 간단해진다. 세균이 잘 자라날 수 있는 따뜻한 통 하나 정도면 세균을 키우는 장비로 손색이 없고, 거기에 미구균이 먹고 살 수 있는 고깃국물 같은 성분만 넣어 주면 그 숫자는 끝도 없이 불어날 것이다. 그러면 그 미구균을 싹쓸이해다가 단백질 분해 효소만 짜내면 끝이다.

이런 식으로 단백질 분해 효소를 생산할 수 있다면 소화제에 넣는 것 이외에도 다양한 용도로 활용할 수 있다. 예를 들어 가공식품을 만들 때 고기를 연하게 만들기 위해 단백질 분해 효소를 뿌린다. 치즈 같이 단백질이 많은 성분을 재료로 삼아 가공식품을 만들 때도 단백질 분해 효소를 넣곤 한다. 이런 작업을 할 때 값싸고 성능이 좋은 단백질 분해 효소를 사용할 수 있다면 더 싼 값에 맛 좋은 식재료를 생산해 낼 수 있다.

실제로 세균을 이용해 만든 단백질 분해 효소 중에는 공장에서 널리 쓰이는 것들이 있다. 아예 조선 시대 때부터 전통적으로 활용해 온 것들도 있다. 청국장을 만들면 콩의 단백질 성분이 분해되어 독특한 맛과 향을 내게 되는데, 이것은 청국장에 붙어사는 바실루스*Bacillus*속 고초균*Bacillus subtilis*이 단백질 분해 효소를 뿜어내서 단백질을 다른 성분으로 바꾼 결과다. 그러니 이런 특징이 뛰어난 적당한 바실루스 세균을 잘 키워서 그 세균으로부터 단백질 분해 효소를 따로 추출해 낸다면, 그것만 따로 팔 수 있을 것이다. 이렇게 만든 단백질 분해 효소는 청국장을 만드는 용도 이외에도 고기를 연하게 만드는 등 다양한 용도로 활용할 수 있다.

만약 흔하고 키우기 쉬운 미구균으로 단백질 분해 효소를 만드는 방법이 꾸준히 개발되어서 그중 시중에 유통되고 있는 단백질 분해 효소보다 더 값싸고 성능이 뛰어난 것이 발견된다면, 더 좋은 고기맛을 내는 식재료가 나올지도 모른다. 그뿐만 아니라 단백질을 분해하면 아미노산 같은 여러 가지 물질이 만들어지기 때문에 그런 물질을 이용해서 다양한 약품과 재료를 더 쉽게 만드는 방법이 나올지도 모른다.

세균이 생물이라는 점을 더 적극적으로 응용하려는 학자들도 있다. 세균은 크기가 아주 작고 구조도 단순해서 갖가지 조작과 연구를 가하기가 쉽다. 세균의 작용을 한참 연구하고 있을 때는 세균이 그저 단백질 몇백 개가 섞여서 붙어 있는 화학물질 덩어리 정도로 보일지 모른다. 그러나 세균도 생물이다. 세균 또한 생물다운 여러 갈등을 겪으며 다양하고 복잡한 활동을 할 수 있다.

2013년 아주대 김동완 교수 연구 팀은 미구균을 대상으로 실시한, 한 가지 괴상한 실험의 결과를 소개했다. 금속 계열 물질을 재료로 아주 곱고 가늘면서 독특한 모양의 가루를 만들어 내는 데 성공했다는 이야기였다. 자료에 따르면, 이런 물질은 배터리처럼 전기를 저장할 수 있는 장치를 만드는 데 활용할 수 있고 그 성능 또한 빼어나다고 한다.

가루 알갱이 한 알의 크기가 100만 분의 1mm 단위로 따져야 할 정도로 작을 때, 보통 그런 가루를 '나노물질nanomaterial'이라고 한다. 나노물질 상태가 된 가루는 그보다 알갱이가 굵은 가루 상태일 때와는 성질이 달라져 괴상한 현상을 일으키는 경우가 있다. 이렇게 벌어지는 괴상한 현상은 여러 가지 목적으로 활용되곤 한다. 2000년대 초에는 아주 작은 나노물질 형태로 만든 은가루, 즉 은나노 입자가 살균 소독에 도움이 되는 성질이 있다는 사실이 화제가 되었다. 지금은 몇 가지 이유로 그때만큼 화제에 오르고 있지는 않지만, 당시에는 무엇인가를 깨끗하게 소독해야 할 때 은나노 입자를 뿌리는 기능을 갖춘 기계 제품이 유행할 정도였다.

비슷한 형태로, 금속에 산소가 결합된 형태의 물질들을 100만 분의 1mm 단위로 아주 작고 정교하게 가공해 내면 전기를 저장하는 데 유용하게 쓸 수 있을지도 모른다는 구상이 나와 있다. 만약 그런 재료를 실제로 개발해서 대량 생산할 수만 있다면 스마트폰, 전기 자동차, 로봇을 더 강하고 오래 쓸 수 있도록 개선할 수 있을 것이다. 특히 자동차나 로봇은 전기선에서 떨어진 채 충전 없이 오래 움직이는 것이 아주 중요한 제품이기 때문에 전기를 효과적으로 저장할 수 있는 부품이 나온다면 제품의 성능을 확실하게 개선할 수 있다.

그러나 이렇게 작은 크기로 물질을 가공하는 것은 너무나 어려운 일이다. 머리카락 한 올을 칼날로 쪼개는 것도 쉽지 않지만, 나노물질을 만드는 데 필요한 세밀한 가공에 비하면 이 작업은 100배는 더 굵고 뭉툭한 것에 지나지 않는다. 어지간히 날카로운 칼날이나 바늘이 있다고 하더라도 나노물질을 가공하는 데는 쓸 수 없다.

그런데 애초에 작은 세계에 사는 세균을 조작할 수 있다면 극히 세밀하고 정교한 작업을 하는 데에 쓸모가 있을지도 모른다. 미구균 같은 세균은 크기가 1,000분의 1mm 이하인 것도 많다고 했으니, 미구균 입장에서 보면 나노물질도 제법 굵직해 보일 것이다. 그러면서도 세균은 살아 있는 생명체이기 때문에 잘만 조작하면 정교한 동작을 수행하도록 만들 수 있을 것이다. 『삼국유사』를 보면, 신라의 혜통이라는 인물이 병든 공주를 치료하기 위해 조그마한 콩을 병사로 변신시켜서 사람 몸속의 괴물을 쫓는 이야기가 나온다. 우리는 조그마한 세균을 이용해서 그 세균이 더욱 작은 나노물질을 만들어 내도록 조종하겠다는 이야기다.

실제로 김동완 교수 연구 팀은 미구균의 겉면, 그러니까 동물로 따지면 피부에 해당하는 곳에 전기를 띤 형태로 변한 금속 원자들이 잘 달라붙는 성질이 있다는 점을 이용해 나노물질을 만들었다. 미구균의 몸에 재료 물질을 붙인 다음, 그 위에 재료 물질이 계속 엉겨 붙게 하는 방식이었다. 논문에 나온 표현대로라면, 그렇게 해서 산화코발트라는 물질을 100만 분의 2mm 크기의 꽃 모양 알갱이 형태로 만들어 냈다고 한다.

언젠가 이와 같은 기술이 널리 실용화되어 정말로 몇 배, 몇십 배나 강력한 배터리가 개발된다면 그 덕택에 힘이 세진 로봇이 도시 곳곳을 돌아다니며 사람을 돕는 세상이 찾아올지도 모른다. 정말로 그렇게 된다면, 집에서 고기를 썩히거나 발냄새를 지독하게 만드는 것 외에는 도통 무슨 일을 하는지 모르겠다는 미구균을 이용해서 인류

문명을 완전히 다른 시대로 이끌어 나가게 되었다고 말해 볼 수도 있을 것이다.

그 성공 가능성이 얼마나 될지는 내가 알 수 없는 일이다. 하지만 이런 이야기 역시 지구의 지배자라는 세균의 위엄에 어울린다는 느낌이다.

코로나바이러스

Coronavirus

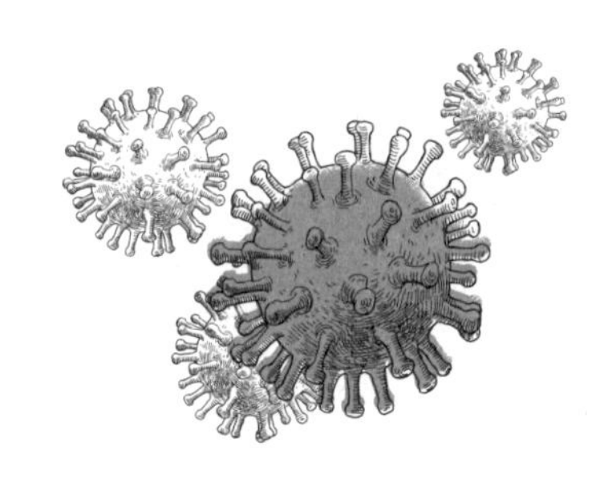

세균이 가장 단순한 형태를 가진 생물이라면, 바이러스는 아예 이런 것을 생물로 봐야 할지 그렇지 않은지조차 애매한 모습이다. 바이러스 중에는 세균보다도 크기가 훨씬 작은 것들이 허다하다. 대개 렌즈를 사용하는 일반 현미경으로는 그 모습을 볼 수조차 없다. 너무 작아서 현미경으로는 아무리 확대해도 보이지 않는다는 뜻이다. 바이러스가 이렇게나 작다 보니 마치 사람이 아주 작은 세균에 감염되면 병에 걸리듯, 그 작은 세균도 더 작은 바이러스에 감염되어 병들기도 한다.

곰팡이, 즉 진균류나 세균은 생물이기에 태어나고 먹고 자라나고 새끼를 치고 죽음을 맞이한다. 이런 삶의 과정을 거친다는 점에서는 식물, 동물, 사람과 크게 다를 바가 없다. 생물은 생물이라는 말 그대로 우리가 삶이라고 여기는 방식에 따라 살아간다. 세포라는 형태로 몸이 이루어져 있다는 점도 모든 생물이 갖고 있는 공통적인 특징이다.

그러나 바이러스는 이런 특징조차 갖고 있지 않다. 바이러스는 먹고 자라나는 과정을 겪지 않는다. 세균이나 곰팡이는 음식물을 빨아 먹으면서 번성하고 그 과정에서 사람이 먹지 못하는 물질을 뿜어 놓는데, 그때 음식이 상했다고 한다. 그러나 바이러스는 무엇인가를 먹고 자라나는 행동을 하지 못하기 때문에 음식이 있어도 그것을 직접 빨아 먹고 번성할 수 없다. 즉 음식은 세균이나 곰팡이 때문에 썩을 수 있지만, 바이러스 때문에 썩는 일은 없다. 물론 사람에게 병을 일으키는 바이러스가 음식에 묻어 있다면, 그 음식을 먹고 병에 걸릴 수도 있으니 바이러스가 음식을 오염시킨다고 말해 볼 수 있다. 그러나 음식에 바이러스가 묻어 있다고 해도 다른 생물의 도움이 없다면 바이러스 스스로 음식을 갉아 먹으며 늘어날 수는 없다.

그러면서도 바이러스는 다른 생물에 기생해서 자신과 똑같은 물질을 복사해 만들어 내는 작용만은 계속해 나간다. 먹지도 자라나지도 않고 숫자를 불리는 일만 한다. 그저 다른 생물 속에 끼어들어가서 새끼를 치듯이 자기 자신의 복제본을 만드는 활동만을 반복하고 또 반복한다. 그만큼 바이러스는 이상한 것이다. 객관적으로 생물학을 연구하는 좋은 태도라고 보기 어렵겠지만, 나는 진균류나 세균의 행동과 살아가는 모습을 보면 이것들이 미생물이라고 하더라도 어쩐지 사람이나 다른 동물의 삶이 떠오르면서 인생과 비슷하다는 느낌을 받을 때가 많다. 그렇지만 바이러스로부터 그런 느낌을 받기는 어려웠다. 바이러스는 너무나 낯설고 특이해 보인다.

바이러스와 인류의 전쟁

사람의 피부에 병을 일으키는 원인을 파악할 때는, 진균류 때문에 일어나는 것과 세균 때문에 일어나는 것, 그리고 바이러스 때문에 일어나는 것으로 나눠 생각해 볼 수 있다.

무좀은 진균류가 발에 퍼지면서 발생한다. 그에 비해 여드름은 피부에 사는 세균의 활동 때문에 생기는 경우가 잦다. 한편 사마귀는 바이러스가 원인인 경우가 많다. 모두 피부에 생기는 비슷비슷한 병이지만, 무좀은 따지고 보면 사람이나 동물, 식물과 그다지 차이가 크지 않은 진균류라는 생물이 일으키는 병이고, 여드름은 동물, 식물과는 큰 차이를 보이지만 어쨌든 생물이라고 볼 수 있는 세균이 일으키는 병이다. 그러나 사마귀는 생물로 보기도 애매한 바이러스라는 아주 작은 게 피부에 붙어서 만들어 내는 것이라고 봐야 한다.

앞서 말했듯 바이러스는 보통 현미경으로 볼 수도 없고 음식을 먹고 자라나는 평범한 생물다운 행동도 하지 않는다. 그러다 보니 그 습성과 작용을 이해하는 데에도 어려움이 따른다. 그 탓에 근현대 생물학이 발전하는 와중에도 바이러스가 일으키는 병에 대해서 명쾌하게 설명하기까지는 상대적으로 더 힘든 과정을 겪었던 것 같다. 그런저런 이유로 제법 최근까지도 바이러스로 인한 병이 한번 맹위를 떨치기 시작하면 그것을 막아 내기가 대단히 어려웠다.

긴 세월 동안 수많은 사람을 괴롭힌 가장 악명 높은 바이러스 전염병을 꼽아 보라면 역시 천연두smallpox를 지목할 수 있다. 천연두바이러스가 몸에 들어와서 사람을 괴롭히기 시작하면 피부병이 생기는 동시에 상당한 열이 나게 된다. 예로부터 어린이들이 천연두에 감염되는 사례가 많았는데, 수천 년의 세월 동안 전 세계에서 천연두로 목숨을 잃은 어린이의 숫자는 헤아릴 수 없을 정도다. 천연두는 한반도에서도 수천 년 전부터 성행한 병으로, 대단히 많은 사람들이 천연두바이러스 때문에 생명을 잃었다.

과거에는 갑자기 왜 이런 병이 찾아오는지, 또 어떻게 치료할 수 있는지 알지 못했다. 그냥 하늘의 뜻, 운수, 마귀의 저주 따위 때문에 어느 날 갑자기 병에 걸리는 것이라고 생각했다. 대책이라고는 그저 운이 좋아서 잘 견뎌 낫기를 바라는 것밖에 없었다. 그런 상황에서는 사람의 노력으로 병을 예방할 수도, 뭔가 해결책을 구할 수도 없었다. 아무리 지체 높은 가문에서 태어난 갑부라고 하더라도 그냥 어느 날 운명 때문에 천연두에 걸리면 걸리는 것이고, 운이 좋으면 살아나고 운이 나쁘면 살아나지 못할 뿐이었다. 하늘이 선택한 임금의 아들딸이라고 하더라도 천연두로부터 목숨을 부지할 수 있느냐 없느냐 하는 것은 그저 운에 맡기는 수밖에 없었다. 실제로 조선의 임금 태종 이방원은 자신의 아들 이종이 천연두에 걸렸을 때 온갖 방법을 다 써 보았다. 그렇지만 임금의 아들이라도 운이 없으면 별 도리 없이 그 목숨을 부지하는 데 실패할 수밖에 없었다.

이런 일이 계속 벌어지는 세상에서는 운명론이나 여러 가지 주술에 굴복하기가 쉽다. 아무리 내가 열심히 살고자 애를 쓰고 성실히 살아 보려고 한들, 하늘이 내리는 운수가 나쁘거나 마귀의 저주를 받는다면 그냥 천연두에 걸려 목숨을 잃을 수밖에 없다는 생각에 빠질 만한 시대였다는 말이다. 그렇다면 세상을 보는 시각도 이러한 생각을 따라가게 된다.

실제로 조선 시대에는 어떤 마귀나 귀신이 천연두를 옮긴다고 생각했다. 조선 말의 기록인 『오주연문장전산고五洲衍文長箋散稿』를 보면, 사람들은 혹시나 천연두 귀신이 화를 낼까 봐 천연두 귀신이라는 말도 함부로 쓰지 못해서 '호귀마마胡鬼媽媽'라고 하거나 "손님이 드셨다"는 식으로 돌려 말했다. 영남 지방에서는 '서신西神'이라는 이름으로 불렀다는 기록도 보인다. 그리고 집안사람이 천연두에 걸리면 천연두 귀신이 그 사람을 너무 심하게 괴롭히지 않도록 물을 떠 놓고 떡과 밥을 차려 놓았다. 그렇게 매일같이 기도를 하며 빌고 또 빌었다고 한다. 천연두가 나으면 잘 가라고 귀신을 배웅하면서 종이, 나무, 짚으로 물건을 만들어 바치는 의식이 있었으며, 천연두 귀신이 머무는 동안에는 집안의 공사를 치르지 않고 정갈하게 생활하곤 했다는 이야기도 기록되어 있다.

그렇게 애절하게 천연두 귀신을 향해 기도하고 또 기도했지만, 그런 온갖 방법들은 다 부질없는 짓이었다. 천연두는 귀신이 일으키는 것이 아니라 천연두바이러스가 일으키는 병이기 때문이다. 천연두바이러스에게는 기도하는 소리를 들을 귀도 없고, 차려 놓은 떡을 먹을 입도 없다. 천연두바이러스는 그저 자기 자신을 복제하는 데 사용할 DNA와 그 DNA를 돕는 약간의 단백질이 뭉쳐 있는 덩어리일 뿐이다.

천연두를 막을 수 있는 진짜 기술이 개발된 것은 18세기에 이르러서였다. 그 기술을 개발해 퍼뜨린 인물 중에 똑똑히 기록을 남겨 잘 알려진 인물로는 흔히 영국의 에드워드 제너Edward Jenner를 꼽는다. 제너는 천연두 비슷한 병에 걸린 소로부터 뽑아낸 물질을 사람에게 넣으면, 천연두바이러스를 막을 수 있는 상태로 변한다는 사실을 알아냈다. 이것이 최초의 백신vaccine이었다. 백신이라는 말 자체가 소라는 뜻의 라틴어 바카vacca에 뿌리를 둔 말이다.

백신이라고 하면, 언뜻 아주 비자연적이고 기계적인 최첨단 기술처럼 들리기도 하지만 사실은 개발된 지 200년이 넘은 전통적인 방법이고 소를 이용하는 매우 자연적인 방법에서 출발한 기술이다. 서울의 대표적인 문화재인 지금의 경복궁이 만들어진 시점이나 조선 후기 한의학의 새로운 면모를 보여 준 사상의학 같은 것이 정리된 시기보다도 오히려 백신이 처음 개발된 시기가 앞선다. 우리나라에도 조선시대가 끝나기 이전에 천연두 백신 기술이 보급되었다. 심지어 정약용 같은 19세기 초의 조선 학자들이 이미 천연두 백신 기술을 파악하고 있었다는 설도 제법 퍼져 있다.

수천 년 동안 그 많은 사람들의 생명을 빼앗아 간 천연두는 백신이 개발되면서부터 빠르게 자취를 감추기 시작했다. 누구에게나 찾아올 수 있는 마귀의 저주처럼 돌던 천연두 귀신은 허상으로 사라져 버렸다. 20세기 중반, 전 세계적으로 천연두바이러스를 아예 지상에서 완전히 섬멸해 버리자는 운동이 국제 협력 차원에서 벌어졌고, 실제로 1970년대를 지나면서 인류의 영원한 숙적처럼 악명 높았던 천연두바이러스는 씨가 말라 멸종되어 버리고 말았다. 1970년대 이전에 태어난 세대의 몸에는 이 시기에 세계 각국이 정책적으로 추진했던 천연두 예방접종 자국이 남아 있는 경우가 많다. 그것은 전 세계 사람들이 백신을 무기로 단결해서 다음 세대에게 천연두가 없는 세상을 남겨주기 위해 다 같이 힘을 모아 싸운 흔적이다. 결국 이들은 이 싸움에서 승리해 지금 우리가 정말로 천연두 없는 세상에서 살 수 있도록 만들어 주었다. 그 자국은 이 사실을 증명하는 자랑스러운 훈장이다.

전염병은 더 이상 귀신이 갑자기 누군가를 덮치는 저주의 운명 같은 것이 아니다. 사람의 생명과 삶이 그런 주술적인 운명론에 의해 좌지우지되지 않는다는 의미다. 전염병은 바이러스나 세균 같은 것에 감염된 결과일 뿐이며, 과학기술을 발전시켜 다 같이 힘을 모아 조치하면 막아 낼 수 있는 대상이다. 이런 변화는 사람들이 세상을 바라보는 관점을 바꾸었을 것이다.

꼬리에 꼬리를 물고 퍼져 나가는 활동 방식

1980년대 말~1990년대 초, 컴퓨터라는 기계는 가정과 직장에 빠르게 보급되었다. 그 무렵 세상에 컴퓨터바이러스라는 프로그램이 등장했다. 컴퓨터바이러스는 요즘 쓰는 말로 하면 악성코드의 일종인데, 이 프로그램은 사람들이 사용하는 실행 파일이나 디스크 내용을 몰래 수정한다.

그런데 컴퓨터바이러스는 이상한 특징을 갖고 있다. 이 프로그램은 한번 실행되면 자기 자신을 다른 프로그램의 실행 파일 뒷부분에 붙여 넣는다. 그래서 그 다른 프로그램이 실행될 때 자기 자신도 실행되게 만든다. 예를 들어서, 어떤 컴퓨터바이러스 프로그램은 실행하면 컴퓨터에 설치되어 있는 게임 프로그램의 뒷부분에 붙는다. 그다음부터는 게임 프로그램만 실행해도 거기에 붙어 있는 컴퓨터바이러스 프로그램이 같이 실행되는 식이다.

만약 그 게임을 친구에게 빌려줬다거나 복사해 줬다고 해 보자. 친구는 그냥 게임인 줄 알고 그 프로그램을 실행한다. 게임은 정상적으로 작동된다. 그때 모르는 사이에 게임 프로그램의 뒷부분에 복사되어 있던 바이러스 프로그램도 같이 실행된다. 바이러스 프로그램은 이제 친구 컴퓨터에 설치되어 있는 다른 프로그램들을 찾아서 그 뒷부분에 자기 자신을 또 복사해 넣는다. 예를 들면 친구가 사용하는 음악 프로그램의 뒷부분에 바이러스 기능을 하는 내용이 복사되어 덧

붙여질 수 있다. 만약 그 프로그램을 친구가 또 다른 친구에게 복사해 주면, 그 친구의 친구가 갖고 있는 컴퓨터 속의 프로그램들에도 바이러스 기능을 하는 부분이 달라붙는다.

이런 식으로 컴퓨터바이러스는 그 자체로는 의미 있는 프로그램이 아니고 실행될 이유도 딱히 없지만, 사람들이 즐겨 쓰는 다른 프로그램에 달라붙어서 그 프로그램이 작동할 때 같이 실행되도록 끼어들어 있다. 그리고 실행되면 자기 자신을 복사해 또 다른 프로그램에 최대한 많이 달라붙어서 퍼져 나간다. 이렇듯 컴퓨터바이러스는 꼬리에 꼬리를 물고 계속 퍼진다.

한번 실행된 바이러스는 몇십 개, 몇백 개의 다른 실행 프로그램에 자기 자신을 복사한 내용을 단숨에 연결해 붙여 넣을 수 있다. 그렇게 바이러스가 붙은 프로그램은 또 그 정도로 바이러스를 퍼뜨릴 수 있는 능력을 갖게 된다. 하나가 열 개를 감염시키면 열 개는 백 개를, 백 개는 천 개를 감염시킨다. 그러니 바이러스가 퍼져 나가는 속도는 상상을 초월할 정도로 빠르다. 1989년경에 한국에서 개발된 것으로 추정되는 'LBC 바이러스'는 불과 1년여가 지난 1990년경에 세계 각지의 컴퓨터에서 발견될 정도로 빠르게 번져 나갔다. 그래서 LBC 바이러스에는 '코리아 바이러스'라는 별명이 붙기도 했다.

당시의 컴퓨터바이러스 중에는 그냥 곱게 자기 자신을 복사하고 또 복사하기만 하는 것들도 있었지만, 가끔씩 컴퓨터를 파괴하는 난동을 부리는 것들도 있어 악명이 높았다. LBC 바이러스는 지금의 SD

카드와 비슷한 역할을 하던 플로피디스크만 사용해 컴퓨터를 쓸 경우에는 별 문제를 일으키지 않았지만, 하드디스크를 사용할 때면 하드디스크를 파괴해 버렸다. '13일의 금요일 바이러스'는 평소에는 자기 자신을 복제해 퍼뜨리는 것 이외에는 별다른 일을 하지 않지만 13일의 금요일이 되면 컴퓨터의 자료를 파괴했다. '미켈란젤로 바이러스'는 컴퓨터 자료를 파괴하는 날짜가 미켈란젤로의 생일인 3월 6일이었다. '다크어벤저 바이러스'는 자신이 16회째 실행될 때 자료를 파괴하도록 만들어졌다. '폭포 바이러스'는 자료를 파괴하지는 않지만 5분 정도 컴퓨터를 쓰면 화면에 있는 글씨들이 영화 〈매트릭스〉에 나오는 것처럼 아래로 주르륵 내려가도록 되어 있어 사용을 방해했다.

이런 프로그램들에 컴퓨터바이러스라는 이름이 붙은 것은, 그 동작 방식이 바로 생물을 감염시키는 실제 바이러스와 아주 비슷하기 때문이다. 컴퓨터바이러스 자체는 사람들이 좋아할 만한 기능을 갖추고 있지 않지만 다른 사람들이 많이 쓰는 프로그램에 달라붙은 채 같이 실행되는 것을 노린다. 이렇듯 바이러스는 스스로 먹고살 수 있는 재주가 없지만 자신의 유전자를 슬쩍 다른 생물의 몸속에 집어넣어서 활동한다. 이 사실을 알 리 없는 다른 생물은 자라는 과정에서 멋모르고 바이러스의 유전자도 소중히 복제해서 바이러스의 몸뚱어리까지 같이 자라나게 만든다. 그렇게 자라난 바이러스는 퍼지고 또 퍼져 나간다.

지구상의 생물 몸속에 들어 있는 유전자는 DNA라는 화학물질의 형태로 만들어져 있다. 세포 속에 있는 DNA가 세포 안의 다른 물질들, 즉 효소들과 화학반응을 일으키면, 세포를 자라나게 하거나 움직이고 관리할 수 있는 여러 가지 새로운 화학물질들이 생겨난다. 이 과정에서 새로운 세포가 그 세포의 모습대로 태어날 수도 있고, 아예 DNA 자체가 한 벌 똑같이 만들어지는 화학반응까지도 일어난다. 그렇게 새로 태어난 세포에도 같은 모양의 DNA가 들어 있고, 이 세포 역시 복사된 DNA를 이용하여 새로운 세포를 똑같이 만들어 내는 능력을 갖추게 된다.

뒤집어 보면, 한 세포의 DNA를 다른 세포의 DNA로 바꿔치기해 주면 그 세포는 엉뚱하게 다른 세포같이 행동하게 될 것이다. 거기서 만들어지는 새로운 세포들은 아예 다른 모양으로 자라나게 된다. 〈쥐라기 공원〉 같은 SF물에서는 화학 실험실에서 공룡의 DNA를 인공적으로 잘 조립해 개발해 낸 뒤에 그것을 타조알 속의 DNA와 바꿔치기 하는 기술이 등장한다. 그렇게 하면, 타조알 세포는 점차 공룡알 세포처럼 움직이게 된다. 그리고 타조 몸을 이루는 세포를 만들어 내는 대신 공룡 몸을 이루는 세포를 만든다. 그래서 타조알에서 타조가 태어나는 것이 아니라 공룡이 태어나는 것이다.

바이러스의 구조를 살펴보면, 바이러스의 DNA 조각에 자신을 다른 생물의 몸속에 끼워 넣을 수 있도록 돕는 몇 가지 화학물질들이 잘 달라붙어 있는 덩어리 형태로 되어 있다. 그래서 이 바이러스가 다른 생물의 몸속에 들어가면, 다른 생물의 DNA 옆에 바이러스의 DNA가 자리를 잡게 된다. 생물의 세포는 바이러스 DNA가 자기 DNA인 줄 알고 그에 맞춰 필요한 물질을 만들어 낸다. 그러다 보면 얼렁뚱땅 바이러스와 똑같은 것이 그 생물의 몸속에 생겨난다. 이런 일이 반복되면 바이러스는 빠르게 복제될 것이다. 둘로 늘어난 바이러스는 넷이 되고 넷으로 늘어난 바이러스는 여덟이 되는 식으로 삽시간에 불어날지도 모른다. 그런 일이 벌어지면 원래의 세포는 아무 일도 하지 못하고 망가져 버린다. 극단적으로는 세포가 터져 버릴 수도 있고, 바이러스의 종류에 따라서는 바이러스를 이루는 물질이 다른 생물에게 해를 미치는 경우도 생길 수 있다.

지구 생물들은 보통 DNA가 화학반응을 통해 몸을 자라게 하고 세포를 만들어 내는 활동을 할 때, DNA와 아주 비슷한 RNA라는 물질을 중간에 만들어 가면서 같이 활용한다. 이런 방식은 우리가 파악하고 있는 지구 생명체들 사이에서 공통적으로 발견되기 때문에 '생물학의 중심 원리The Central Dogma'라고 부르기도 한다. 그런데 바이러스 중에는 몸체의 핵심이 DNA로 이루어져 있지 않고, 보통 생물이 중간에 잠시 사용하고 마는 RNA로 되어 있는 것들도 있다. 즉 보통 생물들이 자라날 때는 DNA를 이용해 잠깐 사용할 일회용 RNA를 만들고 그 RNA를 화학반응에 잠시 같이 활용하는 방식으로 온갖 물질을 생겨나게 하는 법인데, 어떤 바이러스는 자기 몸속에 든 RNA를 그 사이에 슬쩍 끼어들게 해서 생물을 헷갈리게 하여 엉뚱한 물질을 만들어 낸다. 그러면서 바이러스의 복제품들을 잔뜩 만드는 식이다.

코로나바이러스가 바로 그 몸체의 핵심이 RNA로 이루어져 있는 바이러스에 속한다. 이런 바이러스들을 'RNA 바이러스'라고 한다. RNA는 DNA보다 부실해서 세포 속에서 화학반응을 오래 일으키다 보면 DNA에 비해 불안정해지고 화학반응을 정확히 해 내는 능력이 떨어지게 된다. 그래서 바이러스가 아닌 평범한 생물들은 RNA를 반응 중간에 잠깐 활용할 뿐, DNA를 중요하게 보관한다. 그러나 바이러스는 먹을 줄도 모르고 살아갈 줄도 모르면서 그저 자신을 복제하는 기능만 반복할 뿐이므로 RNA같이 부실한 물질을 이용해도 별 문제가 되지 않는다.

반대로, 평범한 생물의 세포는 DNA를 원본이자 기준으로 여겨 중시하는 구조로 되어 있기 때문에 튼튼하게 보관하고 잘 유지할 수 있는 조건이 마련되어 있다. 그에 비해 RNA는 잠시 중간에 사용하고 마는 물질이기 때문에, 이를 정확한 모양으로 오래 보관하는 기능은 갖추고 있지 않다. 만약 생물 속에 RNA를 오래 놓아둔다면 몸속 이곳저곳이 변형되기 쉽다.

평범한 생물, 그러니까 온몸이 다양한 구조로 이루어져 있고 이 모든 것을 항상 다 같이 활용해 살아가야 하는 복잡한 동물이나 식물의 경우라면, 이렇게 몸이 자라나는 방식이 자꾸 변형되면 몸의 균형이 망가져 제대로 살 수 없게 된다. 그렇지만 다른 생물의 몸속에 끼어들어서 자기 자신을 복제 삼는 것이 활동의 전부인 바이러스라면, 자라나는 방식이 좀 바뀌어도 별 문제가 되지 않는다. 심지어 그러다가 복제된 새끼들이 작동을 못하고 망가져 실패해 버려도 별로 아쉬울 것이 없다. 바이러스는 목숨다운 목숨도 없는, 생물도 아닌 것 같은 모양으로 스스로를 복제하며 빠르게 늘어나는 것 외에는 아무것도 따지지 않는다. 그러다가 이상하게 망가져 변이 바이러스로 변해 버리더라도 바이러스 입장에서는 별 문제가 아니다.

따져 보자면, 자기 자신과 같은 모양의 자손을 만들어 내는 유전이라는 현상을 일으킬 때, 바이러스가 RNA라는 물질을 핵심으로 이용하는 경우가 있다는 것은 눈에 띄는 특징이다. DNA를 중심에 두고 활용하는 지구상의 대다수 생물들과는 달라 보인다. 나에게는 이 역시 바이러스가 생물이라기보다는 무생물 같아 보이는, 지구상의 생물이라고 하기에는 낯선 느낌을 주는 이유다.

코로나19의 탄생

천연두바이러스는 그래도 다른 보통 생물처럼 DNA를 품고 있는 DNA 바이러스다. 조금 더 보통 생물에 가깝다고 보면 되겠다. 천연두바이러스가 세포 속에 들어간다 해도 이 바이러스의 DNA는 튼튼해서 잘 바뀌지 않는다. 그만큼 천연두바이러스가 대대손손 똑같은 복제본을 만들어 퍼뜨리기 좋다는 뜻도 되고, 반대로 모습이 바뀌지 않으니 그것만 어떻게든 막아 낼 수 있는 백신을 만들기에 유리하다는 뜻도 된다. 어쩌면 천연두바이러스의 완전 박멸이 성공했던 이유는 이런 특징이 있었기 때문인지도 모른다. B형간염바이러스나 수두바이러스도 DNA 바이러스에 속한다.

코로나바이러스와 함께 홍역바이러스, 공수병바이러스(광견병바이러스), 폴리오바이러스(소아마비 원인 바이러스), 인플루엔자바이러스(독감바이러스)는 RNA 바이러스로 분류된다. RNA 바이러스는 계속 변형되고 망가지다가 아예 다른 종류로 변해 버리기 때문에 공격해서 처치하는 방법을 개발하기 어려울 때가 있다. 인플루엔자바이러스의 경우, 지난번에 사용했던 공격 방법이 통하지 않는 새로운 형태가 자주 출현하는 경우가 많다. 그래서 사람들은 그때그때 새로운 독감바이러스를 연구하여 매년 새롭게 예방접종 백신을 개발한다. 한 번 독감 예방접종을 했다 하더라도 매년 다시 백신을 맞아야 하는 이유는 그 때문이다.

물론 RNA 바이러스라고 해서 절대 막을 수 없는 것은 아니다. 예를 들어 폴리오바이러스는 전 세계 사람들의 협동으로 성공적으로 퇴치되고 있다. 1960년대만 하더라도 한국에서 폴리오바이러스에 감염되는 사람들의 숫자는 매년 1,000~2,000명에 이를 정도로 많은 편이었다. 이 바이러스에 감염된 어린이들 중에는 소위 '소아마비'라고 부르는 증세를 보이는 경우도 있었다. 몸 한곳에 마비가 찾아와서 제대로 걸을 수 없게 된다든가 하는 문제를 평생 겪어야 하는 사람도 드물지 않았다. 그랬던 것이 폴리오바이러스 백신이 보급되면서부터는 빠르게 환자가 줄어들기 시작했고, 1983년 이후로는 한국에서 소아마비 환자가 아예 나타나지 않고 있다. 더 이상 어린이들이 폴리오바이러스 때문에 팔이나 다리를 쓰지 못하게 되는 일은 생기지 않고 있다는 이야기다. 최근에는 백신 덕택에 전 세계에서 폴리오바이러스 감염자가 줄어들고 있으며, 머지않아 완전 박멸에 성공할 수 있을 것으로 보인다.

2019년 연말에 발견된 이후로 전 세계에 퍼져 나간 코로나19 바이러스는 크게 보면 코로나바이러스라는 이름으로 분류할 수 있다. 2019년에 발견되었기 때문에 한국에서는 '코로나19'라는 이름이 붙었다. 2002~2003년 사이에 아시아권에서 유행했던 사스SARS라는 전염병 역시 코로나바이러스의 일종 때문에 생겨난 것인데, 코로나19 바이러스는 사스바이러스와 닮은 점이 많다. 학술지 등에서 코로나19 바이러스를 언급할 때는 'SARS-CoV-2'라고 부르기도 한다.

코로나바이러스로 분류되는 보통의 코로나바이러스들은 어찌 보면 사실 그다지 희귀하지도 않은 흔한 바이러스다. 대단찮은 코로나바이러스들 중에는 평범하게 감기의 원인이 되는 종류도 있고, 감기가 나으면서 그냥 퇴치되는 종류도 적지 않다.

사실, 감기라는 병 자체가 정확히 알 수는 없지만 크게 대수롭지 않은 잡다한 바이러스에 감염되어 열, 기침, 재채기, 콧물, 코막힘, 목 아픔, 몸살 등이 일어나는 증상을 뭉뚱그려 일컫는 말이다. 감기의 원인이 되는 바이러스는 수십 가지 이상이 있으며 그 바이러스들은 계속 변화하고 바뀐다. 심각하지 않은 대신에 뾰족한 특효약도 없다. 그러므로 감기의 원인이 될 만한 잡다한 바이러스들 가운데 코로나바이러스가 한두 종류 있다 해도 이상할 것도 없다. 서울대어린이병원 한

미선 교수의 글에 따르면, 보통 코로나바이러스 때문에 감기에 걸리는 경우가 10~15% 정도에 이른다고 한다. 그러니까 대충 계산해 보자면 살면서 감기에 열 번 정도 걸려 본 사람이라면 그중 한두 번 정도는 사소한 종류의 코로나바이러스에 이미 감염되어 본 적이 있다는 뜻이다.

그런데 여러 가지 코로나바이러스 종류 중에 2019년 연말에 나타난 코로나19 바이러스는 이런 평범한 종류의 코로나바이러스들보다 훨씬 위협적이었다. 급격히 나타나는 감염 증상으로 사람을 더 끈질기게 고생시키는 경우가 많았으며, 그러다 보니 노약자에게는 더욱 위험했다. 전염성이 강한 데다가 무증상 감염 같은 특징까지 갖고 있어서 빠르게 퍼져 나가며 많은 사람의 목숨을 앗아 갔다. 결국 바이러스 감염으로부터 국민들을 지키기 위해 전 세계 거의 모든 나라가 각종 제한 조치를 1년 이상 실시하는 일이 벌어졌고, 사람들이 거리에 나설 때마다 마스크를 쓰는 색다른 풍경이 펼쳐졌다.

학자들은 코로나19 바이러스가 처음에는 박쥐의 몸속에 머무르고 있었을 것으로 짐작한다. 박쥐는 각종 바이러스에 감염되어도 별다른 변화 없이 오래 잘 살기로 유명한 동물이기 때문에, 박쥐의 몸속에 온갖 이상하고 희귀한 바이러스들이 들어 있다고 해도 이상하지 않다. 그랬던 것이 어떤 이유로 사람 몸으로 건너오게 되었고, 그 후 사람들 사이에서 코로나19 바이러스가 빠르게 번져 나갔을 것이라는 추측이 우세하다. 아마도 사람이 직접 박쥐를 잡았거나 날아온 박쥐와 우연히 마주쳤다가 박쥐의 코나 입에서 튀어나온 코로나19 바이러스에 감염되었을 수도 있다. 어쩌면 바이러스가 박쥐에서 사람으로 바로 건너온 것이 아니라, 박쥐의 몸에서 바이러스를 옮아온 어떤 동물이 중간 단계에 끼어 있어서 그 동물을 통해 사람에게 바이러스가 옮았을지도 모른다.

어찌 되었건 가장 사소한 병이라고 생각하기 쉬운 감기에서나 마주치던 바이러스가, 인류 역사상 가장 많은 사람들의 삶을 가장 빠르게 바꿔 놓은 병의 원인이 된 바이러스와 이렇게나 비슷하다는 것은 기막힌 일이다.

왕관을 쓴 바이러스

코로나바이러스는 자신의 중심부라고 할 수 있는 RNA를 단백질 재질의 껍질이 둘러싸고 있는 형태로 되어 있다. 보통 RNA는 DNA보다 불안정하기 때문에 RNA 바이러스가 품고 있는 RNA는 크기가 작고 단순하게 마련이다. 그런데 코로나바이러스는 RNA 바이러스이면서도 품고 있는 RNA가 괴상하게도 상당히 크다는 것이 특징이다. 바이러스가 커다란 RNA를 품고 있다는 것은 그만큼 다양한 물질을 만들어 낼 가능성을 품고 있다는 뜻도 된다. 속단할 수 있는 문제는 아니지만, 어쩌면 그 때문에 코로나바이러스는 다양한 물질을 만들 수 있게 되어 이런저런 조건에 잘 적응하면서 복잡한 활동을 이어

갈 수 있는지도 모른다.

코로나바이러스를 둘러싸고 있는 단백질 껍데기에는 뾰족뾰족한 돌기 모양이 솟아나 있다. 신문 기사 등에서 3차원 컴퓨터 그래픽으로 표현한 코로나바이러스의 구조 그림을 봐도, 둥그런 몸체에 돌기가 잔뜩 달린 모습을 확인할 수 있다.

실제로 코로나바이러스의 겉모습을 전자현미경 같은 특수 장비로 촬영해 보면 3차원이 아니라 납작한 2차원 모양으로 보이는 경우가 많다. 둥그런 몸체 둘레에 사방으로 삐죽삐죽 돌기가 튀어나온 모습이다. 어찌 보면 그 모습이 옛날 유럽식 왕관과 비슷한 모양인지라 왕관을 뜻하는 '코로나corona'라는 말이 바이러스의 이름이 되었다. 지금이야 코로나라고 하면 다들 지긋지긋한 코로나19 바이러스부터 떠올려서 별로 좋지 않은 어감이 되었지만, 코로나라는 말 자체는 본래 왕관이라는 뜻이기 때문에 과거에는 상품이나 상표 이름으로 많이 사용되곤 했다. 코로나 맥주는 지금도 잘 알려져 있거니와 1980년대 무렵에는 미국에서 설계를 들여와 한국에서 생산한 대기업 컴퓨터 제품 중 코로나라는 상표를 사용한 것이 있을 정도였다.

코로나바이러스의 왕관을 닮은 돌기 모양은 이름의 이유가 되었을 뿐 아니라 실제로 코로나바이러스가 활동하는 데 중요한 기능을 한다. 코로나바이러스가 다른 생물의 세포에 들어갈 때 가장 먼저 닿는 면이 바로 이 돌기이기 때문에, 돌기는 다른 세포의 표면과 만났을 때 화학반응을 잘 일으켜야 한다. 그래야만 그 생물의 세포 옆에 들러

붙어 코로나바이러스 속의 RNA를 세포를 향해 들이부을 수 있다. 성공하면 바이러스에 침입당한 생물이 멋모르고 코로나바이러스에서 온 RNA가 여러 가지 물질을 만들어 내도록 돕게 되고, 그 결과로 코로나바이러스의 복제본이 몸 안에 생겨난다. 이처럼 코로나바이러스의 돌기 부분은 바이러스가 표적으로 삼은 세포 겉면의 특정 부위와 딱 맞아떨어져서 화학반응을 일으킬 수 있도록 독특한 성질과 모양을 갖고 있다.

만약 코로나바이러스가 사람의 세포에 자리 잡는 데 성공하고 그 사람의 세포를 이용해 자기 자신의 숫자를 본격적으로 불려 나가게 되었다고 해 보자. 그러면 사람의 몸은 갑자기 늘어나고 있는 이물질인 코로나바이러스를 다양한 방식으로 퇴치하려 들 것이다. 사람이 면역성을 발휘하게 되어 여러 가지 반응들을 일으킨다는 뜻이다. 이 과정의 정도가 너무 심해지면 몸이 아프게 된다. 바이러스 때문에 몸이 아프다면 이런 이유 때문인 경우가 적지 않다. 코로나19 바이러스의 무서운 점은 이렇게 바이러스를 쫓아내기 위해 몸이 대응하는 과정에서 생기는 부작용이 유독 극심한 경우가 많다는 것이다.

그러니까 코로나바이러스 자체가 몸을 녹이거나 갉아 먹는 독약을 내뿜어서 몸이 아픈 것이 아니다. 코로나바이러스의 숫자가 빠르게 불어나면 사람 몸이 바이러스를 내쫓으려고 싸우려 들다 보니 그 싸움의 과정이 고통이 되는 것이다. 즉 코로나19 바이러스가 특이한 독성 물질을 내뿜는 것은 아니지만 바이러스가 몸속에서 늘어나고 있다는 사실 자체가 사람에게 독이 된다.

한편 사람들은 코로나19 바이러스의 겉면이 돌기 모양으로 되어 있다는 점을 이용해서 코로나19를 막는 방법을 개발하고자 노력하고 있다. 만약 우리 몸이 코로나19 바이러스의 돌기 모양과 똑같은 것을 미리 알고 있어서 그것만 재빨리 없애라고 명령할 수 있다면 바이러스를 쉽게 퇴치할 수 있을 것이다. 몇몇 코로나19 백신이 이런 방법을 이용한다. 단순하게는, 알맹이 없이 분리된 코로나19 바이러스 껍데기의 돌기 부분만을 사람 몸속에 집어넣어서 면역 체계가 코로나19 바이러스를 방어하는 데 익숙해지도록 유도하는 방식도 충분히 생각해 볼 수 있다.

사람들이 바이러스를 이용하는 방법

여기까지만 살펴보면, 바이러스는 생물에게 만사에 도움이 안 되는 고민거리이자 퇴치해야 할 적처럼 보이기도 한다. 그렇지만 의외로 바이러스가 생물에게, 또 사람에게 도움이 되는 경우도 있다.

우선 바이러스가 생물 속에 침투해서 자기 DNA나 RNA를 슬쩍 옆에 밀어 넣는 습성이 도움이 될 때가 있다. 외부에서 바이러스가 들어와서 엉뚱한 DNA, RNA가 몸속을 휘젓고 다니면 원래 생물의 DNA가 영향을 받게 될 수 있다. 일부 바이러스들은 정말로 침투한 생물의 DNA를 아예 조작해서 바꿔 놓기도 한다. 그 생물은 DNA 일부가 변형되므로 본래 모습과 다른 모습으로 자라나게 된다.

대부분의 경우에는 이런 일이 생물에게 별 도움이 되지 않는다. 예를 들면, HTLV-1이라는 바이러스는 감염된 사람의 세포 유전자를 조작해 암세포로 변하게 만드는 것으로 보인다. 만약 그런 일이 실제로 발생해서 암세포로 변한 세포가 계속 자라나게 되면 성인T세포백혈병ATLL이라는 암이 발병한다. 이런 식으로 바이러스 감염으로 DNA가 변형되는 바람에 몸의 일부가 암으로 변하는 병이 현재 몇 가지가 알려져 있다. 그런 만큼 바이러스에 감염되지 않도록 백신을 개발해서 특정 암을 예방하는 기술도 개발되었다. 예를 들어 HPV바이러스 예방접종으로 암을 막는 사업은 이미 널리 퍼져 시행되고 있으며, 대다수 사람들이 예방접종에 동참하고 있다.

그러나 만약 기나긴 생명의 역사를 놓고 본다면, 이렇게 바이러스가 DNA를 조작하는 작용은 생물이 새로운 모습을 가질 기회를 주는 것이 되기도 한다. 바이러스 때문에 변형된 DNA는 생물을 병들게 할 때가 많지만 수억, 수십억 년 동안 세상을 살아온 수많은 생물 가운데 그 바이러스 덕택에 요행으로 뭔가 직간접적으로 삶에 도움이 되는 일을 겪은 것이 있을지도 모른다. 즉 DNA를 바꾸어 놓는 바이러스의 특성은 생물의 진화를 부채질할 수 있다.

처음 세상에 생물이 생겨났을 때 지구에는 세균과 비슷한 간단하고 심심한 생물밖에 없었다. 만약 진화가 충분히 많이, 잘 일어나지 못했다면 아직까지도 지구에는 세균 비슷한 생물 몇 가지만 살고 있었을지도 모른다. 온갖 복잡한 형태를 이루고 있는 수많은 생물들이 지구에 살 수 있었던 것은 DNA가 적절한 비율로 조금씩 변형된 생물들이 꾸준히 출현하면서 다양한 환경에 적응해 왔기 때문이다. 바로 그렇게 DNA를 변형시켜 생명 전체를 위한 진화를 일으키는 그 어마어마한 역할에 바이러스가 간접적으로 공을 세웠을지도 모른다는 이야기다. 생물학자 세드리크 페쇼트Cédric Feschotte의 연구를 보도한 기사에 따르면, 어쩌면 사람 몸속 유전물질의 8% 정도는 바이러스로부터 온 것일지도 모른다고 한다.

바이러스의 이런 습성을 아예 공업적으로 이용하려고 드는 사람들도 있다. 생물학과 관련된 기술이 발전하면서, 사람들은 다른 생물의 DNA를 직접 조작해서 그 생물이 갖고 있는 약점을 보완하거나 병을 이겨 낼 수 있는 습성을 갖도록 개조하는 일에 많은 관심을 갖게 되었다. 그렇다면 다른 생물의 DNA 속에 인공적으로 만든 DNA를 끼워 넣고 조작할 수 있는 기술이 필요하다. 이런 식으로 인공적으로 만든 DNA를 생물 몸속에 끼우는 수단을 흔히 '벡터vector'라고 한다.

그런데 DNA는 굵기를 10만 분의 1mm 수준으로 따져야 하는 대단히 가느다란 물질이다. 이런 가느다란 물질을 조작하는 데 가위나 풀을 이용할 수는 없다. 아무리 손재주가 정교하다고 해도 헝겊으로 구멍 난 옷을 때우는 식으로 손을 놀려서 DNA를 조작할 수는 없다. 그렇기 때문에, 사람들은 애초에 DNA를 조작하는 습성을 가진 바이러스를 이용해 다른 생물의 DNA를 조작하는 방법을 개발해 나갔다.

DNA를 직접 잘라 내고 붙이는 작용을 하지 않는 바이러스라 하더라도, 애초에 바이러스는 자기 몸의 DNA나 RNA를 슬쩍 다른 생물 몸속에 넣으려고 하는 작용을 가장 중시한다. 그렇기 때문에 바이러스 연구는 유전자조작 기술 개발에 쓸모가 많다.

이런 이유로 바이러스는 생물학 실험에서 인기가 많다. 극적으로 말해 보자면, 바이러스가 사람 DNA를 변형시켜서 정상 세포를 암세포로 바꿔 놓을 수 있다면, 인공적으로 조작한 바이러스를 집어넣어 암세포를 원래대로 되돌리거나 적어도 더 이상 자라나지 않도록 고쳐 놓을 수 있을지도 모른다. 그런 식으로 온갖 골치 아픈 병을 일으키는 원인으로나 지목되던 바이러스를 조작해 활용하면, 미래에는 가장 치료하기 어려운 병을 극복하는 수단으로 활용할 수 있을 것이다.

아예 바이러스가 병을 일으킨다는 점을 적극적으로 역이용하는 방식 또한 상당한 주목을 받고 있다. 바이러스는 다른 세포 속에 파고들어 기생하기 때문에 표적이 되는 세포 속에서 잘 활동할 수 있도록 준비되어 있다. 그렇기 때문에 바이러스 가운데에서 어떤 한 가지 생물에만 작용하고 다른 생물에는 영향을 미치지 못하는 것들을 찾기란 어렵지 않다. 심지어 한 생물 몸속의 특정 부위에서만 활동하는 것들도 흔하다.

이런 특성을 이용해서 바이러스의 종류를 잘 선별해 그것만 퍼뜨리면 한 가지 생물만을 골라서 공격할 수 있다. 무시무시한 무기를 상상해 볼 수도 있을 것이다. 그러나 바이러스가 작은 크기 덕에 세균

속에도 파고든다는 점을 활용하면, 세균을 물리치는 용도로 바이러스를 활용해 볼 수 있다. 사람이 세균 때문에 병들었을 때 그 세균만을 병들게 하는 바이러스를 주입하면 사람에게 영향을 미치지 않고 세균만 골라 없앨 수 있다는 이야기다. 바이러스를 마치 세균을 없애는 소독약처럼 쓴다는 이야기인데, 바이러스는 한번 뿌려 두면 세균들 사이에서 자신을 복제하며 계속 퍼져 나가기 때문에 적은 양으로도 두고두고 세균을 물리치는 용도로 활용할 수 있다.

세균은 지구 어디에나 퍼져 있으므로 세균을 공격하는 기술은 대단히 쓸모가 많다. 바이러스로 병을 치료하는 약을 만들 수 있을 뿐만 아니라 식물을 감염시켜 병충해의 원인이 되는 세균을 물리치는 용도로 활용할 수도 있다. 실제로 2010년 농촌진흥청에서는 채소를 변색시켜 상품 가치를 떨어뜨리는 썩음병을 막기 위해, 썩음병을 일으키는 세균만을 공격하는 바이러스 기술을 개발했다는 결과를 발표했다.

바이러스 기술이 발전하기에 따라서, 언젠가는 음식을 썩지 않도록 보존하는 기술이 개발되거나, 사람이 사는 아파트에 퍼져 있는 미구균 같은 잡다한 세균이 지나치게 많아지지 않도록 단속하는 기술이 개발될지도 모른다.

아파트를 짓는 코로나19 바이러스

바이러스는 현대의 아파트와도 깊은 관련이 있다. 사람의 일상을 크게 바꾼 코로나19 바이러스만 살펴봐도, 바이러스는 아파트와 같이 사람이 밀집된 공간에서 수월하게 퍼져 나갈 기회를 잡아 온 것을 알 수 있다. 반대로 사람 입장에서 생각해 보면, 아파트는 비슷한 구조, 비슷한 방식으로 모여 사는 곳이다 보니 바이러스가 퍼지는 것을 관리하고 단속해 예방하기에 편리한 점도 없잖아 있다.

코로나19는 아파트의 풍경을 바꿔 놓기도 했다. 쉽게 떠오르는 예로, 엘리베이터나 계단과 같은 공용 공간에서 코로나19 바이러스가 번지지 않도록 모두 철저하게 마스크를 쓰는 규칙이 생겨났고, 함께 사용하는 엘리베이터 버튼을 누르는 과정에서 한 사람의 손에 묻은 바이러스가 다른 사람의 손으로 옮겨 가는 것을 경계하는 문화가 전 세계에 굉장히 빠른 속도로 퍼져 나갔다. 바이러스가 묻어 있을지도 모르는 손을 깨끗이 소독하기 위해서 아파트 입구마다 손 세정제를 비치해 두는가 하면 아파트에 무엇인가를 배달하거나 사람들끼리 의사소통을 해야 할 때 최대한 직접 만나지 않는 방식이 자리 잡았다는 점도 눈에 띄는 변화다.

그런데 한 단계 더 나아가 생각해 보면, 코로나19는 간접적인 방식으로 한국의 아파트 풍경을 더욱 크게 바꿔 놓았다.

코로나19 바이러스가 대유행하면서 수많은 학교들은 교사와 학생이 직접 마주하지 않고 인터넷을 이용해 교육하는 방법을 택하기도 했다. 회사들 중에서도 비슷한 방식으로 집에서 업무를 처리할 수 있는 제도를 도입한 곳들이 늘어났다. 코로나19가 유행하는 동안 이렇게 사람들이 직접 만나지 않는 비대면 문화는 어쩔 수 없이 퍼져 나갔지만, 사람들이 달라진 방식과 비대면의 장점에 익숙해지면 이런 문화는 어느 정도 자리를 잡아 뿌리내리게 될 것이다.

그렇다면 코로나19 바이러스가 사그라든 이후에도 우리 삶의 방식은 예전으로 돌아가지 않을 것이다. 그리고 이런 변화는 당연히 우리가 사는 집에 대한 생각도 바꿀 것이다. 학교와 직장에 가지 않아도 되는 날이 많아진다면 집에 있는 시간이 더 길어질 것이고, 자연히 집을 가꾸며 집 안에서 할 수 있는 일에 대한 관심이 높아질 것이다. 그러면 이전보다 더 좋고 더 깨끗한 집을 구하려 들 것이다. 반대로 학교나 직장에 가깝게 살려는 사람들은 줄어들 것이다. 그렇다면 좁고 빽빽한 아파트보다는 널찍하고 개성 있는 집이 인기를 얻을 수 있고, 반대로 더 윤택하고 깨끗하게 건설된 새로운 아파트들이 떠오르는 지역이 나타날지도 모른다. 도심 못지않게 외곽 지역에 건설된 아파트가 인기를 얻는 일이 발생할 수도 있다.

아파트에서 사람과 함께 살아가는 여러 생물과 바이러스의 영향으로 아파트가 어떻게 변해 갈지 예측하는 것은 어려운 일이다. 그러나 한 가지 확실한 점은 아파트를 짓고 그 주인으로 행세하는 사람뿐만 아니라 그 속에서 살아가는 많은 생물들도 서로 영향을 주고받으며 계속 변화할 것이라는 점이다. 아파트라는 독특한 사람의 문화는 주변 생물들에게 미치는 영향 또한 독특한 방향으로 이끌어 나간다. 그렇다면 결국 그 문화를 만든 사람 역시 그 생태계 속에서 다시 변화할 수밖에 없다.

당장 지금만 봐도 그와 같은 의외의 모습은 뚜렷이 나타나고 있다. 코로나19가 퍼져 나간 2020년 무렵은, 사람들끼리 서로 만나기 어려워진 탓에 소비가 줄어들면서 전 세계 어느 곳에서나 경제가 위축되었다. 그런 만큼 세계 어느 정부에서나 낮은 이자로 사람들에게 많은 돈을 빌려주었고, 이곳저곳에 돈을 풀어서 다시 경기를 띄우려 하고 있다. 대한민국 정부 역시 같은 방식을 택했다.

그런데 그 때문에 돈의 가치가 점점 더 떨어지고 자금을 마련할 곳이 많아지자, 아파트를 가장 중요한 재산이자 투자 수단으로 생각하는 한국인들은 아파트를 마련하는 데 큰돈을 쓰려 하고 있다. 이런 상황이다 보니 2020년을 전후로 전국 각지의 아파트 가격은 계속해서 상승했다. 정부는 지나치게 비싸지는 집값이 문제라고 여겨 새로운 부동산 정책을 연이어 발표했고, 나아가 한국 정치의 방향도 부동산 정책에 영향을 받고 있다.

2010년대 초반 무렵으로만 거슬러 올라가 봐도, 단조롭게 건설된 아파트의 풍경은 시시해 보인다는 의견이 많았다. 또한 앞으로 인구가 줄어들 것이므로 좁은 곳에 많은 사람들이 사는 아파트의 인기가 떨어질 것이라는 주장을 흔히 접할 수 있었다. 그 주장에 관심을 갖는 사람들이 늘어나는 추세였고, 여기에 동조하는 의견이 주목받을 때도 있었다. 그렇게 아파트의 인기는 점차 줄어들어 갈 수도 있었다.

그런데 생물인지 아닌지도 애매한, 작디작은 RNA에 단백질 돌기

껍질이 씌워진 코로나19 바이러스라는 물질이 사람들 사이에 퍼지면서 이러한 예측은 완전히 뒤바뀌었다. 2020~2021년 사이에 아파트는 다시 굉장한 인기를 얻었고, 마침내 정부에서도 수도권 일대에 대규모 신도시를 건설해 막대한 숫자의 아파트를 짓겠다는 계획을 발표하기에 이르렀다.

앞으로 세월이 흘러 그 많은 아파트들이 다시 우뚝하니 도시 곳곳에 자리를 잡으면, 사람들은 거대한 아파트들의 행렬을 만든 원인은 사실 코로나19 바이러스라는 아주 작은 물질이었음을 기억할 것이다. 바이러스가 사람의 생활을 바꾸고, 그 생활이 경제와 정치를 바꿔서 세상에 그만한 아파트들을 짓도록 조종한 셈이다.

그리고 그날이 찾아오면 새로 건설된 아파트 한 동, 한 동마다 하늘을 날아다니는 새부터 길 옆에 심어 놓은 가로수에 이르기까지 다시 갖가지 생물들이 들어차고 번성해서 새로운 생태계를 이룰 것이다. 그렇게 생겨나는 미래의 아파트 생물학은 지금과는 또 다른 모습을 보여 줄 것이다. 그러니 그것을 관찰하고 그 속에서 어울려 더 잘 살아가는 방법을 찾아내는 것은 그때 우리가 맞이할 새로운 삶의 과제다.

참고 문헌

1장

소나무

국립산림과학원 연구기획과, 「국립산림과학원, 송이버섯 상업재배에 한걸음 내딛다!」, 국립산림과학원 보도자료, 2020.10.29.

류찬희, 「평당 최고가 아파트 반포 3단지 1평 9375만 원」, 《서울신문》, 2005.6.16.

"면적과 인구밀도", 서울연구데이터서비스, 2021.5.25.

문영재, 「(名品단지)반포자이 아파트 文化의 '뉴패러다임'」, 《이데일리》, 2009.9.24.

박수연·김영주, 『아파트의 장소애착에 관한 사례조사 연구: 반포주공아파트단지를 대상으로』, 한국주거학회 학술대회논문집, 2014, 285쪽.

배병호·이호준, 「식생보전을 위한 소나무림의 식물사회학적 연구」, 《한국생태학회지》, 22, no.1, 1999, 21~29쪽.

산림청 도시숲경관과, 「가로수 조성·관리 매뉴얼」, 산림청, 2020.7.9.

신경과학연구단 이창준 책임연구팀, 「삼림욕의 효과, 그 비밀을 풀었다」, 한국과학기술연구원 보도자료, 2016.10.4.

안기홍·조재한·한재구, 「균근과 버섯 그리고 국내 연구동향」, 《한국버섯학회지》, 18, no.1, 2020, 1~9쪽.

우아영, 「소나무 재선충병 방제 현장을 가다」, 《과학동아》, 2015.3.26.

유영현 외 6인, 「송이버섯과 공생하는 소나무 세근으로부터 분리된 내생균의 다양성」, 《한국균학회지》, 39, no.3, 2011, 223~226쪽.

이덕무, 「장원서(掌苑署) 성씨(成氏)의 소나무」, 한국고전종합DB, 청장관전서 제2권, 영처시고2(嬰處詩稿二), 2021.5.25.

이연경·박진희·남용협, 「근대도시주거로서 충정아파트의 특징 및 가치: 충정로 3가 일대의 도시 변화와 연계하여」, 《도시연구》, 20, 2018, 7~52쪽.
이재영·최윤경, 『도시 공동주택단지의 개방성 분석을 통한 "특별건축구역"의 효용성 검증: 신반포 1차 아파트 재건축사업을 대상으로』, 한국생태환경건축학회 논문집, 20, no.4, 2020, 23~30쪽.
이정우, 「소나무재선충병 방제 '총력전'」, YTN, 2015.3.16.
이충화 외 6인, 「인위적인 토양 산성화가 소나무 묘목의 생장에 미치는 영향」, 《한국생태학회지》, 28, no.6, 2005, 389~393쪽.
이현숙, 「[생태환경사를 말한다] 한국사 속의 생태환경사」, 《한국역사연구회》, 2020.1.4.
정미선, 「1970~80년대 주거의 문화사와 아파트-스케이프의 다중적 로컬리티: 박완서 단편소설을 사례로」, 《로컬리티 인문학》, 18, 2017, 101~146쪽.
정미숙, 「박완서 소설과 "아파트" 표상의 문학사회학: "아파트" 표상과 젠더 구도를 중심으로」, 《현대문학이론연구》, 49, 2012, 307~332쪽.
한국기후변화대응연구센터, 「기후변화 대비 강원도 가로수 선정 방안(2010)」, 한국기후변화대응연구센터 정책연구, 2010-001.
GS건설, 「'명품소나무' 있는 아파트 집값도 뛴다」, 《한겨레》, 2011.5.23.

Daniel Leduc and Ashley A. Rowden, "Not to be sneezed at: does pollen from forests of exotic pine affect deep oceanic trench ecosystems?" 《Ecosystems》, 21(2), 2018: 237-247.
Harminder P. Singh et al., "Characterization and antioxidant activity of essential oils from fresh and decaying leaves of Eucalyptus tereticornis," 《Journal of agricultural and food chemistry》, 57(15), 2009: 6962-6966.
Harminder P. Singh et al., "Kohli. α-Pinene inhibits growth and induces oxidative stress in roots," 《Annals of Botany》, 98(6), 2006: 1261-1269.
Jon E. KEELEY, "Ecology and evolution of pine life histories," 《Annals of Forest Science》, 69(4), 2012: 445-453.
Nadia Chowhan et al., "β-Pinene inhibited germination and early growth involves membrane peroxidation," 《Protoplasma》, 250(3), 2013: 691-700.
Salvador Uribe and Antonio Pena, "Toxicity of allelopathic monoterpene suspensions on yeast dependence on droplet size," 《Journal of chemical ecology》, 16(4), 1990: 1399-1408.
Vanessa A. Areco et al., "Effect of pinene isomers on germination and growth of maize," 《Biochemical Systematics and Ecology》, 55, 2014: 27-33.

철쭉

김계연, 「'김치'·'아리수'…신종·미기록 생물 59종 발표」, 《연합뉴스》, 2012.10.22.

김민철, 「이름이 서러운 우리 꽃들」, 《조선일보》, 2014.5.20.

김아진 외 5인, 「진달래꽃에 의한 Grayanotoxin 중독 3례」, 《대한응급의학회지》, 11, no.3, 2000, 372~377쪽.

김영수, 「팔라다호의 조선 동해안 탐사와 곤차로프의 조선, 일본, 중국 인식」, 《독도연구》, 25, 2018, 181~212쪽.

김현준 외 3인, 「1990년대 이후 공동주택의 조경수 변화 추이 분석」, 《한국환경복원기술학회지》, 14, no.6, 2011, 41~55쪽.

박문산, 「국립백두대간수목원, 나무껍질 사진전 개최」, 《경북일보》, 2019.3.5.

배항섭, 「朝露 수교(1884) 전후 조선인의 러시아관」, 《역사학보》, 194, 2007, 127~160쪽.

신운범, 「화성시 캐릭터 '코리요'」, 《중부일보》, 2016.4.11.

이반 알렉산드로비치 곤차로프, 『전함 팔라다』, 문준일 옮김, 동북아역사재단, 2014.

최경호, 「'정원을 미래 친환경 6차산업으로 육성' 순천시의 실험」, 《중앙일보》, 2016.8.24.

한승희, 「러시아 작가가 바라본 19세기 한국: 이반 알렉산드로비치 곤차로프의 [전함 팔라다]를 중심으로」, 《동아시아문화연구》, 83, 2020, 33~55쪽.

Erin Jo Tiedeken et al., "Nectar chemistry modulates the impact of an invasive plant on native pollinators," 《Functional Ecology》, 30(6), 2016: 885-893.

Hiroshi Hikino et al., "Stereostructure of Grayanotoxin VIII, IX, X, and XI. Toxins of Leucothoe grayana," 《Chemical and Pharmaceutical Bulletin》, 19(6), 1971: 1289-1291.

Hugo Jan De Boer et al., "A critical transition in leaf evolution facilitated the Cretaceous angiosperm revolution," 《Nature Communications》, 3(1), 2012: 1-11.

Ivana Rodr´guez et al., "Symmetry is in the eye of the 'beeholder': innate preference for bilateral symmetry in flower-na¨ve bumblebees," 《Naturwissenschaften》, 91(8), 2004: 374-377.

James E. Cresssell et al., "Differential sensitivity of honey bees and bumble bees to a dietary insecticide(imidacloprid)," 《Zoology》, 115(6), 2012: 365-371.

N. Hempel De Ivarra et al., "Mechanisms, functions and ecology of colour vision in the honeybee," 《Journal of Comparative Physiology》, A200(6), 2014: 411-433.

William Martin et al., "Molecular evidence for pre-Cretaceous angiosperm origins," 《Nature》, 339(6219), 1989: 46-48.

고양이

고영현 외 6인, 「한국 대전지역 임산부의 톡소포자충증 혈청유병률」, 《Laboratory Medicine Online》, 1, no.4, 2011, 190~194쪽.

“농경과 목축”, 신편 한국사 우리역사넷, 2021.5.25.

“반려묘 소개”, 국립축산과학원 반려동물, 2021.5.25.

배종면 외 2인, 「제주도 가임연령 여교사의 톡소포자충 항체 양성률」, 《예방의학회지》, 34, no.4, 2001, 444~446쪽.

서혜미, 「길고양이 중성화하니 6년 동안 절반 줄었다」, 《한겨레》, 2020.2.10.

심훈, 「조선 영·정조 때의 변상벽, 일명 ‘변고양이’ ‘변닭’ 약점 보인 산수화 대신 동물화로 조선 최고 올라」, 《한림학보》, 2019.4.27.

안승모, 「한국 선사고고학과 내셔널리즘」, 제52회 전국역사학대회 고고부발표회, 2009.5.30.

이기림, 「美 조류 전문가 ‘길고양이, 63종의 동물 멸종에 책임 있어’」, 《NEWS1》, 2016.10.21.

이색, 「묘구투」, 『목은시고』, 한국고전종합DB, 2021.5.25.

이재형, 「축묘설」, 『송암집』, 한국고전종합DB, 2021.5.25.

“톡소포자충증”, 감염병포털, 2021.6.18.

A. Tucker, “The spooky history of how cats bewitched us,” 《The Washington Post》(Oct. 31, 2016).

C. A. Driscoll et al., “The taming of the cat,” 《Scientific American》, 300(6), 2019: 68.

C. Greenwell et al., “Cat Gets Its Tern: A Case Study of Predation on a Threatened Coastal Seabird,” 《Animals》, 9(7), 2019: 445.

F. J. OLLIVIER et al., “Comparative morphology of the tapetum lucidum (among selected species),” 《Veterinary ophthalmology》, 7(1), 2004: 11-22.

J. A. Serpell, “Domestication and history of the cat,” 《The domestic cat: The biology of its behaviour》, 2: 180-192.

J. D. Vigne et al., “Earliest ‘domestic’ cats in China identified as leopard cat(Prionailurus bengalensis),” 《PloS one》, 11(1), 2016: e0147295.

J. Kingson, “How Cats Took Over the Internet at the Museum of the Moving Image,” 《The New York Times》(Aug. 6, 2015).

K. Cooper, “Why a village in New Zealand is trying to ban all cats,” 《BBC News》(Aug. 29, 2018).

Ma. B. Wallach et al., “Cat sleep: A unique first night effect,” 《Brain research bulletin》, 1(5), 1976: 425-427.

M. Dahl, "So Here's a Study About Internet Cats," 《The CUT》(Jun. 17, 2015).

M. Krajcarz et al., "H. Ancestors of domestic cats in Neolithic Central Europe: Isotopic evidence of a synanthropic diet," 《Proceedings of the National Academy of Sciences》, 117(30), 2020: 17710-17719.

Roi Maor et al., "Temporal niche expansion in mammals from a nocturnal ancestor after dinosaur extinction," 《Nature ecology&evolution》, 1(12), 2017: 1889-1895.

"Why cat clips rule the internet," 《BBC》(Aug. 11, 2015).

Z. A. Karcioglu, "Zinc in the eye," 《Survey of ophthalmology》, 27(2), 1982: 114-122.

황조롱이

강승구·허위행·이인섭, 「도시 내 황조롱이(Falco tinnunculus)의 둥지 이용 구조물 및 이소시기, 이소 후 유조의 성장률」, 《한국조류학회지》, 19, no.3, 2012, 173~183쪽.

————————, 「부산시 주변 지역에서 황조롱이(Falco tinnunculus)의 계절에 따른 먹이 선택과 행동 특성」, 《한국조류학회지》, 19, no.1, 2012, 53~63쪽.

————————, 『이소 유조에 의한 도시 내 황조롱이(Falco tinnunculus)의 번식기간 예측 및 성장률, 영소지 선택』, 한국환경생태학회 학술대회논문집, 2011, 55~58쪽.

강홍균, 「제주 하늘 시커멓게 덮은 까치 10만 마리… 대체 뭔 일이」, 《경향신문》, 2010.10.12.

권혁주, 「추락한 F-15K는 어떤 전투기?」, 《노컷뉴스》, 2018.4.5.

김광언, "매사냥"(1995), 한국민족문화대백과사전, 2021.5.25.

김귀근, 「올해의 '탑건' F-15K 조종사 이재수 소령… 1천 점 만점」, 《연합뉴스》, 2018.10.12.

김우열 외 4인, 「천연기념물 제 323-8호 황조롱이의 최근 10년('08~'17) 분포 특성 연구」, 《Mun Hwa Jae: Korean journal of cultural heritage studies》, 52, no.1, Serial No.83 (2019), 82~89쪽.

박의래, 「어미 잃고 파출소 들어간 천연기념물 황조롱이… 보호단체 인계」, 《연합뉴스》, 2019.6.3.

식품의약품안전청 위해예방정책과, 『위해분석 용어 해설집 제2판』, 식품의약품안전처 업무편람, 2011.

신형식, 「新羅統一의 現代史的 意義」, 《신라사학보》, 32, 2014, 1~23쪽.

심재율, 「세상에서 가장 빠른 동물은?」, 《사이언스타임즈》, 2016. 11. 16.

이건식, 「사냥매 지체(肢體) 관련 용어의 차자 표기 고유어와 몽고어 차용어에 대하여」, 《구결연구》, 40, 2018, 127~175쪽.

이봉일·김미경, 「매와 매사냥의 역사와 어휘 연구」, 《비평문학》, 65, 2017, 199~222쪽.
정재윤, 「가와치 지역의 백제계 도왜인(渡倭人)」, 《동북아역사논총》, 52, 2016, 189~229쪽.
주동진·김성일, 「고대 한국의 매사냥」, 《한국스포츠학회지》, 16, no.3, 2018, 225~240쪽.
진윤수·안진규, 「응골방에 나타난 방응에 관한 연구」, 《한국사회체육학회지》, 24, 2005, 125~133쪽.
최고야, 「조선시대에도 '현대판 택배기사' 있었다」, 《동아일보》, 2020.11.3.
홍준기, 「사람 vs 말 vs 자동차 스피드 경쟁… 최후의 승자는?」, 《조선일보》, 2013.4.22.
황경순, 「인류무형유산 대표목록 '매사냥' 공동등재의 특성과 의의」, 《Mun Hwa Jae: Korean journal of cultural heritage studies》, 51, no.4, 2018, 208~223쪽.

Adriaan Rijnsdorp et al., "Hunting in the kestrel, Falco tinnunculus, and the adaptive significance of daily habits," 《Oecologia》, 50(3), 1981: 391-406.
A. P. MøLLER, "Long-term trends in wind speed, insect abundance and ecology of an insectivorous bird," 《Ecosphere》, 4(1), 2013: 1-11.
C. Dijkstra et al., "Brood size manipulations in the kestrel(Falco tinnunculus): effects on offspring and parent survival," 《The Journal of Animal Ecology》, 59(1), 1990: 269-285.
Cecilia Nilsson et al., "Differences in speed and duration of bird migration between spring and autumn," 《The American Naturalist》, 181(6), 2013: 837-845.
Erin H. Gilliam and Gary F. McCracken, "Variability in the echolocation of Tadarida brasiliensis: effects of geography and local acoustic environment," 《Animal Behaviour》, 74(2), 2007: 277-286.
"Fastest bird(diving)," Guinness World Records, 2005, https://www.guinnessworldrecords.com/world-records/70929-fastest-bird-diving.
Gary F. Mccracken et al., "Airplane tracking documents the fastest flight speeds recorded for bats," 《Royal Society Open Science》, 3(11), 2016: 160398.
Katharina Huchler et al., "Shifting breeding phenology in Eurasian kestrels Falco tinnunculus: Effects of weather and urbanization," 《Frontiers in Ecology and Evolution》, 24, 2020: 247.
Matthew F. GAFFNEY and William Hodos, "The visual acuity and refractive state of the American kestrel(Falco sparverius)," 《Vision research》, 43(19), 2003: 2053-2059.
M. R. Nawi et al., "Aerodynamics performance of Barn Swallow bird at top speed: A simulation study," 《Journal of Mechanical Engineering》, 5, 2018: 1-15.
N. C. C. Sharp, "Timed running speed of a cheetah(Acinonyx jubatus)," 《Journal of

Zoology》, 241(3), 1997: 493-494.
Penny E. Hudson et al., "High speed galloping in the cheetah(Acinonyx jubatus) and the racing greyhound(Canis familiaris): spatio-temporal and kinetic characteristics," 《Journal of Experimental Biology》, 215(14), 2012: 2425-2434.
Peter Lindberg et al., "Higher brominated diphenyl ethers and hexabromocyclo-dodecane found in eggs of peregrine falcons(Falco peregrinus) breeding in Sweden," 《Environmental science&technology》, 38(1), 2004: 93-96.
Petra Sumasgutner et al., "Carotenoid coloration and health status of urban Eurasian kestrels(Falco tinnunculus)," 《PloS one》, 13(2), 2018: e0191956.
Petra Sumasgutner et al., "Conservation related conflicts in nest-site selection of the Eurasian Kestrel(Falco tinnunculus) and the distribution of its avian prey," 《Landscape and Urban Planning》, 127, 2014: 94-103.
Petra Sumasgutner et al., "Hard times in the city-attractive nest sites but insufficient food supply lead to low reproduction rates in a bird of prey," 《Frontiers in zoology》, 11(1), 2014: 1-14.
Robert Fox et al., "Falcon visual acuity," 《Science》, 192(4236), 1976: 263-265.
Tatjana Y. Hubel et al., "Changes in kinematics and aerodynamics over a range of speeds in Tadarida brasiliensis, the Brazilian free-tailed bat," 《Journal of The Royal Society》, Interface 9(71), 2012: 1120-1130.

2장

빨간집모기

권기균, 「알렉산더·칭기즈칸도 모기 앞에선 '나약한 인간'」, 《중앙선데이》, 2011.6.5.
메노 스힐트하위전, 『도시에 살기 위해 진화 중입니다』, 제효영 옮김, 현암사, 2019.
보건복지부 질병관리본부 인수공통감염병관리과, 「말라리아 발생지역 거주 또는 여행 시 감염주의 당부」, 보건복지부 보도참고자료, 2020.4.24.
안대회, 「[안대회의 조선의 비주류 인생] 물고기가 된 여인」, 《한겨레21》, 2008.12.30.
염준섭, 「삼일열 말라리아의 진단과 치료」, 《대한내과학회지》, 제77권 제1호, 2009.
이창욱, 「말라리아로부터 인류를 구한 군의관」, 《동아사이언스》, 2020.8.15.

"주요 감염병 매개모기 방제지침", 질병관리청, 2021.5.25.
"휠타워 시험설비", ZEUS장비활용종합포털, 2021.5.25.

Ana C. Figueiredo et al., "Unique thrombin inhibition mechanism by anophelin, an anticoagulant from the malaria vector. Proceedings of the National Academy of Sciences," 109(52), 2012: 3649-3658.
Andrew Ross, "Insect Evolution: The Origin of Wings," 《Current Biology》, 27(3), 2017: 113-115.
"CDC's Origins and Malaria," CDC, https://www.cdc.gov/malaria/about/history/history_cdc.html.
"How high do mosquitoes fly?" American Mosquito Control Association(AMCA) Frequently Asked Questions, https://www.mosquito.org/page/faq.
Janet Fang, "Ecology: a world without mosquitoes," 《Nature News》, 466(7305), 2010: 432-434.
LEE Dong-Kyu, "Occurrence of Culex pipiens(Diptera, Culicidae) and effect of vent net sets for mosquito control at septic tanks in south-eastern area of the Korean peninsula," 《Korean journal of applied entomology》, 45(1), 2006: 51-57.
"Numbers of Insects(Species and Individuals)," Smithsonian Institute, Information Sheet Number 18, https://www.si.edu/spotlight/buginfo/bugnos.
Stanley C. Oaks et al., 『Malaria: Obstacles and Opportunities』, Institute of Medicine (US) Committee for the Study on Malaria Prevention and Control(Washington DC: National Academies Press, 1991).
"The 'World malaria report 2019' at a glance," WHO(Dec. 4, 2019).

애집개미

「개미산시장 어찌하오리까?」, 《화학저널》, 1995.2.2.
김정수, 「안양서 발견된 1천만 마리 '개미제국', 개발로 사라지나」, 《한겨레》, 2015.10.23.
〈신동호의 시선집중〉, 「안양에서 발견된 '개미제국'… 여왕개미 연합으로 통치할 듯」, MBC, 2015.10.6.
유창재, 「해충들의 번식장이 돼 가는 현대의 도시… KBS1 '도시해충이…'」, 《한국경제》, 2003.2.18.
이승종, 「아무도 몰랐던 안양시 땅속의 천만 개미 왕국… 운명은?」, 《KBS NEWS》, 2015.10.5.

「인천방송 '…제3의 눈' 애집개미 집중조명」,《연합뉴스》, 1998.2.12.
장유, 「계곡선생집 개미 싸움 십운[蟻戰十韻]」, 한국고전종합DB 계곡선생집, 2021.5.25.
『조선왕조실록』, 선조 24년 신묘(1591) 6월 23일(병진), 국사편찬위원회 조선왕조실록, 2021.5.25.
————————, 선조 29년 병신(1596) 5월 27일(계사), 국사편찬위원회 조선왕조실록, 2021.5.25.
————————, 선조(수정실록) 31년 무술(1598) 6월 1일(갑인), 국사편찬위원회 조선왕조실록, 2021.5.25.

Edward G. Lebrun et al., "Chemical warfare among invaders: a detoxification interaction facilitates an ant invasion,"《Science》, 343(6174), 2014: 1014-1017.
Hannah Moore, "Are all the ants as heavy as all the humans?"《BBC News》(Sep. 22, 2014).
Hassan M. H. Mustafa and Fadhel Ben Tourkia, "On Analysis and Evaluation of Learning Creativity Quantification via Naturally Neural Networks' Simulation and Realistic Modeling of Swarm Intelligence," published at the proceeding of the conference Eminent Association of Researchers in Engineering&Technology(EARET), To be held on, 2018: 8-9.
James K. Wetterer, "Worldwide spread of the pharaoh ant, Monomorium pharaonis (Hymenoptera: For-micidae),"《Myrmecol. News》, 13, 2010: 115-129.
Marc A. Seid et al., "The allometry of brain miniaturization in ants,"《Brain, behavior and evolution》, 77(1), 2011: 5-13.
Martin A. Nowak et al., "The evolution of eusociality,"《Nature》, 466(7310), 2010: 1057-1062.
Sumit Kumar et al., "Comparative Study on Ant Colony Optimization(ACO) and K-Means Clustering Approaches for Jobs Scheduling and Energy Optimization Model in Internet of Things(IoT),"《International Journal of Interactive Multimedia&Artificial Intelligence》, 6(1), 2020.

집먼지진드기

박재석 외 4인, 「순천향대학교 천안병원에 내원한 알레르기 환자의 특성」,《대한임상검사학회지》, 39권 제2호, 2007, 104~112쪽.

"생활 속 식의학 알레르기 비염 치료약 '항히스타민제' 이렇게 사용하세요!", 식품의약품안전처, 2021.5.25.

염혜영, 「아토피클리닉이 전하는 아토피 피부염 이야기<4> 아토피피부염 환자를 위한 집안 관리」, 《하이서울뉴스》, 2009.8.7.

용태순·정경용, 「우리나라 집먼지진드기 생태에 관한 고찰 및 표준 조사법 제안」, 《소아알레르기 호흡기》, 제21권 제1호, 2011, 4~16쪽.

최원우, 「서울대공원 최고 食神은 매일 100kg 이상 먹어치우는 아시아코끼리… 소식가는 타란툴라 거미」, 《조선일보》, 2016.4.6.

B. J. Hart, "Life cycle and reproduction of house-dust mites: environmental factors influencing mite populations," 《Allergy》, 53, 1998: 13-17.

Gary K. Newton et al., "The discovery of potent, selective, and reversible inhibitors of the house dust mite peptidase allergen Der p 1: an innovative approach to the treatment of allergic asthma," 《Journal of medicinal chemistry》, 57(22), 2014: 9447-9462.

Heide N. Schulz, "Thiomargarita namibiensis: giant microbe holding its breath," 《Asm News》, 68(3), 2002.

Larry G. Arlian and Thomas A. Platts-Mills, "The biology of dust mites and the remediation of mite allergens in allergic disease," 《Journal of Allergy and Clinical Immunology》, 107(3), 2001: S406-S413.

M. F. Potter, "House Dust Mites," University of Kentucky, https://entomology.ca.uky.edu/ef646.

지의류

김재한·강숙경, 「지의류에 의한 청주시 대기오염도 평가(Estimation of Air Pollution by Lichens in Chongju)」, 《대한지리학회지》, 36.3, 2001, 313~328쪽.

김정아 외 2인, 「석조문화재 및 식물 착생 지의류의 화학적 방제를 위한 살균제 선발」, 《농약과학회지》, 14권 3호, 2010, 261~265쪽.

문화재청, 「'태조 이성계 건원릉 석조물' 때를 벗다」, 2020.12.21.

홍진임, "한식문화사전 석이버섯", 한국음식문화, 2021.5.25.

환경부 기후대기연구부, "주요도시의 빗물의 산도", e-나라지표, 2019.12.23.

"2020년 12월 21일 보도자료", 대한민국 정책브리핑, 2021.5.25.

Atle Mysterud and Gunnar Austrheim, "The effect of domestic sheep on forage plants of wild reindeer; a landscape scale experiment," 《European Journal of Wildlife Research》, 54(3), 2008: 461-468.

Babita Paudel et al., "Ramalin, a novel nontoxic antioxidant compound from the Antarctic lichen Ramalina terebrata," 《Phytomedicine》, 18(14), 2011: 1285-1290.

Bruce D. Ryan et al., 『Lichen Flora of the Greater Sonoran Desert region, volume 1』 (Arizona State University: Lichen Herbarium, 2004), 357.

James M. Graham, "Stages in the terraforming of Mars: The transition to flowering plants. In: AIP Conference Proceedings," 《American Institute of Physics》, 2003: 1284-1291.

Jenna E. Dorey et al., "First record of Usnea (Parmeliaceae) growing in New York City in nearly 200 years," 《The Journal of the Torrey Botanical Society》, 146(1), 2019: 69-77.

Jie Chen et al., "Weathering of rocks induced by lichen colonization—a review," 《Catena》, 39(2), 2000: 121-146.

Jonathan N. Pauli et al., "A syndrome of mutualism reinforces the lifestyle of a sloth," 《Proceedings of the Royal Society B: Biological Sciences》, 281(1778), 2014: 20133006.

Leopoldo G. Sancho et al., "Antarctic studies show lichens to be excellent biomonitors of climate change," 《Diversity》, 11(3), 2019: 42.

Marcelo Enrique Conti and Gaetano Cecchetti, "Biological monitoring: lichens as bioindicators of air pollution assessment—a review," 《Environmental pollution》, 114(3), 2001: 471-492.

Marco A. Molina-Montenegro et al., "Positive interactions between the lichen U snea antarctica(Parmeliaceae) and the native flora in M aritime Antarctica," 《Journal of Vegetation Science》, 24(3), 2013: 463-472.

Mark D. Gibson et al., "The spatial and seasonal variation of nitrogen dioxide and sulfur dioxide in Cape Breton Highlands National Park, Canada, and the association with lichen abundance," 《Atmospheric Environment》, 64, 2013: 303-311.

Suh Sung-Suk et al., "Anticancer activity of ramalin, a secondary metabolite from the antarctic lichen Ramalina terebrata, against colorectal cancer cells," 《Molecules》, 22(8), 2017: 1361.

Thomas H. Nash and Corinna Gries, "Lichens as bioindicators of sulfur dioxide," 《Symbiosis》, 33(1), 2002.

Yoshihito Ohmura et al., "Morphology and chemistry of Parmotrema tinctorum (Parmeliaceae, lichenized Ascomycota) transplanted into sites with different air pollution levels," 《Bulletin of the National Museum of Nature and Science》, Series B(35), 2009: 91-98.

3장

곰팡이

신현동, 『곰팡이가 없으면 지구도 없다』, 지오북, 2015.

Athanasios Damialis et al., "Estimating the abundance of airborne pollen and fungal spores at variable elevations using an aircraft: how high can they fly?" 《Scientific reports》, 7(1), 2017: 1-11.

Dana J. Wohlbach et al., "Comparative genomics of xylose-fermenting fungi for enhanced biofuel production," 《Proceedings of the National Academy of Sciences》, 108(32), 2011: 13212-13217.

David C. Straus, "The possible role of fungal contamination in sick building syndrome," 《Front Biosci(Elite Ed)》, 3, 2011: 562-580.

David W. Denning et al., "Fungal allergy in asthma-state of the art and research needs," 《Clinical and translational allergy》, 4(1), 2014: 1-23.

Jim W. Deacon, 『Fungal biology』(New York: John Wiley&Sons, 2013).

Julian White et al., "Mushroom poisoning: A proposed new clinical classification," 《Toxicon》, 157, 2019: 53-65.

K. E. Hammel, "Fungal degradation of lignin," 《Driven by Nature: Plant Litter Quality and Decomposition》, cab International, 1997: 33-45.

Olga Ilinskaya et al., "Biocorrosion of materials and sick building syndrome," 《Microbiology Australia》, 39(3), 2018: 129-132.

Petr Baldrian and Vendula Valásková, "Degradation of cellulose by basidiomycetous fungi," 《FEMS microbiology reviews》, 32(3), 2008: 501-521.

Robert W. Wannemacher et al., "Trichothecene mycotoxins. Medical aspects of

chemical and biological warfare," 6, 1997: 655-676.
Sandro Nalli et al., "Origin of 2-ethylhexanol as a VOC," 《Environmental pollution》, 140(1), 2006: 181-185.
Shahid Naeem et al., "Producer-decomposer co-dependency influences biodiversity effects," 《Nature》, 403(6771), 2000: 762-764.

아메바

김민정 외 2인, 「법적 미규제 미생물 선제적 대응을 위한 분석기술 개발 및 제도화」, 한국수자원공사 연구개발결과 활용보고서, KIWEWQRC-18-07, 2018.

Brandon Specktor, "Cells solved Henry VIII's infamous hedge maze by seeing around corners," 《LIVE SCIENCE》(Aug. 27, 2020).
Bruce Alberts et al., "Caenorhabditis elegans: Development from the Perspective of the Individual Cell," 『Molecular Biology of the Cell, 4th edition』(New York: Garland Science, 2002).
Eva Bianconi et al., "An estimation of the number of cells in the human body," 《Annals of human biology》, 40(6), 2013: 463-471.
Isabelle Pagnier et al., "Isolation and identification of amoeba-resisting bacteria from water in human environment by using an Acanthamoeba polyphaga co-culture procedure," 《Environmental microbiology》, 10(5), 2008: 1135-1144.
Jonathan Featherston et al., "The 4-celled Tetrabaena socialis nuclear genome reveals the essential components for genetic control of cell number at the origin of multicellularity in the volvocine lineage," 《Molecular biology and evolution》, 35(4), 2018: 855-870.
Luke Tweedy et al., "Seeing around corners: Cells solve mazes and respond at a distance using attractant breakdown," 《Science》, 369(6507), 2020.
Marissa Fessenden, "We've Put a Worm's Mind in a Lego Robot's Body," 《Smithsonian Magazine》(Nov. 19, 2014).
Paul R. Bergstresser et al., "Counting and sizing of epidermal cells in normal human skin," 《Journal of Investigative Dermatology》, 70(5), 1978: 280-284.
Simon Kilvington et al., "Acanthamoeba keratitis: the role of domestic tap water

contamination in the United Kingdom," 《Investigative ophthalmology & visual science》, 45(1), 2004: 165-169.
Susanne Disalvo et al., "Burkholderia bacteria infectiously induce the proto-farming symbiosis of Dictyostelium amoebae and food bacteria," 《Proceedings of the National Academy of Sciences》, 112(36), 2015: E5029-E5037.
Verena Zimorski, et al., "Endosymbiotic theory for organelle origins," 《Current opinion in microbiology》, 22, 2014: 38-48.
William F. Martin et al., "Endosymbiotic theories for eukaryote origin," 《Philo sophical Transactions of the Royal Society B: Biological Sciences》, 370(1678), 2015: 20140330.

미구균

미래창조과학부, 「박테리아 이용한 슈퍼커패시터용 전극 합성공정 개발」, 대한민국 정책브리핑 보도자료, 2013.6.31.
안은미, 「심한 발냄새 원인균은 세계가 모두 똑같다」, 《한겨레》, 2006.5.30.
황광환 외 3인, 「유치원의 실내환경에서 공기 중 미생물 수의 계절적 변화」, 《미생물학회지》, 39권 4호, 2003, 253~259쪽.

Aivo Lepland et al., "Questioning the evidence for Earth's earliest life: Akilia revisited," 《Geology》, 33(1), 2005: 77-79.
B. Marris, "This map shows where on Earth humans aren't," 《SCIENCENEWS》(Jun. 6, 2020).
Cha In-Tae et al., "Production condition and characterization of extracellular protease from Micrococcus sp. HJ-19," 《Korean Journal of Microbiology》, 45(1), 2009: 69-73.
D. E. Duggan et al., "Inactivation of the radiation-resistant spoilage bacterium Micrococcus radiodurans: I. Radiation inactivation rates in three meat substrates and in buffer," 《Applied microbiology》, 11(5), 1963: 398-403.
D. Pridmore et al., "Variacin, a new lanthionine-containing bacteriocin produced by Micrococcus varians: comparison to lacticin 481 of Lactococcus lactis," 《Applied and Environmental Microbiology》, 62(5), 1996: 1799-1802.
JIN Young-Rang et al., "Production and characterization of alkaline protease of

Micrococcus sp. PS-1 Isolated from Seawater," 《Journal of Life Science》, 23(2), 2013: 273-281.
Kaliappan Umadevi and Marimuthu Krishnaveni, "Antibacterial activity of pigment produced from Micrococcus luteus KF532949," 《International Journal of Chemical and Analytical Science》, 4(3), 2013: 149-152.
Laurie Mauclaire and Marcel Egli, "Effect of simulated microgravity on growth and production of exopolymeric substances of Micrococcus luteus space and earth isolates," 《FEMS Immunology&Medical Microbiology》, 59(3), 2010: 350-356.
M. V. Jagannadham et al., "The major carotenoid pigment of a psychrotrophic Micrococcus roseus strain: purification, structure, and interaction with synthetic membranes," 《Journal of bacteriology》, 173(24), 1991: 7911-7917.
Ngomi. N. Odu and Campbell Akujobi, "Protease production capabilities of Micrococcus luteus and Bacillus species isolated from abattoir environment," 《Journal of Microbiology Reserch》, 2, 2012: 127-132.
Regina L. Wilpszeski and Zhidan Zhang, "HOUSE, Christopher H. Biogeography of thermophiles and predominance of Thermus scotoductus in domestic water heaters," 《Extremophiles》, 23(1), 2019: 119-132.
SHIM Hyun-Woo et al., "Scalable one-pot bacteria-templating synthesis route toward hierarchical, porous-Co3O4 superstructures for supercapacitor electrodes," 《Scientific reports》, 3(1), 2013: 1-9.

코로나바이러스

국토교통부, 「일문일답으로 알아본 '역대 최대 규모 주택공급 대책'」, 대한민국 정책브리핑, 2010.2.4.
권복규 외 2인, 「정약용의 우두법 도입에 미친 천주교 세력의 영향: 하나의 가설」, 《의사학》, 6.1, 1997, 44~54쪽.
김수암, 「코로나 시대의 주택은 어떻게 달라졌는가」, 《아파트관리신문》, 2020.11.12.
김준, 「같은 아파트서 코로나19 확진자가 나왔다고요?… "너무 걱정하지마세요"」, 《경향신문》, 2020.2.27.
농촌진흥청, 「채소 '썩음병' 친환경 방제기술 개발」, 대한민국 정책브리핑, 2010.4.21.
보건복지부, 「우리나라의 폴리오(소아마비) 박멸 선언 사업 현황」, 보건복지부 보도자료, 2000.10.31.

이규경, 「두역(痘疫)의 신(神)이 있다는 데 대한 변증설」, 한국고전종합DB, 오주연문장전산고, 2021.5.25.
질병관리청, "폴리오(Poliomyelitis - Polio) 예방접종 길잡이", 질병관리청, 2021.5.25.
한미선, "[감염] 감기", 대한소아청소년과학회, 2021.5.25.
허정, "두창(痘瘡)"(1996), 한국민족문화대백과사전, 2021.5.25.

Arafat Rahman Oany et al., "Design of an epitope-based peptide vaccine against spike protein of human coronavirus: an in silico approach," 《Drug design, development and therapy》, 8, 2014: 1139.
Cary P. Gross and Kent A. Sepkowitz, "The myth of the medical breakthrough: smallpox, vaccination, and Jenner reconsidered," 《International journal of infectious diseases》, 3(1), 1998: 54-60.
Cédric Feschotte and Clément Gilbert, "Endogenous viruses: insights into viral evolution and impact on host biology," 《Nature Reviews Genetics》, 13(4), 2012: 283-296.
Christopher M. Coleman et al., "Purified coronavirus spike protein nanoparticles induce coronavirus neutralizing antibodies in mice," 《Vaccine》, 32(26), 2014: 3169-3174.
C. Zimmer, "Ancient Viruses Are Buried in Your DNA," 《The New York Times》(Oct. 4, 2017).
Dan Ophir, "The Crown for the 'Coronavirus'" 《Science》, 2020.
De Calvalho et al., "HTLV-I and HTLV-II infections in hematologic disorder patients, cancer patients, and healthy individuals from Rio de Janeiro, Brazil," 《JAIDS Journal of Acquired Immune Deficiency Syndromes》, 15(3), 1997: 238-242.
Dharmendra Kumar et al., "Corona virus: a review of COVID-19. EJMO," 4(1), 2020: 8-25.
E. Domingo and J. J. HOLLAND, "RNA virus mutations and fitness for survival," 《Annual review of microbiology》, 51(1), 1997: 151-178.
Edward A. Belongia and Allison L. Naleway, "Smallpox vaccine: the good, the bad, and the ugly," 《Clinical medicine & research》, 1(2), 2003: 87-92.
Esteban Domingo et al., "Basic concepts in RNA virus evolution," 《The FASEB Journal》, 10(8), 1996: 859-864.
Jeffrey S. Kahn and Kenneth Mcintosh, "History and recent advances in coronavirus discovery," 《The Pediatric infectious disease journal》, 24(11), 2005: S223-S227.
Kyle F. Edwards et al., "Making sense of virus size and the tradeoffs shaping viral fitness," 《Ecology Letters》, 24(2), 2021: 363-373.

LEE Ju Yeon et al., "Trends in the efficacy and safety of ingredients in acne skin treatments," 《Asian Journal of Beauty and Cosmetology》, 16(3), 2018: 449-463.

Mohammed Asadullah Jahangir, "Coronavirus(COVID-19): history, current knowledge and pipeline medications," 《International Journal of Pharmaceutics & Pharmacology》, 4(1), 2020.

Nancy Mueller, "The epidemiology of HTLV-I infection," 《Cancer Causes & Control》, 2(1), 1991: 37-52.

PARK Jung Kum et al., "Complete genome sequence and its features of the lytic bacteriophage phiPsaP-32 for phage therapy against bacterial canker disease in kiwifruit tree," 한국식물병리학회 춘계학술발표회, 2018: 47.

Samuel A. Bozzette et al., "A model for a smallpox-vaccination policy," 《New England Journal of Medicine》, 348(5), 2003: 416-425.

Stefan Riedel, "Edward Jenner and the history of smallpox and vaccination," 《Baylor University Medical Center Proceedings》, 2005: 21-25.

Yuri Gleba et al., "Engineering viral expression vectors for plants: the 'full virus' and the 'deconstructed virus' strategies," 《Current opinion in plant biology》, 7(2), 2004: 182-188.

Zhijian Wu et al., "Adeno-associated virus serotypes: vector toolkit for human gene therapy," 《Molecular therapy》, 14(3), 2006: 316-327.

곽재식의 아파트 생물학

소나무부터 코로나바이러스까지 비인간 생물들과의 기묘한 동거

1판 1쇄 발행일 2021년 9월 10일
1판 3쇄 발행일 2022년 12월 30일

지은이 곽재식
펴낸이 권준구 | **펴낸곳** (주)지학사
본부장 황홍규 | **편집장** 윤소현 | **편집** 김지영 양선화 서동조 김승주
일러스트 무지 | **디자인** 정은경디자인
마케팅 송성만 손정빈 윤술옥 이혜인 | **제작** 김현정 이진형 강석준
등록 2017년 2월 9일(제2017-000034호) | **주소** 서울시 마포구 신촌로6길 5
전화 02.330.5265 | **팩스** 02.3141.4488 | **이메일** booktrigger@naver.com
홈페이지 www.jihak.co.kr | **포스트** post.naver.com/booktrigger
페이스북 www.facebook.com/booktrigger | **인스타그램** @booktrigger

ISBN 979-11-89799-54-0 03470

북트리거

트리거(trigger)는 '방아쇠, 계기, 유인, 자극'을 뜻합니다.
북트리거는 나와 사물, 이웃과 세상을 바라보는 시선에 신선한 자극을 주는 책을 펴냅니다.